建筑工程安全管理及控制研究

牛广益　赵晓慧　周培华　著

吉林科学技术出版社

图书在版编目（CIP）数据

建筑工程安全管理及控制研究 / 牛广益，赵晓慧，
周培华著. -- 长春：吉林科学技术出版社，2023.5
ISBN 978-7-5744-0455-7

Ⅰ. ①建… Ⅱ. ①牛… ②赵… ③周… Ⅲ. ①建筑工
程－安全管理 Ⅳ. ①TU714

中国国家版本馆 CIP 数据核字(2023)第 105701 号

建筑工程安全管理及控制研究

著　牛广益　赵晓慧　周培华
出 版 人　宛　霞
责任编辑　吕东伦
封面设计　南昌德昭文化传媒有限公司
制　　版　南昌德昭文化传媒有限公司
幅面尺寸　185mm×260mm
开　　本　16
字　　数　310 千字
印　　张　14.5
印　　数　1-1500 册
版　　次　2023 年 5 月第 1 版
印　　次　2024 年 1 月第 1 次印刷

出　　版　吉林科学技术出版社
发　　行　吉林科学技术出版社
地　　址　长春市南关区福祉大路 5788 号出版大厦 A 座
邮　　编　130118
发行部电话/传真　0431—81629529　81629530　81629531
　　　　　　　　　　81629532　81629533　81629534
储运部电话　0431-86059116
编辑部电话　0431-81629510
印　　刷　廊坊市印艺阁数字科技有限公司

书　　号　ISBN 978-7-5744-0455-7
定　　价　90.00 元

版权所有　翻印必究　举报电话：0431—81629508

《建筑工程安全管理及控制研究》
编审会

牛广益　赵晓慧　周培华　牛春蕊
薛行超　柴　锋　赵　丽　宋　鹏
谭雯予　朱一衣　盛春杰　刘　涛
郑思明　郭　建　王晓辉　夏　伟
孙加加　秦增宪　于海峰　罗庆林
黄黑者　迟效东　陈　亮　付清胜
陈　肯　王韵凯　陈文建　邓　璐
李长江　赵海涛　崔　晨　柳红杰
张　烨　孙鹏飞　沈玉涛　李艳勤
刘延亮　张　鑫　黄艳广　严　兵
苑仁锋

前　言

建筑业作为我国国民经济发展的支柱产业之一，长期以来为国民经济的发展做出了突出的贡献。特别是进入 21 世纪以后，建筑业发生了巨大的变化，我国的建筑施工技术水平跻身于世界先进行列，在解决重大项目的科研攻关中得到了长足的发展，我国的建筑施工企业已成为发展经济和建设国家的一支重要的有生力量。

随着社会的发展，城市化进程的加快，建筑领域科技的进步，市场竞争将日趋激烈；此外，随着全球一体化进程的加快，我国建筑施工企业面对的不再是单一的国内市场，跨国、跨地区、跨产业的竞争模式逐渐成为一种新的竞争手段。因此，建筑行业对人才质量的要求也越来越高。

建筑工程普遍存在工程量大、工种多和施工周期长的特性，致使建筑工程的施工安全受诸多因素影响，这在一定程度上加大了安全管理的难度。从目前来看，建筑工程中的施工安全事故常发，不但威胁人员的人身安全，同时还会对施工企业造成大量的经济损失，对施工企业的形象构成不良影响。基于此类问题，需要将促进施工企业的长期稳定发展作为目标，积极开展建筑工程的安全管理工作。本书首先对于建筑工程安全管理的法律法规、安全管理制度等基础知识进行了一定的介绍，分析了建筑工程施工安全中的风险隐患以及安全事故的应急救援与调查处理。其次阐述了安全管理的方法与模式，着重对建筑工程中的基坑支护安全、模板工程安全、脚手架工程安全、机械安全、用电安全及安全文明施工等内容做了介绍，通过对本书的阅读，读者能够掌握建筑工程施工过程中的安全管理目标、内容、控制点及相应管理措施，科学地评价建筑施工安全生产情况，提高文明施工的管理水平，预防伤亡事故的发生，实现检查评价工作的标准化、规范化。

前　言

目 录

第一章 建筑工程安全管理基础知识

第一节　安全生产与安全管理

安全生产是一种生产经营单位的行为，是指在组织生产经营活动的过程中，为避免造成人员伤害和财产损失，而采取相应的事故预防和控制措施，从而保证从业人员的人身安全，以及保证生产经营活动得以顺利进行的相关活动。

安全，对于人类来说，是一个极为重要的课题。因此，国际劳工组织每年都要召开由雇员、雇主、政府三方代表参加的国际性会议，重点研究减少事故、预防灾难的对策。美国著名学者马斯洛曾经说过，人有 5 种需要：生理需要、安全需要、社交需要、尊重需要和自我实现需要。这就是说，人类在求得生存的基础上，接下来就是谋求安全的需要，可见安全对于人类来说是何等重要。然而，人类的生存必须靠生产劳动实践活动来获得物质和文化的需要。但在生产劳动过程中，因为生产劳动的客观条件和人的主观状况，使得人类不得不面临各类危害人身安全与健康的因素。

一、安全生产

安全，即没有危险，不出事故，是指人的身体健康不受伤害，财产不受损伤并保持完整无损的状态，安全可分为人身安全和财产安全两种情形。

安全生产是指在社会生产活动中，通过人、机、物料、环境的和谐运作，使生产过程中潜在的各种事故风险和伤害因素始终处于有效控制状态，切实保护劳动者的生命安全和身体健康。

二、安全生产管理

安全生产管理是管理的重要组成部分，是安全科学的一个分支。所谓安全生产管理，就是针对人们在生产过程中的安全问题，运用有效的资源，发挥人们的智慧，通过人们的努力，进行有关决策、计划、组织和控制等活动，实现了生产过程中人与机器设备、物料、环境的和谐，达到安全生产的目标。

安全生产管理的目标是减少和控制危害，减少和控制事故，尽量避免生产过程中由于事故所造成的人身伤害、财产损失、环境污染以及其他损失。安全生产管理的内容包括：安全生产法制管理、行政管理、监督检查、工艺技术管理、设备设施管理、作业环境和条件管理等方面。

安全生产管理的基本对象是企业的员工，涉及企业中的所有人员、设备设施、物料、环境、财务、信息等各个方面。安全生产管理的内容包括：安全生产管理机构和安全生产管理人员、安全生产责任制、安全生产管理规章制度、安全生产策划、安全培训教育以及安全生产档案等方面。

三、安全生产管理基本方针

安全生产管理的基本方针是"安全第一，预防为主，综合治理"，其具体含义如下：

（一）安全第一

"安全第一"的内涵就是要把安全生产工作放在第一位，无论在干什么、什么时候都要抓安全，任何事情都要为安全让路。各级行政正职是安全生产的第一责任人，必须亲自抓安全生产工作，确保把安全生产工作列在所有工作的前面。要正确处理好安全生产与效益的关系，当两者发生矛盾时，坚持"安全第一"的原则。

（二）预防为主

"预防为主"的内涵主要是要求安全工作要做好事前预防，要依靠安全科学技术手段，加强安全科学管理，提高员工素质。从本质安全入手，加强危险源的管理，有效治理隐患，强化事故预防措施，使事故得到预先防范和控制，从而保证生产安全化。

（三）综合治理

把"综合治理"充实到安全生产方针之中，反映了近年来我国在进一步改革开放的过程中，安全生产工作面临着多种经济所有制并存，而法制尚不健全完善、体制机制尚未理顺，以及急功近利的只顾快速不顾其他的发展观与科学发展观体现的又好又快的安全、环境、质量等要求的复杂局面，充分反映了近年来安全生产工作的规律特点。因此，要全面理解"安全第一、预防为主、综合治理"的安全生产方针，绝不能脱离当前我国面临的国情。

第二节　安全生产相关法律法规

一、建设工程法律法规体系

建设工程法律法规体系是指根据《中华人民共和国立法法》的规定，制定和公布施行的有关建设工程的各项法律、行政法规、地方性法规、自治条例、单行条例、部门规章和地方政府规章的总称。目前，这个体系已基本形成。本节列举和介绍的是与建设工程安全有关的法律、行政法规、部门规章和工程建设相关标准，不涉及地方性法规、自治条例、单行条例和地方政府规章。

（一）建设工程法律、法规、规章的制定机关

建设工程法律是指由全国人民代表大会及其常务委员会通过的规范工程建设活动的法律规范，由国家主席签署主席令予以公布，在全国范围内施行，其地位和效力仅次于《中华人民共和国宪法》。比如《中华人民共和国建筑法》《中华人民共和国招标投标法》《中华人民共和国合同法》《中华人民共和国政府采购法》《中华人民共和国城市规划法》等。

建设工程行政法规是指由国务院根据宪法和法律制定的规范工程建设活动的各项法规，由总理签署国务院令予以公布，颁布后在全国范围内施行。如《建设工程安全生产管理条例》《建设工程勘察设计管理条例》等。

规章是行政性法律规范文件，根据其制定机关不同可分为两类：一类是部门规章，是由国务院组成部门及直属机构在它们的职权范围内制定的规范性文件，部门规章规定的事项属于执行法律或国务院的行政法规、决定、命令的范畴；另一类是地方政府规章，是由省、自治区、直辖市人民政府及省、自治区人民政府所在地的市和经国务院批准的较大的市的人民政府依照法定程序制定的规范性文件。规章在各自的权限范围内施行。建设工程部门规章是指住建部按照国务院规定的职权范围，独立或同国务院有关部门联合，根据法律和国务院的行政法规、决定、命令，制定的规范工程建设活动的各项规章，属于住建部制定的由部长签署住建部令予以公布，比如《建设工程施工许可管理办法》《建筑安全生产监督管理规定》等。

工程建设标准是做好安全生产工作的重要技术依据，对规范建设工程各方责任主体的行为、保障安全生产具有重要意义。根据标准化法的规定，标准包括了国家标准、行业标准、地方标准和企业标准。国家标准是指由国务院标准化行政主管部门或其他有关主管部门对需要在全国范围内统一的技术要求制定的技术规范；行业标准是指国务院有

关主管部门对没有国家标准而又需要在全国某个行业范围内统一的技术要求所制定的技术规范。

（二）与建设工程有关的法律法规的法律效力

上述法律、法规、规章的效力是：法律的效力高于行政法规，行政法规的效力高于部门规章。工程建设标准的效力是：国家标准高于行业标准，行业标准高于地方标准，地方标准高于企业标准。

我们应当了解和熟悉我国建设工程法律、法规、规章体系，熟悉和掌握其中与安全工作关系比较密切的法律、法规、规章，方便依法进行安全管理和规范自己的安全行为。

二、建设工程法律

建设工程法律主要包括：
①中华人民共和国建筑法；
②中华人民共和国安全生产法；
③中华人民共和国合同法；
④中华人民共和国招标投标法；
⑤中华人民共和国土地管理法；
⑥中华人民共和国城市规划法；
⑦中华人民共和国城市房地产管理法；
⑧中华人民共和国环境保护法；
⑨中华人民共和国环境影响评价法等。

（一）《中华人民共和国建筑法》的主要内容

《中华人民共和国建筑法》（以下简称《建筑法》）于1997年11月1日第八届全国人民代表大会常务委员会第28次会议通过，1997年11月1日中华人民共和国主席令第91号发布，自1998年3月1日起施行。2011年4月22日，根据第十一届全国人民代表大会常务委员会第20次会议《关于修改〈中华人民共和国建筑法〉的决定》进行了修正。

《建筑法》总计85条，是我国第一部规范建筑活动的部门法律，它的颁布施行强化了建筑工程质量与安全的法律保障。

《建筑法》主要规定了建筑许可、建筑工程的发包承包、建筑工程监理、建筑工程安全生产管理、建筑工程质量管理及相应法律责任等方面的内容。

《建筑法》确立了安全生产责任制度、群防群治制度、安全生产教育培训制度、伤亡事故处理报告制度以及安全责任追究制度。

（二）《中华人民共和国安全生产法》的主要内容

《中华人民共和国安全生产法》（以下简称《安全生产法》）于2002年6月29

日由第九届全国人民代表大会常务委员会第28次会议通过，2002年6月29日中华人民共和国主席令第70号公布，自2002年11月1日起施行。2014年8月31日，根据第十二届全国人民代表大会常务委员会《关于修改〈中华人民共和国安全生产法〉的决定》进行了修订，自2014年12月1日起施行。

《安全生产法》是安全生产领域的综合性基本法，它是我国第一部全面规范安全生产的专门法律，是我国安全生产法律体系的主体法。

《安全生产法》提供了4种监督途径，即工会民主监督、社会舆论监督、公众举报监督与社区服务监督。

《安全生产法》明确了生产经营单位必须做好安全生产的保证工作；明确了从业人员为保证安全生产所应尽的义务；明确了从业人员进行安全生产所享有的权利；明确了生产经营单位负责人的安全生产责任；明确了对违法单位和个人的法律责任追究制度；明确了要建立事故应急救援制度，制定应急救援预案，形成了应急救援预案体系。

三、建设工程行政法规

建设工程行政法规主要包括：
①建设工程质量管理条例；
②建设工程安全生产管理条例；
③安全生产许可证条例；
④生产安全事故报告和调查处理条例；
⑤建设工程勘察设计管理条例；
⑥中华人民共和国土地管理法实施条例等。

（一）《建设工程安全生产管理条例》的主要内容

《建设工程安全生产管理条例》（以下简称《安全条例》）于2003年11月12日经国务院第28次常务会议通过，自2004年2月1日起施行。

《安全条例》较为详细地规定了建设、勘察、设计、工程监理、其他有关单位的安全责任和施工单位的安全责任，及政府部门对建设工程安全生产实施监督管理的责任等。

（二）《安全生产许可证条例》的主要内容

《安全生产许可证条例》于2004年1月7日经国务院第34次常务会议通过，自2004年1月13日起施行，2014年7月29日进行了修订。

该条例的颁布施行标志着我国依法建立起了安全生产许可制度，其主要内容如下：国家对矿山企业、建筑施工企业和危险化学品、烟花爆竹、民用爆破器材生产企业（以下统称企业）实行安全生产许可制度；企业取得安全生产许可证应当具备的安全生产条件；企业在进行生产前，应当依照条例的规定向安全生产许可证颁发管理机关申请领取安全生产许可证，并提供该条例第六条规定的相关文件、资料。

（三）《生产安全事故报告和调查处理条例》的主要内容

《生产安全事故报告和调查处理条例》于 2007 年 3 月 28 日经国务院第 172 次常务会议通过，自 2007 年 6 月 1 日起施行。

该条例是为了规范生产安全事故的报告和调查处理，落实生产安全事故责任追究制度，防止和减少生产安全事故，根据《安全生产法》和有关法律而制定。

（四）《国务院关于特大安全事故行政责任追究的规定》的主要内容

《国务院关于特大安全事故行政责任追究的规定》于 2001 年 4 月 21 日由国务院第 302 号令公布，自公布之日起施行。

该规定主要内容概述如下：各级政府部门对于特大安全事故预防的法律规定、各级政府部门对特大安全事故处理的法律规定以及各级政府部门负责人对特大安全事故应承担的法律责任。

（五）《特种设备安全监察条例》的主要内容

《特种设备安全监察条例》于 2003 年 2 月 19 日经国务院第 68 次常务会议通过，2003 年 3 月 11 日国务院令第 373 号公布，自 2003 年 6 月 1 日起施行。依《国务院关于修改〈特种设备安全监察条例〉的决定》（国务院令〔2003〕549 号）修订，修订版于 2009 年 1 月 24 日公布，自 2009 年 5 月 1 日起施行。

该条例规定了特种设备的生产、使用、检验检测以及其监督检查，应当遵守本条例。

（六）《国务院关于进一步加强安全生产工作的决定》的主要内容

国务院于 2004 年 1 月 9 日发布了《国务院关于进一步加强安全生产工作的决定》（国发 [C2004]2 号）。

该决定共 23 条，约 6 000 字，分 5 个部分，包括：提高认识，明确指导思想和奋斗目标；完善政策，大力推进安全生产各项工作；强化管理，落实生产经营单位安全生产主体责任；完善制度，加强安全生产监督管理；加强领导，形成了齐抓共管的合力。

四、建设工程部门规章

建设工程部门规章主要包括：
①工程监理企业资质管理规定；
②注册监理工程师管理规定；
③建设工程监理范围和规模标准规定；
④建筑工程设计招标投标管理办法；
⑤房屋建筑和市政基础设施工程施工招标投标管理办法；
⑥评标委员会和评标方法暂行规定；
⑦建筑工程施工发包与承包计价管理办法；
⑧建筑工程施工许可管理办法；

⑨实施工程建设强制性标准监督规定；

⑩房屋建筑工程质量保修办法；

⑪房屋建筑工程和市政基础设施工程竣工验收备案管理暂行办法；

⑫建设工程施工现场管理规定；

⑬建筑安全生产监督管理规定；

⑭城市建设档案管理规定等。

（一）《建筑工程施工许可管理办法》的主要内容

《建筑工程施工许可管理办法》由中华人民共和国住房和城乡建设部令第18号确定，自2014年10月25日起施行。该办法共20条，规定了在中华人民共和国境内从事各类房屋建筑及其附属设施的建造、装修装饰和与其配套的线路、管道以及设备的安装，以及城镇市政基础设施工程的施工，建设单位在开工前应当按要求申请领取施工许可证，未取得施工许可证的一律不得开工。

（二）《建设行政处罚程序暂行规定》的主要内容

《建设行政处罚程序暂行规定》于1999年2月3日由建设部第66号令发布，自发布之日起施行。本规定共6章40条，其制定的依据是《中华人民共和国行政处罚法》，制定的目的是保障和监督建设行政执法机关有效实施行政管理，保护公民、法人和其他组织的合法权益，促进和建设行政执法工作的程序化、规范化。

（三）《实施工程建设强制性标准监督规定》的主要内容

《实施工程建设强制性标准监督规定》于2000年8月21日第27次建设部常务会议通过，自2000年8月25日起施行。本规定共24条，主要规定了实施工程建设强制性标准的监督管理工作的政府部门，对于工程建设各阶段执行强制性标准的情况实施监督检查的机构以及强制性标准监督检查的内容。

五、工程建设标准

工程建设标准主要包括：

①建筑工程质量验收统一标准；

②建筑施工企业安全生产管理规范；

③建筑施工安全检查标准；

④施工企业安全生产评价标准；

⑤建筑施工高处作业安全技术规范；

⑥施工临时用电安全技术规范；

⑦建筑施工扣件式钢管脚手架安全技术规范；

⑧建筑工程大模板技术规程；

⑨建筑机械使用安全技术规程；

⑩建筑施工起重吊装工程安全技术规范等。

（一）《建筑施工安全检查标准》的主要内容

《建筑施工安全检查标准》（JGJ 59—2011）是强制性行业标准，于 2011 年实施。制定该标准的目的是科学地评价建筑施工安全生产情况，提高安全生产工作和文明施工的管理水平，预防伤亡事故的发生、确保了职工的安全和健康，实现检查评价工作的标准化和规范化。

（二）《施工企业安全生产评价标准》的主要内容

《施工企业安全生产评价标准》（JGJ/T 77—2010）是一部推荐性行业标准，于 2010 年实施。制定该标准的目的是加强施工企业安全生产的监督管理，科学地评价施工企业安全生产业绩及相应的安全生产能力，实现施工企业安全生产评价工作的规范化和制度化，促进施工企业安全生产管理水平的提高。

第三节　安全生产管理制度

一、建筑施工企业安全生产许可证制度

国家对建筑施工企业实行安全生产许可制度。建筑施工企业未取得安全生产许可证的，不得从事建筑施工活动。国务院建设主管部门负责中央管理的建筑施工企业安全生产许可证的颁发和管理；省、自治区、直辖市人民政府建设主管部门负责本行政区域内前款规定以外的建筑施工企业安全生产许可证的颁发和管理，并且接受国务院建设主管部门的指导和监督；市、县人民政府建设主管部门负责本行政区域内建筑施工企业安全生产许可证的监督管理，并将监督检查中发现的企业违法行为及时报告安全生产许可证颁发管理机关。

（一）建筑施工企业取得安全生产许可证应当具备的安全生产条件

①建立、健全安全生产责任制，制定完备的安全生产规章制度和操作规程；

②保证本单位安全生产条件所需资金的投入；

③设置安全生产管理机构，按照国家有关规定配备专职安全生产管理人员；

④主要负责人、项目负责人、专职安全生产管理人员经建设主管部门或者其他有关部门考核合格；

⑤特种作业人员经有关业务主管部门考核合格，取得特种作业操作资格证书；

⑥管理人员和作业人员每年至少进行一次安全生产教育培训并考核合格；

⑦依法参加工伤保险，依法为施工现场从事危险作业的人员办理意外伤害保险，为

从业人员交纳保险费；

⑧施工现场的办公、生活区及作业场所和安全防护用具、机械设备、施工机具及配件符合有关安全生产法律、法规、标准和规程的要求；

⑨有职业危害防治措施，并且为作业人员配备符合国家标准或者行业标准的安全防护用具和安全防护服装；

⑩有对危险性较大的分部分项工程及施工现场易发生重大事故的部位、环节的预防、监控措施和应急预案；

⑪有生产安全事故应急救援预案、应急救援组织或者应急救援人员，配备必要的应急救援器材、设备；

⑫法律、法规规定的其他条件。

（二）建筑施工企业申请安全生产许可证应当向建设主管部门提供的材料

①建筑施工企业安全生产许可证申请表；

②企业法人营业执照；

③建筑施工企业取得安全生产许可证，应当具备的安全生产条件所规定的相关文件、材料。

（三）建筑施工企业申请安全生产许可证的程序

建筑施工企业申请安全生产许可证，应对申请材料实质内容的真实性负责，不得隐瞒有关情况或者提供虚假材料。

建设主管部门应当自受理建筑施工企业的申请之日起45日内审查完毕；经审查符合安全生产条件的，颁发安全生产许可证；不符合安全生产条件的，不予颁发安全生产许可证，书面通知企业并说明理由。企业自接到通知之日起应当进行整改，整改合格后方可再次提出申请。

建设主管部门审查建筑施工企业安全生产许可证申请，涉及铁路、交通、水利等有关专业工程时，可以征求铁路、交通以及水利等有关部门的意见。

安全生产许可证的有效期为3年。安全生产许可证有效期满需要延期的，企业应当于期满前3个月向原安全生产许可证颁发管理机关申请办理延期手续。

企业在安全生产许可证有效期内，严格遵守有关安全生产的法律法规，未发生死亡事故的，安全生产许可证有效期届满时，经原安全生产许可证颁发管理机关同意，不再审查，安全生产许可证有效期延期3年。

二、安全生产责任制度

安全生产责任制度是建筑生产中最基本的安全管理制度，是所有安全规章制度的核心。安全生产责任制度是将各种不同的安全责任落实到负责有安全管理责任的人员和具体岗位人员身上的一种制度。

安全生产责任制是根据我国的安全生产方针"安全第一，预防为主，综合治理"和安全生产法规建立的各级领导、职能部门、工程技术人员、岗位操作人员在劳动生产过程中对安全生产层层负责的制度。实践证明，凡是建立、健全了安全生产责任制的企业，各级领导重视安全生产、劳动保护工作，切实贯彻执行党的安全生产、劳动保护方针、政策和国家的安全生产、劳动保护法规，在认真负责地组织生产的同时，积极采取措施，改善劳动条件，工伤事故和职业性疾病会随之减少；相反，就会职责不清，相互推诿，而使安全生产、劳动保护工作无人负责，无法进行，工伤事故与职业病则会不断发生。

（一）如何建立安全生产责任制

建筑施工企业在一般情况下是建立公司和项目两级安全生产责任制。比如设立了分公司、区域性公司等分支机构，也应建立相应的安全生产责任制。

1. 公司级安全生产责任

①法人代表、总经理、分管生产副总经理；

②三总师，即总工程师、总经济师以及总会计师；

③生产计划部门；

④施工技术部门；

⑤设备材料部门；

⑥安全管理部门；

⑦消防保卫部门；

⑧劳动人事部门；

⑨医务卫生部门；

⑩行政后勤部门；

⑪宣传教育部门；

⑫财务部门；

⑬工会组织（工会虽不是行政职能部门，但是对职工的劳动保护是其主要工作职责之一，工会是在党组织的领导下代表职工的利益对企业实行监督）。

2. 项目部安全生产责任

①项目部经理、分管副经理；

②项目部技术负责人；

③项目部专职安全员；

④项目部消防保卫人员；

⑤项目部机管员（包括材料员）；

⑥项目部各专业施工员及工长；

⑦各专业班组长；

⑧各专业班组工人。

（二）主要人员的安全职责

建筑施工企业和工程项目部对建立的各级各部门各类人员的安全责任制，要制订检查和考核的办法，根据制订的检查和考核办法进行定期的检查、考核、登记，并且作为评定安全生产责任制贯彻落实情况的依据。

1. 企业法人安全职责

企业法人代表是企业安全生产第一责任人，对本企业安全生产工作负总责。企业法人的职责包括：

①认真贯彻执行有关安全生产法律法规、行业技术标准和有关安全规程，"落实安全第一，预防为主，综合治理"的安全生产方针。

②建立健全"三项制度"并严格落实。当行业技术规程、标准修改时或本行业工种、岗位发生变化时，要及时修改补充和完善。

③按有关规定，足额提取安全技术措施经费，保证企业安全生产资金的投入。

④按有关规定，设立安全组织机构，配备、配足安全生产管理人员。

⑤按有关规定，足额缴纳风险抵押金，为企业职工办理工伤保险。

⑥推行企业安全生产质量标准化，积极开展安全质量达标活动，保证了企业安全生产。

⑦落实企业全体职工安全生产承诺制度，保证不漏岗位、不漏工种、不漏人员，要求人人承诺，履行安全生产职责，达到管理层人员不违章指挥，执行层人员不违章作业、不违反劳动纪律。

⑧安全生产事故的处理。发生事故，组织救援，配合调查处理。

2. 项目经理安全职责

项目经理是项目安全生产的第一责任者，负责整个项目的安全生产工作，对所管辖工程项目的安全生产负直接领导责任。项目经理的职责包括：

①对合同工程项目施工过程中的安全生产负全面领导责任。

②在项目施工生产全过程中，认真贯彻落实安全生产方针政策、法律法规和各项规章制度，结合项目工程特点及施工全过程的情况，制定本项目工程各项安全生产管理办法，或有针对性地提出安全管理要求，并监督其实施。严格履行安全考核指标和安全生产奖惩办法。

③在组织项目工程业务承包、聘用业务人员时，必须本着加强安全工作的原则，根据工程特点确定安全工作的管理制度，配备相关人员，并明确各业务承包人的安全责任和考核指标，支持、指导安全管理人员的工作。

④健全和完善用工管理手续，录用外包队必须及时向有关部门申报；严格用工制度与管理，适时组织上岗安全教育，并且对外包队人员的健康与安全负责，加强劳动保护工作。

⑤认真落实施工组织设计中的安全技术措施及安全技术管理的各项措施，严格执行安全技术审批制度，组织并监督项目工程施工中的安全技术交底制度和设备、设施验收制度的实施。

⑥领导、组织施工现场定期的安全生产检查，发现施工生产中的不安全问题，组织采取措施及时解决。对上级提出的安全生产与管理方面的问题，要定时、定人、定措施予以解决。

⑦发生事故时，要及时上报，保护好现场，做好抢救工作，积极配合事故的调查，认真落实纠正与防范措施，吸取事故的教训。

3. 项目技术负责人的职责

项目技术负责人对项目工程生产经营中的安全生产负技术责任。项目技术负责人的职责包括：

①贯彻、落实安全生产方针、政策，严格执行安全技术规程、规范、标准，结合项目工程特点，主持项目工程的安全技术交底。

②参加或组织编制施工组织设计，编制、审查施工方案时，要制定、审查安全技术措施，保证其可行性与针对性，并随时检查、监督、落实。

③主持制定专项施工方案、技术措施计划和季节性施工方案的同时，制定相应的安全技术措施并监督执行，及时解决执行中出现的问题。

④及时组织项目工程应用新材料、新技术、新工艺人员的安全技术培训，认真执行安全技术措施与安全操作规程，预防施工中因化学物品引起的火灾、中毒或者其新工艺实施中可能造成的事故。

⑤主持安全防护设施和设备的检查验收，发现设备、设施的不正常情况应及时采取措施，严格控制不符合标准要求的防护设备、设施投入使用。

⑥参加安全生产检查，对于施工中存在的不安全因素，从技术方面提出整改意见和办法，及时予以消除。

⑦参加、配合工伤及重大未遂事故的调查，从技术上分析事故原因，并提出防范措施。

三、安全教育培训管理制度

（一）安全教育的内容

安全教育的内容概括为3个方面，即思想政治教育、安全管理知识教育和安全技术知识、安全技能教育。

1. 思想政治教育

思想政治教育包括思想教育、劳动纪律教育、法制教育。这是提高各级领导和广大职工的政策水平，建立法制观念的重要手段，是安全教育的一项重要内容。

2. 安全管理知识教育

安全管理知识教育包括安全生产方针政策、安全管理体制、安全组织结构以及基本安全管理方法等。这是各级领导和管理人员应该掌握的。

3. 安全技术知识、安全技能教育

①安全技术知识分为一般性和专业性安全技术知识。一般性安全技术知识是全体职工均应了解的；专业性安全技术知识是指进行各具体工种操作所需的安全技术知识。

②安全技能教育是指掌握安全技术知识后，在实际操作中对安全操作技能的训练，以便正确运用。

（二）建筑施工企业三类人员考核任职制度

依据建设部《关于印发〈建筑施工企业主要负责人、项目负责人、专职安全生产管理人员安全生产考核管理暂行规定〉的通知》（建质〔2004〕59号）的规定，为贯彻落实《中华人民共和国安全生产法》《建设工程安全生产管理条例》和《安全生产许可证条例》，提高建筑施工企业主要负责人、项目负责人、专职安全生产管理人员安全生产知识水平和管理能力，保证建筑施工安全生产，对于建筑施工企业三类人员进行考核认定。三类人员应当经建设行政主管部门或者其他有关部门考核合格后方可任职，考核内容主要是安全生产知识和安全生产管理能力。

三类人员是指建筑施工企业的主要负责人、项目负责人、专职安全生产管理人员。建筑施工企业主要负责人，是指对本企业日常生产经营活动和安全生产工作全面负责、有生产经营决策权的人员，包括企业法定代表人、经理、企业分管安全生产工作的副经理等。建筑施工企业项目负责人，是指由企业法定代表人授权，负责建设工程项目管理的负责人等。建筑施工企业专职安全生产管理人员，是指在企业专职从事安全生产管理工作的人员，包括企业安全生产管理机构的负责人及其工作人员和施工现场专职安全生产管理人员。

1. 三类人员考核任职的主要规定

（1）考核的目的和依据

为了提高建筑施工企业主要负责人、项目负责人和专职安全生产管理人员（以下简称"建筑施工企业管理人员"）的安全生产知识水平和管理能力，保证了建筑施工安全生产，根据《中华人民共和国安全生产法》《建设工程安全生产管理条例》和《安全生产许可证条例》等法律法规，制定三类人员考核任职制度。

（2）考核范围

建筑施工企业的管理人员，必须经建设行政主管部门或者其他有关部门进行安全生产考核，考核合格取得安全生产考核合格证书后，方可担任相应职务。

（3）考核管理工作及相关要求

①国务院建设行政主管部门负责全国建筑施工企业管理人员安全生产的考核工作，并负责中央管理的建筑施工企业管理人员安全生产考核和发证工作。省、自治区、直辖市人民政府建设行政主管部门负责本行政区域内中央管理以外的建筑施工企业管理人员安全生产考核和发证工作。

②建筑施工企业管理人员应当具备相应文化程度、专业技术职称和一定安全生产工

作经验，并且经企业年度安全生产教育培训合格后，方可参加建设行政主管部门组织的安全生产考核。建筑施工企业管理人员安全生产考核内容包括安全生产知识和安全生产管理能力。

③建设行政主管部门对建筑施工企业管理人员进行安全生产考核，不得收取考核费用，不得组织强制培训。安全生产考核合格的，由建设行政主管部门在 20 日内核发建筑施工企业管理人员安全生产考核合格证书；对于不合格的，应通知本人并说明理由，限期重新考核。

④建筑施工企业管理人员安全生产考核合格证书由国务院建设行政主管部门规定统一的式样。

建筑施工企业管理人员变更姓名和所在法人单位等，应在 1 个月内到原安全生产考核合格证书发证机关办理变更手续。

任何单位和个人不得伪造、转让、冒用建筑施工企业管理人员安全生产考核合格证书。

建筑施工企业管理人员遗失安全生产考核合格证书，应在公共媒体上声明作废，并在 1 个月内到原安全生产考核合格证书发证机关办理补证手续。

⑤建筑施工企业管理人员安全生产考核合格证书有效期为 3 年。有效期满需要延期的，应当于期满前 3 个月内向原发证机关申请办理延期手续。

建筑施工企业管理人员在安全生产考核合格证书有效期内，严格遵守安全生产法律法规，认真履行安全生产职责，按规定接受企业年度安全生产教育培训，未发生死亡事故的，安全生产考核合格证书有效期届满时，经原安全生产考核合格证书发证机关同意，不再考核，安全生产考核合格证书有效期延期 3 年。

⑥建设行政主管部门应当建立健全建筑施工企业管理人员安全生产考核档案管理制度，并定期向社会公布建筑施工企业管理人员取得安全生产考核合格证书的情况。

⑦建筑施工企业管理人员取得安全生产考核合格证书后，应认真履行安全生产管理职责，接受建设行政主管部门的监督检查。

建设行政主管部门应当加强对建筑施工企业管理人员履行安全生产管理职责情况的监督检查，发现有违反安全生产法律法规、未履行安全生产管理职责、不按规定接受企业年度安全生产教育培训、发生死亡事故，情节严重的，应当收回安全生产考核合格证书，并限期改正，重新考核。

建设行政主管部门工作人员在建筑施工企业管理人员的安全生产考核、发证和监督检查工作中，不得索取或者接受企业和个人的财物，不得谋取其他利益。

⑧任何单位或个人对违反本规定的行为，有权向建设行政主管部门或者监察等有关部门举报。

2. 三类人员安全生产考核要点

（1）建筑施工企业主要负责人

①安全生产知识考核要点：

　　a.国家有关安全生产的方针政策、法律法规、部门规章、标准以及有关规范性文件，本地区有关安全生产的法规、规章、标准及规范性文件；

　　b.建筑施工企业安全生产管理的基本知识和相关专业知识；

　　c.重、特大事故防范、应急救援措施，报告制度及调查处理方法；

　　d.企业安全生产责任制和安全生产规章制度的内容、制定方法；

　　e.国内外安全生产管理经验；

　　f.典型事故案例分析。

　　②安全生产管理能力考核要点：

　　a.能认真贯彻执行国家安全生产方针、政策、法规和标准；

　　b.能有效组织和督促本单位安全生产工作，建立健全本单位安全生产责任制；

　　c.能组织制定本单位安全生产规章制度与操作规程；

　　d.能采取有效措施保证本单位安全生产所需资金的投入；

　　e.能有效开展安全检查，及时消除生产安全事故隐患；

　　f.能组织制定本单位生产安全事故应急救援预案，正确组织、指挥本单位事故应急救援工作；

　　g.能及时、如实报告生产安全事故；

　　h.安全生产业绩，自考核之日起，所在企业一年内未发生由其承担主要责任的死亡10人以上（含10人）的重大事故。

　　（2）建筑施工企业项目负责人

　　①安全生产知识考核要点：

　　a.国家有关安全生产的方针政策、法律法规、部门规章、标准以及有关规范性文件，本地区有关安全生产的法规、规章、标准及规范性文件；

　　b.工程项目安全生产管理的基本知识和相关专业知识；

　　c.重大事故防范、应急救援措施，报告制度及调查处理方法；

　　d.企业和项目安全生产责任制和安全生产规章制度内容及制定方法；

　　e.施工现场安全生产监督检查的内容和方法；

　　f.国内外安全生产管理经验；

　　g.典型事故案例分析。

　　②安全生产管理能力考核要点：

　　a.能认真贯彻执行国家安全生产方针、政策、法规和标准；

　　b.能有效组织和督促本工程项目安全生产工作，落实安全生产责任制；

　　c.能保证安全生产费用的有效使用；

　　d.能根据工程特点组织制订安全施工措施；

　　e.能有效开展安全检查，及时消除生产的安全事故隐患；

　　f.能及时、如实报告生产安全事故；

　　g.安全生产业绩，自考核之日起，所管理的项目一年内未发生由其承担主要责任的死亡事故。

（3）建筑施工企业专职安全生产管理人员

①安全生产知识考核要点：

a. 国家有关安全生产的方针政策、法律法规、部门规章、标准及有关规范性文件，本地区有关安全生产的法规、规章、标准及规范性文件；

b. 重大事故防范、应急救援措施，报告制度、调查处理方法以及防护救护方法；

c. 企业和项目安全生产责任制与安全生产规章制度；

d. 施工现场安全监督检查的内容和方法；

e. 典型事故案例分析。

②安全生产管理能力考核要点：

a. 能认真贯彻执行国家安全生产方针、政策、法规和标准；

b. 能有效对安全生产进行现场监督检查；

c. 发现生产安全事故隐患，能及时向项目负责人和安全生产管理机构报告，及时消除生产安全事故隐患；

d. 能及时制止现场违章指挥、违章操作行为；

e. 能及时、如实报告生产安全事故；

f. 安全生产业绩，自考核之日起，所在企业或项目一年内未发生由其承担主要责任的死亡事故。

四、安全技术交底制度

为贯彻落实国家安全生产方针、政策、规程规范、行业标准以及企业各种规章制度，及时对安全生产、工人职业健康进行有效预控，提高施工管理、操作人员的安全生产管理、操作技能，努力创造安全生产环境，根据《中华人民共和国安全生产法》《建设工程安全生产管理条例》和《施工企业安全检查标准》等有关规定，结合企业实际，制定安全技术交底制度。安全技术交底主要包括以下几个层次：

①工程开工前，由公司环境安全监督处和基层单位负责向项目部进行安全生产管理首次交底。交底内容包括：

a. 国家和地方有关安全生产的方针、政策、法律法规、标准、规范、规程和企业的安全规章制度；

b. 项目安全管理目标、伤亡控制指标、安全达标和文明施工目标；

c. 危险性较大的分部分项工程及危险源的控制、专项施工方案清单和方案编制的指导及要求；

d. 施工现场安全质量标准化管理的一般要求；

e. 公司部门对于项目部安全生产管理的具体措施要求。

②项目部负责向施工队长或班组长进行书面安全技术交底。交底内容包括：

a. 项目各项安全管理制度、办法，注意事项及安全技术操作规程；

b.每一分部、分项工程施工安全技术措施，施工生产中可能存在的不安全因素以及防范措施等，确保施工活动安全；

c.特殊工种的作业、机电设备的安拆与使用、安全防护设施的搭设等，项目技术负责人均要对操作班组做安全技术交底；

d.两个以上工种配合施工时，项目技术负责人要按工程进度定期或不定期地向有关班组长进行交叉作业的安全交底。

③施工队长或班组长要根据交底要求，对于操作工人进行针对性的班前作业安全交底，操作人员必须严格执行安全交底的要求。交底内容包括：

a.本工种安全操作规程；

b.现场作业环境要求本工种操作的注意事项；

c.个人防护措施等。

安全技术交底要全面、有针对性，符合有关安全技术操作规程的规定，内容要全面准确。安全技术交底要经交底人与接受交底人签字方能生效。交底字迹要清晰，必须本人签字，不得代签。

安全交底后，项目技术负责人、安全员、班组长等要对安全交底的落实情况进行检查和监督，督促操作工人严格按照交底要求施工，制止违章作业现象发生。

五、安全检查与评分制度

工程项目安全检查是在工程项目建设过程中消除隐患、防止事故、改善劳动条件及提高员工安全生产意识的重要手段，是安全控制工作的一项重要内容。通过安全检查，可以发现工程中的危险因素，方便有计划地采取措施保证安全生产。施工项目的安全检查应由项目经理组织，定期进行。

安全检查不仅是安全生产职能部门必须履行的职责，也是监督、指导和消除事故隐患、杜绝安全事故的有效方法和措施。《建筑施工安全检查标准》（JGJ 59—2011）对安全检查提出了如下要求：

①工程项目部应建立安全检查制度；

②安全检查应由项目负责人组织，专职安全员及相关专业人员参加，定期进行并填写检查记录；

③对检查中发现的事故隐患应下达隐患整改通知单，定人、定时间以及定措施进行整改。重大事故隐患整改后，应由相关部门组织复查。

安全检查后，要根据检查结果，按照《建筑施工安全检查标准》（JGJ 59—2011）的各检查项目表格进行打分，然后按《建筑施工安全检查标准》（JGJ 59—2011）评价建筑施工安全生产情况。

六、安全事故报告制度

《建设工程安全生产管理条例》规定："施工单位发生生产安全事故，应当按照国家有关伤亡事故报告和调查处理的规定，及时、如实地向负责安全生产监督管理的部门、建设行政主管部门或者其他有关部门报告；特种设备发生事故的，还应同时向特种设备安全监督管理部门报告。接到报告的部门应当按照国家有关规定，如实上报。"

（一）事故等级

根据生产安全事故造成的人员伤亡或者直接经济损失，事故一般分为以下4个等级：

①特别重大事故，是指造成30人以上死亡，或者100人以上重伤（包括急性工业中毒，下同），或者1亿元以上直接经济损失的事故；

②重大事故，是指造成10人以上30人以下死亡，或50人以上100人以下重伤，或者5 000万元以上1亿元以下直接经济损失的事故；

③较大事故，是指造成3人以上10人以下死亡，或者10人以上50人以下重伤，或者1 000万元以上5 000万元以下直接经济损失的事故；

④一般事故，是指造成3人以下死亡，或者10人以下重伤，或者1 000万元以下直接经济损失的事故。

（二）事故报告具体要求

事故报告应当及时、准确、完整，任何单位和个人对事故不得迟报、漏报、谎报或者瞒报。

对事故报告和调查处理中的违法行为，任何单位和个人有权向安全生产监督管理部门、监察机关或者其他有关部门举报，接到举报的部门应当依法及时处理。《生产安全事故报告和调查处理条例》中规定：

第九条 事故发生后，事故现场有关人员应当立即向本单位负责人报告；单位负责人接到报告后，应当于1小时内向事故发生地县级以上人民政府安全生产监督管理部门和负有安全生产监督管理职责的有关部门报告。

情况紧急时，事故现场有关人员可以直接向事故发生地县级以上人民政府安全生产监督管理部门和负有安全生产监督管理职责的有关部门报告。

第十条 安全生产监督管理部门和负有安全生产监督管理职责的有关部门接到事故报告后，应当依照下列规定上报事故情况，并通知公安机关、劳动障行政部门、工会和人民检察院：

（一）特别重大事故、重大事故逐级上报至国务院安全生产监督管理部门和负有安全生产监督管理职责的有关部门；

（二）较大事故逐级上报至省、自治区、直辖市人民政府安全生产监督管理部门和负有安全生产监督管理职责的有关部门；

（三）一般事故上报至设区的市级人民政府安全生产监督管理部门和负有安全生产监督管理职责的有关部门。

安全生产监督管理部门和负有安全生产监督管理职责的有关部门依照前款规定上报事故情况，应当同时报告本级人民政府。国务院安全生产监督管理部门和负有安全生产监督管理职责的有关部门以及省级人民政府接到发生特别重大事故、重大事故的报告后，应当立即报告国务院。

必要时，安全生产监督管理部门和负有安全生产监督管理职责的有关部门可以越级上报事故情况。

第十一条 安全生产监督管理部门和负有安全生产监督管理职责的有关部门逐级上报事故情况，每级上报的时间不得超过2小时。

第十二条 报告事故应当包括下列内容。

（一）事故发生单位概况；

（二）事故发生的时间、地点以及事故现场情况；

（三）事故的简要经过；

（四）事故已经造成或者可能造成的伤亡人数（包括下落不明的人数）和初步估计的直接经济损失；

（五）已经采取的措施；

（六）其他应当报告的情况。

第十三条 事故报告后出现新情况的，应当及时补报。

自事故发生之日起30日内，事故造成的伤亡人数发生变化的，应当及时补报。道路交通事故、火灾事故自发生之日起7日内，事故造成的伤亡人数发生变化的，应当及时补报。

第十四条 事故发生单位负责人接到事故报告后，应当立即启动事故相应应急预案，或者采取有效措施，组织抢救，防止事故扩大，减少人员伤亡和财产损失。

第十五条事故发生地有关地方人民政府、安全生产监督管理部门和负有安全生产监督管理职责的有关部门接到事故报告后，其负责人应当立即赶赴事故现场，组织事故救援。

第十六条 事故发生后，有关单位和人员应当妥善保护事故现场以及相关证据，任何单位和个人不得破坏事故现场、毁灭相关证据。

因抢救人员、防止事故扩大以及疏通交通等原因，需要移动事故现场物件的，应当做出标志，绘制现场简图并做出书面记录，妥善保存现场重要痕迹、物证。

第十七条 事故发生地公安机关根据事故的情况，对涉嫌犯罪的，应当依法立案侦查，采取强制措施和侦查措施。犯罪嫌疑人逃匿的，公安机关应当迅速追捕归案。

第十八条 安全生产监督管理部门和负有安全生产监督管理职责的有关部门应当建立值班制度，并向社会公布值班电话，受理事故报告和举报。

七、安全考核与奖惩制度

安全考核与奖惩是指企业的上级主管部门，包括政府主管安全生产的职能部门、企业内部的各级行政领导等按照国家安全生产的方针政策、法律法规和企业的规章制度等有关规定，按照企业内部各级实施安全生产目标控制管理时所下达的安全生产各项指标完成的情况，对于企业法人代表及各责任人执行安全生产情况的考核与奖惩的制度。

安全考核与奖惩制度是建筑行业的一项基本制度。实践表明，只要全员安全生产的意识尚未达到较佳的状态，职工自觉遵守安全法规和制度的良好作风未能完全形成之前，实行严格的考核与奖惩制度是我们常抓不懈的工作。安全工作不但要责任到人，还要与员工的切身利益联系起来。安全考核与奖惩制度主要体现在以下几个方面：

①项目部必须将生产安全和消防安全工作放在首位，列入了日常安全检查、考核、评比的内容；

②对在生产安全和消防安全工作中成绩突出的个人给予表彰和奖励，坚持遵章必奖、违章必惩、权责挂钩、奖惩到人的原则；

③对未依法履行生产安全、消防安全职责，违反企业生产安全、消防安全制度的行为，按照有关规定追究有关责任人的责任；

④企业各部门必须认真执行安全考核和奖惩制度，增强生产安全和消防安全的约束机制，以确保安全生产；

⑤杜绝安全考核工作中弄虚作假、敷衍塞责的行为；

⑥按照奖惩对等的原则，对所完成的工作的良好程度给出结果并且按一定标准给予奖惩；

⑦奖惩情况应及时张榜公示。

第二章 建筑工程安全风险控制与事故处理

第一节 建筑施工危险源辨识与控制

一、建筑工程施工中的主要危险源

（一）建筑工程施工场所的危险源

根据建筑工程自身特点、事故发生的原因，风险源有自然的和人为的原因。人为的原因有施工管理上的问题和错误、人为的原因有设计的错误与施工操作的失误等。自然的原因有山体滑坡、泥石流、洪水、地震、严寒、酷热、暴风雪、台风以及龙卷风等自然灾害。

施工场所危险源存在于作业的全过程当中，主要与人员活动、施工机械、建材、电气设施及物质有关。主要的重大危险源有：

（1）模板及其支撑、脚手架以及其搭设、基坑施工、人工挖孔桩、局部结构或者临时建筑失稳倒塌。

（2）施工电梯、物料提升机、起重塔吊等大型起重设备的安装、拆卸、运行的过程中，由于违规操作等原因造成的机械伤害、坍塌及物体打击。

（3）高度大于 2 m 的作业面由于无防护设施、缺乏安全防护设施或防护设施不符合要求，包括洞口、高空、临边作业。施工作业人员由于没有配系安全防护绳，导致发生踏空、滑倒、失稳等事故。

（4）源于不规范的钢筋切割、焊接或钻孔等施工行为，而造成的人员触电、伤害、火灾等。

（5）发生物体高空坠落、人员因撞击受伤、建材的堆放散落和搬运吊运不规范等致使意外事故发生。

（6）人工挖孔、工程拆除、爆破，安全防护不足、失误操作等，造成建筑、设施损坏、人员伤亡等。

（7）隧道施工场所环境闭塞、室内喷刷挥发性装修材料、人工挖孔桩遭遇有毒气体，因通风排气不畅，导致作业人员窒息或者气体中毒等。

（8）临时存放易燃易爆物品，或者不规范的使用行为，又因为防护措施不足，极易因为意外的发生导致发生火灾意外。

（二）施工场所周边环境的危险源

建筑施工场所周边地段存在很多危险源，其中有大有小。一般来说，影响范围广的被称为重大危险源。它的存在主要是与施工地址、项目类型、施工工序、人员、电气、材料、机械等有关。它的存在可能会危害周边社区人员的活动，主要有：

（1）深基坑、人工挖孔桩、基坑开挖、管沟、竖井、隧道、地铁的施工，由于临时支护或者顶撑的失效，导致发生坍塌、失稳等安全事故。

（2）高度大于 2 m 的临空作业面因为缺乏安全防护设施，造成物体坠落事件。

（3）工程拆除、挖孔、爆破，由于设计方案不当、操作失误、防护缺乏等原因导致邻近建筑及设施损坏、人员伤亡等。

此外，常见的一些单危险源及其导致的事故主要有：火灾事故、机械伤害、触电伤亡、窒息中毒、坍塌被埋、高空坠落等。

这些危险源及其所导致的事故，有着明显的因果关系，相辅相成。同一种类型的危险源在不一样的环境、时间、空间、施工企业下，所产生的结果往往不一样；另外，不同的危险源对在相同环境、施工企业、气候条件以及基础设施下产生的结果也大有不同。

二、建筑工程施工危险源的识别

划分不同的作业类别和确定危险源的存在和分布时，应该先根据工程项目的实际情况，有序、准确、系统地识别风险危险源的范围，如表 2-1 所示。

表 2-1　建筑项目危险源分布

环境	工程地理位置、水文地质条件、气候温度、交通条件、周边建筑等
施工场所	施工区、办公区、生活区的布局。易燃易爆物品、有害材料、机械设备的布。相邻建筑物的安全距离、道路布置等
有害物质	油漆、丙酮、乙炔，易燃易爆物品、粉尘性、腐蚀性物料等
施工设备	起重机械、施工机械、运输车辆、人货电梯、电气设备等
设施、标识	危险化学品仓库、乙炔站、配电站等；急救、生活卫生等设施；劳动防护用品、安全防护栏、安全标识等
作业条件	运输、带电、地下、高空、起重、噪声等作业。地基、基础、结构、装饰等工程

　　根据建筑工程类型、施工阶段与危险源的分布范围，分门别类逐一识别危险源的存在。识别的内容主要是：是否存在造成安全事故的来源，包括是否有害物存在，是否有人的不安全行为或物的不安全状态，是否有重要能量；什么人、物会更容易受到伤害或损害，伤害或损害将如何发生，后果程度如何；判断风险类型、作业或者部门。建筑工地常见的危险源如表 2-2 所示。

表 2-2　建筑工地常见危险源辨识

危险源	类型	危险分布处	如何发生	受伤害的对象	后果
楼面孔洞无盖板	高空坠落	结构施工	人员坠落	作业人员	重伤、死亡
未挂安全带	高空坠落	结构吊装	人员坠落	焊工、吊装工	重伤、死亡
脚手架的错误连接	高空坠落	外墙施工	脚手架倒塌、人员坠落	脚手架上施工人员	人员伤亡、财产损失
焊接下方有易燃物	火灾	吊装焊接	焊接掉落的火星	设备、材料	火灾伤亡、财产损失
油库没有消防设备	火灾	油库	油料遇火燃烧	工作人员、油库	火灾伤亡、财产损失
乙炔泄露	火灾	气割作业	乙炔遇火燃烧	施工人员、设施	火灾伤亡、财产损失
电源线老化破损	触电	电器设施	接触电线	施工人员	触电受伤或死亡
未关配电箱门	触电	配电盘	违规操作电器	作业人员	触电受伤或死亡
电器设备绝缘不良	触电	电器设备	不合格电器的使用	操作人员	触电受伤或死亡
限位器运作失灵	机械受伤	施工提升架	吊笼冲顶后坠落	提升机运行	重伤
操作车床	机械受伤	机修间	手被车床绞入	操作人员	财产损失、人员伤亡
钢丝绳被磨损	机械受伤	起重机作业	钢丝绳断裂	作业人员、机械设备	财产损失、人员伤亡

三、建筑施工的危险源风险管理

（一）重大危险源防范的要求与原则

1. 重大危险源防范的要求

（1）有能力对危险和有害物进行及时处置，并且达到国家规定的相关安全标准；

（2）可以有效地预防事故的发生；

（3）能够有效预防由于操作失误所产生的危险；

（4）对施工生产过程中可能发生的各种危险，比如机械装置失灵，有能力予以消除或减弱；

（5）意外事故发生时，能够为遇险人员迅速提供救助。

2. 重大危险源防范的原则

（1）经济原则

安全控制措施有的时候会与企业当前的经济利益发生冲突，这个时候企业应当把安全措施置于优先考虑地位。企业应依照下列等级顺序选择安全技术措施：

为了避免出现任何事故，机械设备本身应该具备安全保障性能的设计。但是有些时候要实现百分之百的安全生产是不可能的，为了把危险事故的发生和影响降到最低，为作业人员提供防护措施是必要的，而且防护措施要有多种选择，以应对不同种类的安全事故；此外，施工现场要有预警保护装置，一旦发生事故能够及时预警，便于现场作业人员及时应对，将事故消灭在萌芽阶段，或及时撤离危险现场，确保作业人员生命安全。

（2）等级原则

等级顺序的制定在安全技术措施中可以给管理者以应对风险的指导，是非常必要的，要考虑如下实际原则：

①消除风险

目前许多建筑企业的生产工艺本身就不合理，一方面使用大量有害物质作为原料，另一方面自动化程度低。因此，要通过技术创新和改革管理，逐步实现生产自动化、远程控制，尽可能从源头消除危险因素。

②预防风险

风险管理的基本原则，应当预防为主，防治结合，增加预防措施，如安全阀等安全防护装置的使用。

③减弱风险

在施工过程中，有些安全隐患是无法根治的，实施预防措施时往往效果不佳，这个时候应该尽量降低危险、危害，如生产中对有害设备加设局部通风装置。

④隔离风险

在采取减弱风险措施也有困难的情况下，这个时候可以将作业人员与危险因素隔开，施工时采用远距离遥控操作，当危险事故发生时，就可给作业人员留出一定的距离和安全逃离时间。此外，为作业人员配发自救装置，以进一步提高安全系数。

⑤安全连锁装置防控风险

采用安全连锁装置对于安全生产具有非常重大的意义，当由于人为失误或者机械设备的工作处于临界危险状态时，此时可通过安全连锁装置实现自动紧急停机，避免因为机械设备的错误运行导致的事故发生。

⑥风险警告

在危险区域设立相应警示图标、字样等，时刻提醒作业人员注意避免安全事故发生。

（3）可操作性原则

安全措施的制定要根据工程实际情况，必须要有针对性，不能照搬照抄其他案例的安全措施。此外还要具备可操作性，并且考虑经济成本，应当具有经济合理性。

①每一个建筑项目的特点是不一样的，因而在制定安全措施时，要针对不同的建筑项目制定符合本项目特点的安全措施。另外很多危险因素相互之间充满联系和随机发生的不确定性，故要综合考虑各种危险因素，并为使系统达到安全的目的，建筑企业应采取优化组合的安全综合措施。

②安全技术措施在资金、技术、时间上应当是可以实行的，并能够有效地实施。安全措施要尽可能的详细、易懂，具有具体的操作程序让作业人员遵守和执行。只有这样，安全措施才可能达到预期的目的。

③经济合理性说的是要综合考虑各种危险因素和资金投入，在能够达到安全生产的前提条件下，应当尽可能节约成本，降低操作难度和技术难度，并且综合考虑技术、生产、安全等各方面因素，努力使资源配置达到最优。

（二）重大危险源的安全风险防范措施

以下给出一般建筑项目施工的危险源的防范措施，方便作业人员针对具体作业环境采取不同的风险防范措施。具体如表2-3、表2-4所示。

表2-3　基础施工危险源的防范措施

危险因素	安全措施	落实部门
坍塌	编制方案，经监理审批后实施 必须对施工人员进行安全教育并做好安全技术交底	技术器材部
高空坠落	按要求做好临边防护及隔离措施 基坑边不得堆载过重、过近	
道路沉降	定期对支护、边坡变形进行检测，防止道路沉降 按要求设置上下通道 按要求做好基坑周边防水工作	

表 2-4　其他一般施工危险源的防范措施

施工类型	危险因素	安全措施	落实部门
混凝土模板施工	坠物失稳	编制有针对性的专项方案，经公司和监理单位审批后才能施工 卸料平台有防护栏杆，分类吊装 支撑完毕后，需进行检查、验收，是否存在失稳现象按三级安全管理制度实施 专职安全员对现场施工过程进行全程监督、检查 有动荷载的部位进行单独加固处理 局部堆料不要超过设计荷载 模板不要码放过高	技术部、安全部
塔吊作业	吊物	多塔作业需编制方案并进行审批 需配备司索指挥工配合施工 吊装材料人员要配备对讲机进行通话，避免伤人，塔吊司机禁止疲劳作业及酒后作业 塔吊架节螺丝及其他易损部件要进行定期检查	设备部
防护架体施工	高空坠落	相应的建筑材料按要求进行第二次复试，经复试合格后才能使用 密目网要绑紧，不准采用不合格产品 硬防护跳板搭接合理，不准出现探头跳板现象 落地脚手架雨后要对基础进行检查 使用过程中严禁超载 脚手板按要求进行搭设、牢固 悬挑架体需经验算后方可使用	搭、拆人员
爆破施工	爆炸	对爆破对象进行实际勘查后、进行方案编制并经消防部门审批 对所涉及区域设置警示标志及维护 选用有相应资质的单位进行施工 爆破炸药重量要进行验证是否按方案、位置设置	分包单位
带电作业	触电	带电作业时要按规定穿戴好防护用品及工具 作业人员要持证上岗 需断电作业时要设置专人对电闸进行看护 宿舍内禁止采用 220V 用电设备 电源线及其材料要有合格证明并需进行二次复试 对现场内电线进行定期检查和不定期的抽查	设备部、安全部
带电作业		动火场所必须配备足够的灭火设施 附近有易燃物品的要对物品进行防护 动火前先编制应急预案并按预案进行演练 所使用设备要有安全距离 宿舍内严禁使用 220V 电，照明采用 36V	安全部

（三）动态危险源的安全风险防范措施

施工现场环境一般比较复杂，作业条件受到许多不利因素的制约。在保障顺利进行施工作业的同时，又要确保原有建筑正常使用的功能与安全状态。因此，建筑施工场地安全技术措施要随着工程项目进度的推进而不断地提高和完善。

为避免安全事故的发生，可以应用动态危险源控制理论，实时保护建筑施工场地作业人员、周边设施和人员的安全。但是，即使再周密的施工部署与安排也很难保证施工场地一直处于安全的状态下。这就需要针对具体的工程实际状况，按照风险危险源辨识、分析、确认、监督、控制等一整套程序来对施工项目提出比较可靠的安全技术对策与措施。

下面重点介绍施工过程中发生的事故和相应的动态的安全控制措施。

1. 高空场所中的动态危险源安全风险防范

在高空作业场所中，应当设置便于维修的扶梯、防护栏杆、安全盖板等安全防护设施；对于连接各个施工单元的交通梯、操作平台和联通通道要设置必要的防滑措施。为了保证施工人员的生命安全，还应设立安全网、安全距离，并且通过安全标志实时提醒作业人员的安全意识。为有效地减少高空坠物等事故的发生，还要发放个人防护装备。

防高空作业事故安全技术防范措施具体还有：及时按相关规定做好变压器及高压线路的防护工作；保持相邻塔吊之间的合理高差和距离；多塔作业设置要进行统一指挥；定期对塔吊司机进行安全教育。

对一些比较特殊的高空作业所存在的危险因素，建筑企业要提出针对性的防护措施。一般来说，高处作业应遵守以下原则：

踏板、云梯、脚手架不符合安全要求的坚决不登高；高压线旁缺乏安全隔离措施的坚决不登高；脚手架和设备不符合要求的坚决不登高；棉或玻璃钢瓦上没有垫脚板的坚决不登高；携带笨重物体的坚决不允许登高；酒后或生病的坚决不允许登高；光线黑暗的坚决不登高。

2. 施工电气的动态危险源安全风险防范

恶性火灾事故大多是由于施工现场电焊所造成的。施工现场中，在对钢结构或其他构件进行焊接作业时，会伴随着火花的产生，由于此时温度很高，当火花遇到可燃物时，火花会迅速点燃可燃物，导致火灾发生。另外，施工现场电线比较多、分布杂乱，这样就极其容易导致短路，一旦短路电火花遇到可燃物或者油料时，就会引发火灾。

高压电击穿效应也是导致火灾的一个重要因素，施工现场的工作电压往往比较高，因此在较高的电压下，不导电的器件此时就会被高压电击穿，从而变成导电的，这时候就容易产生短路。在高压电流下，一般普通的闸式开关在闭合和断开时就容易产生高压电弧，一旦周围有可燃物时，将产生火灾。电线长时间暴露在阳光、雨水下，也容易发生漏电、短路现象。

因此，除了要保证电力设备的安全外，还要加强施工人员的安全意识，才能预防电气事故的发生。

3. 设备使用的动态危险源安全风险防范

应严格按机械设备的技术性能的要求正确使用；严禁作业人员使用安全装置已失效的机械设备；必须由专业的技术人员负责机械设备调试和故障的排除；严禁对正在运行中的机械设备进行维修、调整或者保养等操作；相关人员应定期对机械设备进行保养；立即停止使用超载、带病运行的机械设备。操作人员在独立操作机械设备前，要先经过专业培训并取得相关操作证件。

在施工作业的过程中，有时安全措施与机械设备的运行存在这样或那样的矛盾，这时施工单位应该把安全放在第一位，当满足安全的要求后再考虑机械设备。

第二节　建筑工程安全事故的应急救援

安全检查是对生产经营过程及安全管理中可能存在的隐患、危险有害因素、缺陷等进行查证，以确定隐患或危险有害因素、缺陷的存在状态和它们转化为事故的条件，以便制订整改措施，消除隐患、控制危险有害因素，确保生产安全。安全检查是企业贯彻落实"安全第一，预防为主，综合治理"安全生产方针的重要手段，是对建设工程项目贯彻安全生产法律法规的情况、安全生产状况、劳动条件以及事故隐患等所进行的检查，是发现隐患、消除隐患防止事故发生、改善劳动条件的重要手段，是发动广大员工积极参与并共同搞好安全工作的一，种有效形式，是安全生产管理工作的重要内容。通过开展安全生产检查工作，可以帮助企业发现各类存在及潜在的安全生产危险因素，确定危害根源，从而通过采取有效的整改措施及时消除事故隐患，确保了企业安全、健康、可持续发展。

人的不安全行为、物的不安全状态以及管理上的缺陷，是造成生产安全事故发生的基本因素。消除这些因素，就要设法及时发现，进而采取有效的措施，这要求企业应对安全生产状况进行经常性检查，并加以改进。安全检查是对建筑施工过程中影响安全的各种因素实地观察、测试、分析、研究，发现建筑施工中的不安全因素、职业危害因素或环境污染等的问题，制定并组织实施消除安全隐患或控制事故发生的预防措施，不断提高安全生产保障水平。在安全生产检查中所了解的安全生产状态是分析安全生产形势，研究加强安全管理的信息基础和依据。安全生产检查实质上也是一次群众性的安全教育。通过安全生产检查，可进一步宣传、贯彻、落实党和国家安全生产方针、政策和各项安全生产法律法规和企业安全生产管理规章制度，增强领导和群众的安全意识，纠正违章指挥、违章作业，提高安全生产的自觉性和责任感。通过对安全生产检查，可以互相学习、总结经验、吸取教训、取长补短，有利于进一步促进安全生产工作。

《建设工程安全生产管理条例》规定，施工单位应当对所承担的建设工程进行定期和专项安全检查，并做好安全检查记录。

一、安全检查的内容与方法

（一）安全检查的内容

建筑工程施工安全检查主要以查安全思想、查安全责任、查安全制度、查安全措施、查安全防护、查设备设施、查教育培训、查操作行为、查劳动防护用品使用和查伤亡事故处理等为主要内容。安全检查要根据施工的生产特点，确定具体检查的项目和检查的标准。

1. 查安全思想

主要检查以项目经理为首的项目全体员工（包括分包作业人员）的安全生产意识和对安全生产工作的重视程度。

2. 查安全责任

主要检查现场安全生产责任制度的建立，安全生产责任目标的分解与考核情况；安全生产责任制与责任目标是否已落实到每一个岗位和每一位作业人员，并得到确认。

3. 查安全制度

主要检查现场各项安全生产规章制度和安全技术操作规程的建立和执行情况。

4. 查安全措施

主要检查现场安全措施计划及各项安全专项施工方案的编制、审核、审批及实施情况；重点检查方案的内容是否全面、措施是否具体且有针对性，现场的实施运行是否与方案规定的内容相符。

5. 查安全防护

主要检查现场临边、洞口等各项安全防护设施是否到位，有无安全隐患。

6. 查设备设施

主要检查现场投入使用的设备设施的购置、租赁、安装、验收、使用以及过程维护保养等各个环节是否符合要求；设备设施的安全装置是否齐全、灵敏和可靠，有无安全隐患。

7. 查教育培训

主要检查现场教育培训岗位、教育培训人员、教育培训内容是否明确、具体、有针对性；三级安全教育制度和特种作业人员持证上岗制度的落实情况是否到位；教育培训档案资料是否真实、齐全。

8. 查操作行为

主要检查现场施工作业过程中有无违章指挥、违章作业以及违反劳动纪律的行为发生。

9. 查劳动防护用品的使用

主要检查现场劳动防护用品、用具的购置、产品质量、配备数量和使用情况是否符合安全与职业卫生的要求。

10. 查伤亡事故处理

主要检查现场是否发生伤亡事故，对发生的伤亡事故是否已按照"四不放过"的原则进行调查处理，是否已针对性地制定了纠正与预防措施；制定的纠正与预防措施是否已得到落实并取得实效。

（二）安全检查的主要形式

建筑工程施工安全检查的主要形式一般可分为日常巡查、专项检查、定期安全检查、经常性安全检查、季节性安全检查、节假日安全检查、开工和复工安全检查、专业性安全检查和设备设施安全验收检查等。安全检查的组织形式应根据检查的目的、内容而定，因此参加检查的组成人员也就不完全相同。

1. 定期安全检查

建筑施工企业应建立定期分级安全检查制度。定期安全检查属全面性和考核性的检查，建筑工程施工现场应至少每旬开展一次安全检查工作，施工现场的定期安全检查应由项目经理亲自组织。

2. 经常性安全检查

建筑工程施工应经常开展预防性的安全检查工作，以便及时发现并消除事故隐患，保证施工生产正常进行。施工现场经常性的安全检查方式主要有：①现场专职安全生产管理人员及安全值班人员每天例行开展的安全巡视、巡查；②现场项目经理、责任工程师及相关专业技术管理人员在检查生产工作的同时进行的安全检查；③作业班组在班前、班中、班后进行的安全检查。

3. 季节性安全检查

季节性安全检查主要是针对气候特点（如暑季、雨季、风季、冬季等）可能给安全生产造成的不利影响或者带来的危害而组织的安全检查。

4. 节假日安全检查

在节假日、特别是重大或传统节假日（如"五一"国际劳动节、"十一"国庆节、元旦、春节等）前后和节日期间，为防止现场管理人员和作业人员思想麻痹、纪律松懈等进行的安全检查。节假日加班，更要认真检查各项安全防范措施的落实情况。

5. 开工、复工安全检查

针对工程项目开工、复工之前进行的安全检查，主要是检查现场是否具备保障安全生产的条件。

6. 专业性安全检查

由有关专业人员对现场某项专业安全问题或者在施工生产过程中存在的比较系统性的安全问题进行的单项检查。这类检查专业性强，主要应由专业工程技术人员、专业安全管理人员参加。

7. 设备设施安全验收检查

针对现场塔吊等起重设备、外用施工电梯、龙门架及井架物料提升机、电气设备、脚手架、现浇混凝土模板支撑系统等设备设施在安装、搭设过程中或完成后进行的安全验收、检查。

（三）安全检查的要求

安全检查应有明确的检查目的和检查项目、内容及检查标准、重点、关键部位。对大面积或数量多的项目可采取系统的观感和一定数量的测点相结合的检查方法。应根据检查内容配备力量，抽调专业人员，确定检查负责人，明确分工。安全检查时尽量采用检测工具，用数据说话，应认真、详细进行记录。对于现场管理人员和操作工人不仅要检查是否有违章指挥和违章作业行为，还应进行"应知应会"的抽查，以便了解管理人员及操作工人的安全素质。对于违章指挥、违章作业行为，检查人员可以当场指出、进行纠正。

安全检查中发现的隐患应该进行登记，特别是对隐患的记录必须具体，如隐患的部位、危险性程度及处理意见等，发出隐患整改通知书，引起整改单位的重视，并作为整改的备查依据。对凡是有即发型事故危险的隐患，检查人员应责令其停工、被查单位必须立即整改。检查后应对隐患整改情况进行跟踪复查，查被检查单位是否按"三定"原则（定人、定期限、定措施）落实整改，经复查整改合格后，进行销案。

（四）安全检查方法

安全生产检查要讲科学、讲效果。因此，安全生产检查方法很重要。目前安全生产检查基本上都采用安全生产检查表和实测、实量的检测手段，大致可归纳为"听""问""看""量""测"动作试验。

1. 听

听取安全生产情况汇报，听取现场安全工作经验、存在问题、发展方向等。听取基层管理人员或施工现场安全员汇报安全生产情况，介绍现场安全工作经验。

2. 问

通过询问、提问，对以项目经理为首的现场管理人员和操作工人进行应知应会抽查，了解现场管理人员和操作工人的安全意识和安全素质。

3. 看

查看管理资料、交接验收资料；查看"三宝"（安全帽、安全带、安全网）的使用情况、"四口"（楼梯口、电梯井口、预留洞口、通道口）与临边防护情况；查看设备的防护装置；查看项目负责人、专职安全管理人员、特种作业人员等的持证上岗情况；查看现场安全标志设置情况；查看劳动防护用品使用情况；等等。

4. 量

主要是用尺进行实测实量。例如，测量脚手架各种杆件间距、塔式起重机道轨距离、电气开关箱安装高度、在建工程与邻近高压线的距离等。

5. 测

主要是用仪器、仪表实地进行测量，即使用专用仪器，仪表等监测器具对特定对象关键特性技术参数的测试。比如，使用漏电保护器测试仪对漏电保护器漏电动作电流、漏电动作时间的测试；使用接地电阻测试仪对现场各种接地装置接地电阻的测试；使用兆欧表对电机绝缘电阻的测试；使用经纬仪对塔吊、外用电梯安装垂直度的测试等。

6. 动作试验

主要是指由具有专业资格的人员对机械设备进行实际操作、试验，检验其运转的可靠性或安全限位装置的灵敏性。例如，对塔吊力矩限制器、变幅限位器、起重限制器等安全装置的试验；对施工电梯制动器、限速器、上下极限限位器、门联锁装置等安全装置的试验；对龙门架超高限位器、断绳保护器等安全装置的试验等。

在安全检查中，能测量的数据或动作试验，均不应以"估算""步量""差不多"等模糊词汇来代替具体数据。

二、建筑施工安全检查标准

（一）检查评分表

1. 建筑施工安全检查评分汇总表

主要包括：安全管理、文明施工、脚手架、基坑工程、模板支架、高处作业、施工用电、物料提升机与施工升降机、塔式起重机和起重吊装、施工机具等10项，其得分作为一个施工现场安全生产情况的综合评价依据。

2. 安全管理检查评分表

主要包括：安全生产责任制、施工组织设计及专项施工方案、安全技术交底、安全检查、安全教育、应急预案、分包单位安全管理、持证上岗、生产安全事故处理、安全标志等10项内容，其中前6项为保证项目，后4项为一般项目。

3. 文明施工检查评分表

主要包括：现场围挡、封闭管理、施工场地、材料管理、现场办公与住宿、现场防火、综合治理、公示标牌、生活设施以及社区服务等10项内容，其中前6项为保证项目，后4项为一般项目。

4. 扣件式钢管脚手架检查评分表

主要包括：施工方案、立杆基础、架体与建筑结构拉结、杆件间距与剪刀撑、脚手板与防护栏杆、交底与验收、横向水平杆设置、杆件连接、层间防护、构配件材质以及通道等11项内容，其中前6项为保证项目，后5项为一般项目。

5. 门式钢管脚手架检查评分表

主要包括：施工方案、架体基础、架体稳定、杆件锁臂、脚手板、交底与验收、架体防护、构配件材质、荷载、通道等 10 项内容，其中前 6 项为保证项目，后 4 项为一般项目。

6. 碗扣式钢管脚手架检查评分表

主要包括：施工方案，架体基础、架体稳定、杆件锁件、脚手板、交底与验收、架体防护、构配件材质、荷载、通道等 10 项内容，其中前 6 项为保证项目，后 4 项为一般项目。

7. 承插型盘扣式钢管脚手架检查评分表

主要包括：施工方案、架体基础、架体稳定、杆件设置、脚手板、交底与验收、架体防护、杆件连接、构配件材质、通道等 10 项内容，其中前 6 项为保证项目，后 4 项为一般项目。

8. 满堂脚手架检查评分表

主要包括：施工方案、架体基础、架体稳定、杆件锁件、脚手板、交底和验收、架体防护、构配件材质、荷载、通道等 10 项内容，其中前 6 项为保证项目，后 4 项为一般项目。

9. 悬挑式脚手架检查评分表

主要包括：施工方案、悬挑钢梁、架体稳定、脚手板、荷载、交底和验收、杆件间距、架体防护、层间防护、脚手架材质等 10 项内容，其中前 6 项为保证项目，后 4 项为一般项目。

10. 附着式升降脚手架检查评分表

主要包括：施工方案、安全装置、架体构造、附着支座、架体安装、架体升降、检查验收、脚手板、架体防护安全作业等 10 项内容，其中前 6 项为保证项目，后 4 项为一般项目。

11. 高处作业吊篮检查评分表

主要包括：施工方案、安全装置、悬挂机构、钢丝绳、安装作业、升降作业、交底与验收、安全防护、吊篮稳定、荷载等 10 项内容，其中前 6 项为保证项目，后 4 项为一般项目。

12. 基坑工程检查评分表

主要包括：施工方案、基坑支护、降排水、基坑开挖、坑边荷载、安全防护、基坑监测、支撑拆除、作业环境、应急预案等 10 项内容，其中前 6 项为保证项目，后 4 项为一般项目。

13. 模板支架检查评分表

主要包括：施工方案、支架基础、支架构造、支架稳定、施工荷载、交底与验收、杆件连接、底座与托撑、构配件材质、支架拆除等 10 项内容，其中前 6 项为了保证项目，后 4 项为一般项目。

14. 高处作业检查评分表

主要包括：安全帽、安全网、安全带、临边防护、洞口防护、通道口防护、攀登作业、悬空作业、移动式操作平台、悬挑式物料平台等10项内容。该检查表中没有保证项目。

15. 施工用电检查评分表

主要包括：外电防护、接地与接零保护系统、配电线路、配电箱与开关箱、配电室与配电装置、现场照明、用电档案等7项内容，其中前4项为保证项目，后3项为一般项目。

16. 物料提升机检查评分表

主要包括：安全装置，防护设施，附墙架与缆风绳，钢丝绳，安拆、验收和使用，基础与导轨架，动力与传动，通信装置，卷扬机操作棚，避雷装置等10项内容，其中前5项为保证项目，后5项为一般项目。

17. 施工升降机检查评分表

主要包括：安全装置，限位装置，防护设施，附墙架，钢丝绳、滑轮与对重，安拆、验收与使用，导轨架，基础，电气安全，通信装置等10项内容，其中前6项为保证项目，后4项为一般项目。

18. 塔式起重机检查评分表

主要包括：载荷限制装置，行程限位装置，保护装置，吊钩、滑轮、卷筒与钢丝绳，多塔作业，安拆、验收与使用，附着，基础与轨道，结构设施，电气安全等10项内容，其中前6项为保证项目，后4项为一般项目。

19. 起重吊装检查评分表

主要包括：施工方案、起重机械、钢丝绳与地锚、索具、作业环境、作业人员、起重吊装、高处作业、构件码放、警戒监护等10项内容，其中前6项为保证项目，后4项为一般项目。

20. 施工机具检查评分表

主要包括：平刨、圆盘锯、手持电动工具、钢筋机械、电焊机、搅拌机、气瓶、翻斗车、潜水泵、振捣器、桩工机械等11项内容，该检查表中没有保证项目。

（二）检查评分方法

建筑施工安全检查评定应符合《建筑施工安全检查标准》（JGJ 59-2011）中各检查评定项目的有关规定，并应按其附录的评分表进行评分。检查评分表应分为安全管理、文明施工、脚手架、基坑工程、模板支架、高处作业、施工用电、物料提升机与施工升降机、塔式起重机与起重吊装、施工机具分项检查评分表和检查评分汇总表。安全检查评定中，保证项目全部检查，各评分表的评分应符合规定。

（1）分项检查评分表和检查评分汇总表的满分分值均应为100分，评分表的实得分值应为各检查项目所得分值之和。

（2）评分应采用扣减分值的方法，扣减分值总和不得超过该检查项目的应得分值。

（3）当按分项检查评分表评分时，保证项目中有一项未得分或保证项目小计得分不足 40 分，此分项检查评分表不应得分。

（4）脚手架、物料提升机与施工升降机、塔式起重机与起重吊装项目的实得分值，应为所对应专业的分项检查评分表实得分值的算术平均值。

（三）检查评定等级

应按汇总表的总得分和分项检查评分表的得分，对于建筑施工安全检查评定划分为优良、合格、不合格 3 个等级。建筑施工安全检查评定的等级划分应符合规定。

（1）优良：分项检查评分表无零分，汇总表得分值应在 80 分及以上。

（2）合格：分项检查评分表无零分，汇总表得分值应在 80 分以下，70 分及以上。

（3）不合格：当汇总表得分值不足 70 分时；当有一分项检查评分表得零分时。

当建筑施工安全检查评定的等级为不合格时，必须限期整改达到合格。

第三节　建筑工程安全事故的调查处理

建筑施工必须认真贯彻实施"安全第一，预防为主，综合治理"的安全生产方针，深入研究事故规律特点，建立完善安全生产风险分级管控和事故隐患排查治理体系，坚持关口前移、精准监管、源头治理、科学预防，实现企业风险自辨自控、自查自治、自改自报常态化管理，推进事故预防工作科学化信息化、标准化，控制安全风险和减少事故隐患，防范和遏制事故发生，构建建筑行业安全生产的长效机制。

一、双重预防机制概述

安全生产工作要强化风险意识，分析事故发生的全链条，抓住关键环节采取预防措施，防范安全风险管控不到位变成事故隐患、隐患未及时被发现和治理演变成事故。构建"双重预防机制"是强调安全生产的关口前移，从隐患排查治理前移到安全风险管控。构建安全风险分级管控和隐患排查治理双重预防机制，是遏制重特大事故的重要举措。

为了认真贯彻落实党中央、国务院决策部署，着力解决当前安全生产领域存在的薄弱环节和突出问题，强化安全风险管控和隐患排查治理，坚决遏制重特大事故频发势头。2016 年 4 月 28 日，国务院安全生产委员会办公室印发了《标本兼治遏制重特大事故工作指南》（安委办〔2016〕3 号），提出"坚持标本兼治、综合治理，把安全风险管控挺在隐患前面，把隐患排查治理挺在事故前面，扎实构建事故应急救援最后一道防线。坚持关口前移，超前辨识预判岗位、企业、区域安全风险，通过实施制度、技术、工程、管理等措施，有效防控各类安全风险；加强过程管控，通过对构建隐患排查治理体系和闭环管理制度，强化监管执法，及时发现和消除各类事故隐患，防患于未然；强化事后处置，及时、科学、有效应对各类重特大事故，最大限度减少事故伤亡人数、降低损害程度。"2016年10月9日，国务院安全生产委员会办公室印发了《实施遏制重特大事故工作指南构建双重预防机制的意见》（安委办〔2016〕11号），指出安全生产要"准确把握安全生产的特点和规律，坚持风险预控、关口前移，全面推行安全风险分级管控，进一步强化隐患排查治理，推进事故预防工作科学化、信息化、标准化，实现了把风险控制在隐患形成之前、把隐患消灭在事故前面。"

中共中央、国务院2016年12月9日印发的《关于推进安全生产领域改革发展的意见》（中发〔2016〕32号）提出安全生产要坚持源头防范，"严格安全生产市场准入，经济社会发展要以安全为前提，把安全生产贯穿城乡规划布局、设计、建设、管理和企业生产经营活动全过程。构建风险分级管控和隐患排查治理双重预防工作机制，严防风险演变、隐患升级导致生产安全事故发生"。

此后，各行业部门和地方政府也相继印发了切实加强建筑业双重预防机制的相关文件，如《大型工程技术风险控制要点》（建质函〔2018〕28号）、《北京市房屋建筑和市政基础设施工程施工安全风险分级管控技术指南（试行）》、《河北省安全生产风险管控与隐患治理规定》（河北省人民政府令[2018]第2号）、《河北省建筑施工安全风险分级管控与隐患排查手册》等。安全风险分级管控和隐患排查治理的工作制度和规范逐步建立健全，初步实现企业安全风险自辨自控、隐患自查自治，形成政府领导有力、部门监管有效、企业责任落实、社会参与有序的工作格局，提升了建筑安全生产整体预控能力，夯实了遏制重特大事故的坚实基础。

（一）相关概念

1. 风险

风险是指生产安全事故或健康损害事件发生的可能性和后果的组合。风险有两个主要特性，即可能性和严重性。可能性是指事故（事件）发生的概率。严重性是指事故（事件）一旦发生后，将造成的人员伤害和经济损失的严重程度。风险因素是指引起或增加风险事故发生的机会或扩大损失幅度的原因和条件。

2. 技术风险

在工程建设过程中，由于技术因素引起的一种对工程质量安全结果偏离预期的情形，属于技术风险。

3. 质量安全风险

在工程建设过程中，对质量安全管理的结果与工程前的质量安全管理目标相偏离的情形，属于质量安全风险。

4. 勘察设计风险

勘察风险是指因为勘察缺失或偏差所造成的建设过程中的质量安全风险。设计风险是指项目因设计存在缺陷所造成的建设过程中的质量安全风险。

5. 施工风险

施工风险是指项目因工程施工技术方案存在缺陷、使用材料存在缺陷、施工设施不安全、施工管理不完善所造成的建设过程中的质量安全风险。

6. 风险识别与评估

风险识别是指在风险事故发生之前，运用各种方法系统的、连续的认识所面临的各种风险以及分析风险事故发生的潜在原因。风险评估是指在风险事件发生之前，就该事件会给人们的生活、生命、财产等各个方面造成的影响和损失的可能性的量化评价工作。

7. 风险控制

制定风险处置措施以及应急预案，实施风险监测、跟踪与记录。风险处置措施包括风险消除、风险降低、风险转移和风险自留 4 种方式。

8. 风险监测与跟踪

风险监测是指利用各种技术手段对可能产生的风险进行监测分析，从而防止风险事件的发生。风险跟踪是指对风险的发展情况进行跟踪观察，督促风险规避措施的实施，并及时发现和处理尚未辨识到的风险。

9. 风险分级管控

按照风险的不同级别，所需管控资源、管控能力、管控措施复杂及难易程度等因素而确定不同管控层级的风险管控方式。风险分级管控的基本原则是：风险越大，管控级别越高；上级负责管控的风险，下级必须负责管控，并且逐级落实具体措施。

10. 事故隐患

事故隐患是指生产经营单位违反安全生产法律、法规、规章、标准、规程和安全生产管理制度的规定，或者因其他因素在生产经营活动中存在可能导致事故发生的人的不安全行为、物的危险状态、场所的不安全因素和管理上的缺陷。

11. 隐患排查治理

隐患排查是指单位组织安全生产管理人员、工程技术人员和其他相关人员，对本单位的事故隐患进行排查，并对排查出的事故隐患，按照事故隐患的等级进行登记，建立事故隐患信息档案的工作过程。隐患治理是指消除或控制隐患的活动或过程，包括对排查出的事故隐患按照职责分工明确整改责任，制订整改计划、落实整改资金、实施监控治理和复查验收的全过程。

（二）双重预防机制的构建

1. 全面开展安全风险辨识

各地区政府要指导推动各类企业按照有关制度和规范，针对本企业类型和特点，制定科学的安全风险辨识程序和方法，全面开展安全风险的辨识。企业要组织专家和全体员工，采取安全绩效奖惩等有效措施，全方位、全过程辨识生产工艺、设备设施、作业环境、人员行为和管理体系等方面存在的安全风险，做到系统、全面、无遗漏，并持续更新完善。

2. 科学评定安全风险等级

企业要对辨识出的安全风险进行分类梳理，参照《企业职工伤亡事故分类》（GB 6441—1986），综合考虑起因物、引起事故的诱导性原因、致害物、伤害方式等，确定安全风险类别。对于不同类别的安全风险，采用相应的风险评估方法确定安全风险等级。安全风险评估过程要突出遏制重特大事故，高度关注暴露人群，聚焦重大危险源、劳动密集型场所、高危作业工序和受影响的人群规模。安全风险等级从高到低划分为重大风险、较大风险、一般风险和低风险，分别用"红、橙、黄、蓝"4种颜色标识。其中，重大安全风险应填写清单、汇总造册，按照职责范围报告属地负有安全生产监督管理职责的部门。要依据安全风险类别和等级建立企业安全风险数据库，绘制企业"红、橙、黄、蓝"四色安全风险空间分布图。

3. 有效管控安全风险

企业要根据风险评估的结果，针对安全风险特点，从组织、制度、技术、应急等方面对安全风险进行有效管控。要通过隔离危险源、采取技术手段、实施个体防护、设置监控设施等措施，达到回避、降低和监测风险的目的。要对安全风险分级、分层、分类、分专业进行管理，逐落实企业、车间、班组和岗位的管控责任，尤其要强化对重大危险源和存在重大安全风险的生产经营系统、生产区域、岗位的重点管控。企业要高度关注运营状况和危险源变化后的风险状况，动态评估、调整风险等级和管控措施，确保安全风险始终处于受控范围内。

4. 实施安全风险公告警示

企业要建立完善安全风险公告制度，并加强风险教育和技能培训，确保管理层和每名员工都掌握安全风险的基本情况及防范、应急措施。要在醒目位置和重点区域分别设置安全风险公告栏，制作岗位安全风险告知卡，标明主要安全风险、可能引发事故隐患类别事故后果．管控措施、应急措施以及报告方式等内容。对存在重大安全风险的工作场所和岗位，要设置明显警示标志，并强化危险源监测和预警。

5. 建立完善隐患排查治理体系

风险管控措施失效或弱化极易形成隐患，酿成事故。企业要建立完善隐患排查治理制度，制定符合企业实际的隐患排查治理清单，明确和细化隐患排查的事项、内容和频次，并将责任逐一分解落实，推动全员参与自主排查隐患，尤其要强化对存在重大风险的场所、环节、部位的隐患排查。要通过与政府部门互联互通的隐患排查治理信息系统，全过程记录报告隐患排查治理情况。对排查发现的重大事故隐患，应当在向负有安全生产监督管理职责的部门报告的同时，制定并实施严格的隐患治理方案，做到责任、措施、资金、时限和预案"五落实"，实现隐患排查治理的闭环管理。事故隐患整治过程中无法保证安全的，应停产停业或者停止使用相关设施设备，及时撤出相关作业人员，必要时向当地人民政府提出申请，配合疏散可能受到影响的周边人员。

（三）双重预防机制的政府监管体系

1. 健全完善标准规范

国务院安全生产监督管理部门协调有关部门制定完善安全风险分级管控和隐患排查治理的通用标准规范，其他负有安全生产监督管理职责的行业部门根据本行业领域特点，按照通用标准规范，分行业制定安全风险分级管控和隐患排查治理的制度规范，明确安全风险类别、评估分级的方法和依据，明晰重大事故隐患判定依据。各省级安全生产委员会结合本地区实际，在系统总结本地区行业标杆企业经验做法基础上，制定地方的安全风险分级管控和隐患排查治理的实施细则；地方各有关部门要按照有关标准规范组织企业开展对标活动，进一步健全完善内部安全预防控制体系，推动建立统一、规范、高效的安全风险分级管控和隐患排查治理双重预防机制。

2. 实施分级分类安全监管

各地区、各有关部门督促指导企业落实主体责任，认真开展安全风险分级管控和隐患排查治理双重预防工作。结合企业风险辨识和评估结果以及隐患排查治理情况，组织对企业安全生产状况进行整体评估，确定企业整体安全风险等级，并根据企业安全风险变化情况及时调整；推行企业安全风险分级分类监管，按照分级属地管理原则，针对不同风险等级的企业，确定不同的执法检查频次、重点内容等，实行差异化、精准化动态监管。对于企业报告的重大安全风险和重大危险源、重大事故隐患，通过实行"网格化"管理，明确属地基层政府及有关主管部门、安全监管部门的监管责任，加强督促指导和综合协调，支持、推动企业加快实施管控整治措施，对安全风险管控不到位和隐患排查治理不到位的严格依法查处。制定了实施企业隐患自查自治的正向激励措施和职工群众举报隐患奖励制度，进一步加大重大事故隐患举报奖励力度。

3. 有效管控区域安全风险

各地区组织对公共区域内的安全风险进行全面辨识和评估，根据风险分布情况和可能造成的危害程度，确定区域安全风险等级，并结合企业报告的重大安全风险情况，汇总建立区域安全风险数据库，绘制区域"红、橙、黄、蓝"四色安全风险空间分布图。对不同等级的安全风险采取有针对性的管控措施，实行差异化管理；对高风险等级区域实施重点监控，加强监督检查。加强应急能力建设，健全完善应急响应体制机制，优化应急资源配备，完善应急预案，提高城市运行应急保障水平。

4. 加强安全风险源头管控

各地区把安全生产纳入地方经济社会和城镇发展总体规划，在城乡规划建设管理中充分考虑安全因素，特别是城市地下公用基础设施如石油天然气管道、城镇燃气管线等的安全问题。加强城乡规划安全风险的前期分析，完善城乡规划和建设安全标准，严格高风险项目建设安全审核把关，严禁违反国家和行业标准规范在人口密集区建设高风险项目，或者在高风险项目周边设置人口密集区。制定重大政策、实施重大工程、举办重大活动时，要开展专项安全风险评估，根据评估结果制订有针对性的安全风险管控措施和应急预案。要明确高危行业企业最低生产经营规模标准，严禁新建不符合产业政策、不符合最低规模、采用国家明令禁止或淘汰的设备和工艺要求的项目，现有企业不符合相关要求的，要责令整改。

二、风险等级

各类风险事件发生前，应尽可能选择较经济、合理、有效的方法来减少或避免风险事件的发生，将风险事件发生的可能性和后果降至可能的最低程度；各类风险事件发生后，应共同努力、通力协作，立即采取针对性的风险应急预案和措施，尽可能减少人员伤亡、经济损失和周边环境影响等，排除风险隐患。

风险损失等级包括直接经济损失等级、周边环境影响损失等级及人员伤亡等级，当三者同时存在时，以较高的等级作为该风险事件的损失等级。风险事件的风险等级由风险发生概率等级和风险损失等级间的关系矩阵确定。

三、风险控制职责

（一）风险控制小组职责

建设单位可在企业层面设立风险控制小组，风险控制小组由建设单位、勘察单位、设计单位、施工单位（包括分包）以及监理单位的项目负责人担任，指导和监督项目工程技术风险的管理工作。风险控制小组在建设单位的牵头下，应承担以下工作职责：①在工程开工前识别工程关键风险，编制风险管理计划。②在工程施工前对关键的技术风险管理节点进行施工条件的审查，包括审核施工方案、确认设计文件及变更文件、确认现场技术准备工作等。③在工程实施过程中组织实施风险管理并进行过程协调，包括现场风险巡查、召开风险管理专题会、对于风险进行跟踪处理等。

（二）建设单位职责

建设单位为工程技术风险控制的首要责任方，其应当在工程建设全过程负责和组织相关参建单位对工程技术风险的控制。其工作职责如下：①建设单位应在项目可行性研究阶段组织相关单位对项目在立项阶段可能存在的风险以及可能对后续工程建设乃至运营阶段造成的风险进行研究和评估，将可能存在的风险体现在可行性研究报告中，对该阶段的风险情况进行收集和保存，并将该情况告知后续工程建设的相关参建单位或相关风险承担及管理方，以供其评估风险并制定相应的风险控制对策。②建设单位应在初步设计阶段了解项目的整体建设风险，该风险的研究由初步设计单位在设计方案中提出。建设单位应对设计提出的风险已经给出的相关设计处理建议给予重视，合理地采纳设计方案中建议或意见，并对选择的设计方案予以确认。③建设单位应根据项目建设的需要，选择合适的参建单位，包括勘察单位、设计单位、施工单位、监理单位、检测单位、监测单位等。所选单位的资质要求和人员要求应当满足工程规模、难度等的需要，以保证工程建设风险的控制效果。④建设单位应在工程开工或复工前组织识别工程建设过程中的重要工程节点，并在相应节点开工前组织开工或复工条件的审查。条件审查内容包括工程开工前的专项施工方案编制、审批和专家论证情况，人员技术交底情况，现场材料、设备器材、机械的准备情况，项目管理、技术人员和劳动力组织情况，应急预案编制审批和救援物资储备情况等，从而保证工程开工准备工作的有效充分。⑤建设单位应在现场建立起相应的技术风险应急处置机制，明确参建各方的风险应急主要责任人，组织编制相应的技术风险管理预案，并监督应急物资的准备情况。⑥当现场发生风险事故时，建设单位应组织参建单位进行事故的抢险或事后的处理工作，做好施工企业先期处置，明确并落实现场带班人员班组长和调度人员直接处置权和指挥权，使事故的损失降低到最小的程度。

（三）勘察单位职责

勘察单位应在项目勘察阶段做好项目前期的风险识别工作，包括所属项目的地质构造风险、地下水控制风险、地下管线风险、周边环境风险等，为项目建设设计提供依据或进行相关提示，也为施工阶段的风险控制提供相关的信息。同时在工程设计、施工条件发生变化时，配合建设单位完成必要的补勘工作。做好勘察交底，及时解决施工中出现的勘察问题。

（四）设计单位职责

设计单位应当在建设工程设计中综合考虑建设前期风险评估结果，确保建筑设计方案和结构设计方案的合理性，提出相应设计的技术处理方案。根据合同约定配合建设单位制定和实施相应的应急预案，并且就相关风险处置技术方案在设计交底时向施工单位做出详细的说明，及时解决施工中出现的设计问题。

（五）施工单位职责

施工单位应在开工前制定针对性的专项施工组织设计（包括风险预控措施与应急预案），并按照预控措施和应急预案负责落实施工全过程的质量安全风险的实施与跟踪，同时做好相关资料的记录和存档工作。

（六）监理单位职责

监理单位应在开工前审核施工单位的风险预控措施与应急预案，并且负责跟踪和督促施工单位落实。

四、风险控制方法

（一）风险识别与分析

风险识别与分析应包括建设工程前期总体风险分析和建设期全过程的动态风险分析。各阶段风险识别与分析应前后衔接，后阶段风险识别应在前阶段风险识别的基础上进行。

风险识别应根据工程建设期的主要风险事件和风险因素，建立适合的风险清单。风险因素的分解应考虑自然环境、工程地质和水文地质、工程自身特点、周边环境以及工程管理等方面的主要内容。①自然环境因素，如台风、暴雨、冬期施工、夏季高温、汛期雨季等；②工程地质和水文地质因素，如触变性软土、流沙层、浅层滞水、（微）承压水地下障碍物、沼气层、断层、破碎带等；③周边环境因素，如城市道路、地下管线、轨道交通、周边建筑物（构筑物）、周边河流及防汛墙等；④施工机械设备等方面的因素；⑤建筑材料与构配件等方面的因素；⑥施工技术方案和施工工艺的因素；⑦施工管理因素。风险识别前应广泛收集工程相关资料，包括工程周边环境资料、工程勘察和设计文件、施工组织设计（方案）等技术文件、现场勘查资料等。

风险识别与分析可从建设工程项目工作分解结构开始，运用风险识别方法对建设工程的风险事件及其因素进行识别与分析，建立工程项目风险因素清单。在建设工程项目每个阶段的关键节点都应结合具体的设计工况、施工条件、周围环境、施工队伍、施工机械性能等实际状况对风险因素进行再识别，动态分析建设工程项目的具体风险因素。风险再识别的主要依据是上一阶段的风险识别及风险处理的结果，包括已有风险清单、已有风险监测结果和对已处理风险的跟踪。风险再识别的过程本质上是对建设工程项目新增风险因素的识别过程，也是风险识别的循环过程。

风险识别与分析方法可采用专家调查法、故障树分析法、项目工作分解结构风险分解结构分析法等，可根据工程对象采用某一种方法或者组合方法进行风险识别。风险识别与分析方法应根据工程建设特点、评估要求和工程建设风险类型选取。风险分析可采用定性分析方法，如专家调查法；定量分析方法，如故障树分析法；综合分析方法，即定性分析和定量分析相结合。

（二）风险评估与预控

在建设前期和施工准备阶段，应结合项目工程特点、周边环境和勘察报告、设计方案、施工组织设计以及风险识别与分析的情况，进行建设工程技术风险评估。在施工过程中，应结合专项施工方案进行动态风险评估。风险评估应明确相关责任人，收集基本资料，依据风险等级标准和接受准则制订工作计划和评估策略，提出风险评价方法，编制风险评估报告。

风险评估应建立合理、通用、简洁和可操作的风险评价模型，并按下列基本内容进行：①对初始风险进行估计，分别确定每个风险因素或风险事件对目标风险发生的概率和损失，当风险概率难以取得时，可采用风险频率代替；②分析每个风险因素或风险事件对目标风险的影响程度；③估计风险发生概率和损失的估值，并计算风险值，进而评价单个风险事件和整个工程建设项目的初始风险等级；④根据评价结果制定相应的风险处理方案或措施；⑤通过跟踪和监测的新数据，对于工程风险进行重新分析，并对风险进行再评价。风险评估报告中应根据风险评估结果制定针对各风险事件的预控措施。

风险评估与预控应从风险事件发生概率和发生后果的估计开始，接着进行风险等级的评价，然后编制风险评估报告，通过风险预控措施的实施，降低工程风险。在工程不同阶段，需进行动态评估和预控。通过对风险估计和评价得到的风险水平对比风险标准，确立单个风险事件和项目整体风险等级，并根据风险等级选择风险预控措施，编制风险处理策略实施计划。风险预控措施实施后即进入风险跟踪与监测流程，经风险跟踪和监测来判断风险策略实施效果，并且监测实施后是否还有风险残余，以及随之产生的新的风险因素。分解风险残余和新的风险因素的风险水平大小确定是否采取新的风险预控措施，实现风险再评估。

风险评估方法可采用风险矩阵法、层次分析法、故障树法、模糊综合评估法、蒙特卡罗法、敏感性分析法、贝叶斯网络方法、神经网络分析法等。在进行风险评估前，应收集相关工程数据或工程案例，并根据实际情况对风险进行定性或定量评估。风险评估结果应得到确认，确认方式可以采用专家评审方式，也可以报请上级单位审核确认。风险评估等级确定后，应针对性地采取技术、管理等方面的预控措施，具体措施由项目实施单位制定。

（三）风险跟踪与监测

建设单位应组织参建各方根据风险评估结果选择适当的风险处理策略，编制风险跟踪与监测实施计划并实施。风险跟踪应对风险的变化情况进行追踪和观察，及时对风险事件的状态做出判断。风险跟踪的内容包括风险预控措施的落实情况、识别风险事件特征值的观测、对风险发展状况的记录等。风险跟踪和监测是动态的过程，应根据工程环境的变化、工程的进展状况及时对施工质量安全风险进行修正、登记及监测检查，定期反馈，随时与相关单位沟通。

风险监测应符合规定：①制订风险监测计划，提出监测标准；②跟踪风险管理计划的实施，采用有效的方法及工具，监测和应对风险；③报告风险状态，发出风险预警信号，提出风险处理建议。

根据风险跟踪和监测结果，应对风险等级高的事件进行处理，风险处理应符合规定：①根据项目的风险评估结果，按照风险接受准则，提出风险处理措施；②风险处理基本措施包括风险接受、风险减轻、风险转移、风险规避；③根据风险处理结果，提出风险对策表，风险对策表的内容应包括初始风险、施工应对措施、残留风险等；④对风险处理结果实施动态管理，当风险在接受范围内，风险管理按拟定计划执行直至工程结束；当风险不可接受时，应对风险进行再处理，并重新制订风险管理计划。

风险跟踪与监测流程首先应编制风险监测方案，风险监测实施过程中可采用远程监控技术和信息管理技术，对于工程实施过程进行实时全方位监控，根据监测结果选择不同的处理方案。

风险跟踪与监测方法可采用人工现场巡视、风险跟踪现场记录、远程监控技术，或采用多种方法的综合跟踪监测方法。风险跟踪与监测宜有定量化的指标进行监控，并应及时对监测数据进行分析，全面掌握工程建设风险。

（四）风险预警与应急

参建各方应明确各风险事件相应的风险预警指标，根据预警等级采取针对性的防范措施。建设单位应组织编制技术风险应急预案，并定期进行应急演练。

在工程建设期间对可能发生的突发风险事件，应划分预警等级。根据突发风险事件可能造成的社会影响性、危害程度、紧急程度、发展态势和可控性等情况，分为4级：①一级风险预警，即红色风险预警，为最高级别的风险预警，风险事故后果是灾难性的，并造成恶劣社会影响和政治影响；②二级风险预警，即橙色风险预警，为较高级别的风险预警，风险事故后果很严重，可能在较大范围内对工程造成破坏或者有人员伤亡；③三级风险预警，即黄色风险预警，为一般级别的风险预警，风险事故后果一般，对工程可能造成破坏的范围较小或有较少人员伤亡；④四级风险预警，即蓝色风险预警，为最低级别的风险预警，风险事故后果在一定条件下可以忽略，对工程本身以及人员、设备等不会造成较大损失。

针对工程建设项目的特点和风险管理的需要，宜建立风险监控和预警信息管理系统，通过监测数据分析，及时掌握风险状态。建设工程项目必须建立应急救援预案，并对相关人员进行培训和交底，保持响应能力。现场应配备应急救援物资及设施，并明确安全通道、应急电话、医疗器械、药品、消防设备设施等。针对各级风险事件，建设单位应建立健全应急演练机制，定期组织相关预案的演练，其上级管理部门应定期进行检查。

风险预警和应急流程首先建立风险预警预报体系，当预警等级达三级及以上时，应启动应急预案，及时进行风险处置。

风险预警可采用远程监控平台与数据实时处理的信息平台相结合的方法。

五、事故隐患排查治理

施工单位是隐患排查治理的责任主体，应当健全全员安全生产责任制，明确本单位主要负责人、分管负责人、其他负责人、各部门、各岗位以及从业人员的责任，并保障安全生产资金投入。依法设置安全生产管理机构的施工单位应当设立安全总监（首席安全官），专职负责安全生产工作。建立"一个台账、三个清单"，即建筑施工现场安全风险辨识分级管控台账、建筑施工企业安全风险分级管控清单、建筑施工事故隐患排查清单、内部追责问责清单。

（1）施工单位应当制定隐患排查治理制度、标准和清单，明确各岗位、各设备设施排查范围和要求。组织开展安全生产检查，应对照风险管控信息台账（清单），检查风险部位、风险管控措施或者管控方案的落实情况。

（2）施工单位应当依据风险管控信息台账，建立事故隐患排查清单，并编制隐患治理信息台账。事故隐患排查清单应当包括排查的风险部位、风险管控措施、风险失控表现、排查责任部门和责任人、排查时间等内容；隐患治理信息台账应当包括隐患名称、隐患等级、治理措施、完成时限、复查结果、责任部门和责任人等内容。

（3）事故隐患排查包括定期排查和专项排查。施工单位应当按照隐患排查制度要求，定期开展安全生产检查，排查事故隐患。主要负责人每季度至少组织并参加一次，安全管理部门每旬至少抽查一次，工程项目部每周至少组织一次，班组每天组织一次。

（4）有下列情形之一的，应当开展专项排查：①与本单位安全生产相关的法律、法规、规章、标准以及规程制定、修改或废止的；②设备设施、工艺、技术、生产经营条件、周边环境发生重大变化的；③停工停产后需要复工复产的；④发生生产安全事故或者险情的；⑤各级住房和城乡建设主管部门组织开展安全生产专项整治活动的；⑥气候条件发生重大变化或者预报可能发生重大自然灾害，对安全生产构成威胁的。

（5）施工单位应当对下列因素开展隐患排查：①从业人员是否存在违反安全操作规程和相关安全管理规定的行为；②施工作业场所和设施设备是否符合安全生产相关规定、标准要求；③是否按照有关法律、法规、规章和强制性标准规定建立实施安全生产管理制度；④其他可能造成生产安全事故的因素。

（6）施工单位应当按照建筑施工重大事故隐患判定标准，将隐患等级确定为一般隐患和重大隐患。施工单位对安全生产检查发现的事故隐患，应当制定隐患治理方案并组织实施，消除隐患。治理方案应当包括以下内容：①治理的隐患清单；②治理的标准要求；③治理的方法和措施；④经费和物资的落实；⑤负责治理的机构、人员和工时安排；⑥治理的时限要求；⑦安全措施和应急预案；⑧复查工作要求和安排；⑨其他需要明确的事项。重大隐患治理方案实施前应当由施工单位主要负责人组织相关负责人、管理人员、技术人员和具体负责治理人员进行论证，必要时可以聘请专家参加。

（7）施工安全监管人员在进入施工现场进行检查时，应当对照施工单位风险管控信息台账与隐患治理信息台账，重点检查风险的辨识、分级、管控和隐患的排查、分级、治理等内容。在检查中发现事故隐患，应责令施工单位立即进行治理、消除隐患，其中对发现的重大事故隐患应当依法做出停止施工、停止使用相关设施或者设备的决定。重大安全事故隐患排除前或者在排除过程中无法保证安全的，责令从危险区域内撤出作业人员或者暂时停止施工。

（8）各级住房和城乡建设主管部门应当按照有关法律、法规、规章规定，对施工单位风险的自辨自控、隐患的自查自改工作实行分级分类监管。将风险管控与隐患治理纳入安全生产年度监督检查计划，并对施工单位履行风险管控与隐患治理主体责任情况进行随机抽查。各级住房和城乡建设主管部门应当建立重大隐患督办制度，健全重大隐患排查整治、案件查办、违法企业处罚和追责问责等清单工作机制。建立"一个台账、四个清单"，即建筑施工安全风险工作登记台账、建筑施工事故隐患排查清单、建筑施工案件查办清单、违法企业处罚清单以及追责问责清单。

（9）鼓励社会力量参与风险管控与隐患治理工作。县级以上住房城乡建设主管部门可以根据工作需要，通过购买服务、邀请专业技术人员和专家等方式，广泛听取对风险管控与隐患治理工作的意见和建议，从而改进工作措施。

第三章 建筑工程安全管理方法与模式

第一节 安全管理方法

一、安全管理计划方法

（一）安全管理计划的含义和作用

1. 安全管理计划的含义

在管理学中，计划具有两层含义：其一是计划工作，是指根据对组织外部环境与内部条件的分析，提出在未来一定时期内要达到的组织目标，及实现目标的方案途径；其二是计划形式，是指用文字和指标等形式，表述出组织以及组织内不同部门和不同成员之间，在未来一定时期内关于行动方向、内容和方式安排的管理事件。它具有以下三个明显的特征：必须和未来有关；必须与行动有关；必须由某个机构负责实施。这就是说，计划就是人们对未来行动的一种"谋划"，中国古代所说的"凡事预则立，不预则废"、"运筹帷幄之中，决胜千里之外"，说的就是这种计划。在当今的社会，由于生产力的发展和科学技术的进步，人们为了应付纷繁复杂的社会生产、生活，需制订各种各样的计划，大至国家的大政方针，小至某项工作、某个工程、某个项目。然而，我们要研究的并不是这种分门别类的具体计划，而是企业安全管理范畴的计划，或者说是安全管理计划的一般原理。

安全管理计划之所以成为一种安全管理职能，首先，安全生产活动作为人类改造自然的一种有目的的活动，需要在安全工作开始前就确定安全工作的目标；其次，安全活动必须以一定的方式消耗一定数量的人力、物力和财力资源，这就要求在安全活动前对所需资源的数量、质量和消耗方式作出相应的安排；再次，安全活动本质上是一种社会协作活动，为有效地进行协作，必须事先按需要安排好人力资源，并把人们的行动相互协调起来，为实现共同的安全生产目标而努力工作；最后，安全活动需要在一定的时间和空间中展开，为了使之在时间和空间上协调，必须事先合理地安排各项安全活动的时间和空间。如果没有明确的安全管理计划，安全生产活动就没有方向，人、财、物就不能合理组合，各种安全活动的进行就会出现混乱，活动结果的优劣也没有评价的标准。

2. 安全管理计划的作用

安全管理计划的作用主要表现在以下三个方面：

（1）安全管理计划是安全决策目标实现的保证。安全管理计划是为了实现已定的安全决策目标，对整个安全目标进行分解、计算，并筹划人力、财力、物力，拟定实施步骤和相应的策略、政策等一系列的安全管理活动。任何安全管理计划都是为了实现某一个安全决策目标而制定和执行的。安全管理计划的一个重要功能就是把注意力时刻集中于安全决策目标，如果没有计划，实现安全决策目标的行动就会成为一堆杂乱无章的活动，从而使安全决策目标就很难实现。因为安全管理计划能使安全决策目标具体化，为组织或个人在一定时期内需要完成什么，如何完成提出切实可行的途径、措施和方法，并筹划出人力、财力、物力资源等，因而能保证安全决策目标的实现。

（2）安全管理计划是安全工作的实施纲领。安全管理是安全管理者为了达到一定的安全目标，对管理对象实施的一系列控制活动，包括计划、组织、指挥、控制等。安全管理计划是安全管理过程的重要职能，是安全工作中一切活动实施的纲领。只有通过计划，才能使安全管理活动按时间、有步骤地顺利进行。因此，离开了计划，安全管理其他职能的作用就会减弱甚至不能发挥，当然也就难以进行有效的安全管理。

（3）安全管理计划能够协调、合理利用一切资源，从而使安全管理活动取得最佳效益。在当今时代，由于社会生产力的发展，各行各业以及他们内部的各个组成部分之间的分工协作十分严密，生产呈现出高度社会化。在这种情况下，每一项活动中任何一个环节如果出了问题，就可能影响到整个系统的有效运行。所以，安全管理部门必须统筹安排、反复平衡、充分考虑相关因素和时限，通过经济核算，合理地利用人力、物力和财力资源，有效地防止可能出现的盲目性，使安全管理活动取得最佳的效益。

（二）安全管理计划的内容和形式

1. 安全管理计划的内容

（1）目标。这是安全管理计划的灵魂。安全管理计划就是为完成安全工作任务而制订的。安全工作目标是安全管理计划产生的原因，也是安全管理计划的奋斗方向。因此，制订安全管理计划前，要分析研究安全工作现状，并提出安全工作的目的和要求，以及提出这些要求的依据，使安全管理计划的执行者事先就知道安全工作的结果。

（2）措施。有了既定的安全工作任务，还必须有相应的措施和方法，这是实现安全管理计划的保证。措施和方法主要指为达到既定安全目标需要运用什么手段，动员哪些力量，创造什么条件，排除哪些困难。如果是集体计划，为了便于检查监督，还要写明每一项安全工作任务的责任者，以确保安全管理计划的顺利实施。

（3）步骤。步骤就是工作的程序和时间的安排，在实施当中，又有轻重缓急之分。因此，在制订安全管理计划时，有了总的时限以后，还必须有每一阶段的时间要求，人力、物力、财力的分配使用要求，使相关的单位和人员知道在一定的时间内、一定的条件下，把工作做到什么程度，以争取主动协调进行。

这三个要素是安全管理计划的主体部分。除此以外，每个计划还包括以下内容：一是确切的一目了然的标题，把安全管理计划的内容和执行计划的有效期体现出来；二是安全管理计划的制订者和制订计划的日期；三是有些内容需要用图表来表现，或者需要用文字说明的，还可以把图表或说明附在计划正文后面，作为安全管理计划的一个组成部分。

2. 安全管理计划的形式

安全管理计划的形式是多种多样的，它可以从不同的角度，按照一定的序列进行分类，从而形成一个完整的计划体系。这个计划体系如果按时间顺序来划分，可分为长期计划、中期计划和短期计划；如果按计划层次来划分，可分为高层计划、中层计划和基层计划；如果按计划形式和调节控制程度来划分可分为指令性计划和指导性计划。

A 长期、中期和短期安全管理计划

a 长期安全管理计划

它的期限一般在10年以上，又可称为长远规划或远景规划。对其确定主要考虑以下三个因素：一是实现一定的安全生产战略任务大体需要的时间；二是人们认识客观事物及其规律性的能力、预见程度，以及制订科学的计划所需要的资料、手段、方法等条件的具备情况；三是科技的发展及其在生产上的运用程度等。长期安全管理计划一般只是纲领性、轮廓性的计划，它只能以综合性指标和重大项目为主，还必须有中、短期计划来补充，从而把计划目标加以具体化。

b 中期安全管理计划

它的期限一般为5年左右，由于期限较短，可以比较准确地衡量计划期内各种因素的变动及其影响。所以，在一个较大的系统中，中期计划是实现安全管理计划的基本形式。一方面它可以把长期的安全管理计划分阶段具体化，另一方面又可为年度安全管理计划的编制提供基本框架，因而成为联系长期计划和年度计划的桥梁和纽带。随着计划工作水平的提高，五年计划也应列出分年度的指标，但是它不能代替年度计划的编制。

c 短期安全管理计划

短期安全管理计划包括年度计划和季度计划，以年度计划为主要形式。它是中、长期安全管理计划的具体实施计划。它根据中期计划具体规定本年度的安全生产任务和有关措施，内容比较具体、细致、准确，有执行单位，有相应的人力、物力、财力的分配，为贯彻执行提供了可能，也为检查计划的执行情况提供了依据，从而使中、长期安全管理计划的实现有了切实的保证。

长期、中期、短期计划的有机协调和相互配套，是企业生存和发展的保证。在安全生产实践过程中，一般的经验是，长期计划可以粗略一些、弹性大一些，而短期计划则要具体、详细些。同时，还应注意编制滚动式计划，从而解决好长期计划与短期计划之间的协调问题。

B 高层、中层、基层安全管理计划

a 高层安全管理计划

高层安全管理计划是由高层领导机构制订，并下达到整个组织执行和负责检查的计划。高层安全管理计划一般是战略性的计划，它是对本组织关系重大的、带全局性的、时间较长的安全工作任务的筹划。如远景规划，就是对较大范围、较长时间、较大规模的工作的总方向、大目标、主要步骤和重大措施的设想蓝图。这种设想蓝图虽然有重点部署和战略措施，但并不具体指明相关的工作步骤和实施措施，虽然有总的时间要求，但并不提出具体的、严格的工作时间表。

b 中层安全管理计划

它是中层管理机构制订、下达或颁布到有关基层执行并负责检查的计划。中层计划一般是战术或业务计划。战术或者业务计划是实现战略计划的具体安排，它规定基层组织和组织内部各部门在一定时期需要完成什么，如何完成，并筹划出人力、物力和财力资源等。

c 基层安全管理计划

基层安全管理计划是基层执行机构制订、颁布和负责检查的计划。基层计划一般是执行性的计划，主要有安全作业计划、安全作业程序和规定等。基层计划的制订首先必须以高层计划的要求为依据，保证高层计划的实现。同时，基层计划还应在高层计划许可的范围内，根据自身的条件和客观情况的变化灵活地作出安排。

总之，高层计划、中层计划和基层计划三者既有联系，又有区别，它们应在统一计划、分级管理的原则下，合理划分管理权限。

C 指令性计划和指导性计划

a 指令性计划

指令性计划是由上级计划单位按隶属关系下达，要求执行计划的单位与个人必须完成的计划。其特点如下：（1）强制性。凡是指令性计划，都是必须坚决执行的，具有行政和法律的强制性。（2）权威性。只要以指令形式下达的计划，在执行中就不得擅自更改，必须保证完成。（3）行政性。指令性计划主要是靠行政办法下达指标完成。由此可见，指令性计划只能限于重要的领域和重要的任务，而范围不能过宽。否则，不利于调动基层单位的安全生产积极性。

b 指导性计划

指导性计划是上级计划单位只规定方向、要求或一定幅度的指标，下达隶属部门和单位参考执行的一种计划形式。在市场经济条件下，大部分都是指导性计划。这种计划具有以下特点：（1）约束性。指导性计划不像指令性计划那样具有法律强制性，只有号召、引导和一定的约束作用，并且不强行要求下属接受和执行。（2）灵活性。指导性计划指标是粗线条的，有弹性的，给下属单位留有灵活执行的余地。（3）间接调节性。指导性计划主要通过经济杠杆，沟通信息等手段来实现上级计划目标。

（三）安全管理计划的指标体系

1. 安全管理计划指标的概念和基本要求

安全管理计划规定的各项发展任务和目标，除了作必要的文字说明以外，主要是通过一系列有机联系的计划指标体系表现的。计划指标是指计划任务的具体化，是计划任务的数字表现。一定的计划指标通常是由指标名称和指标数值两部分组成的，如年平均重伤人数、百万吨重伤率等。计划指标的数字有绝对数和相对数之分，以绝对数表示的计划指标，要有计量单位，而以相对数表示的计划指标，通常用百分比等。

一般地说，计划指标体系的设计应遵循以下这几个基本要求：（1）系统性，指标体系应该反映计划任务的主要方向和主要过程，以及它们的内在联系和相互制约的关系，以利于全面考核、综合平衡。（2）科学性，指标的概念和计算方法是科学的，以科学的理论和方法作为依据。含义准确，指标之间相互衔接。（3）统一性，指标的概念、计算口径和计算方法应有统一的规定，不能因时、因地、因部门而异，从而保证计划能够对比、汇总和分解。在此基础上，适当设置国际对比指标，以适应对外开放、引进国外先进技术和先进管理经验的需要。（4）政策性，计划指标应能体现党和政府在计划期间所提出的各项政治、经济任务和方针、政策的要求。（5）相对稳定性，计划指标虽然随任务变化、安全管理水平提高及其他因素的作用，要不断地修正，但一次变动的幅度不宜过大，应保持相对稳定性。

2. 安全管理计划指标体系的分类

安全管理计划指标体系是由不同类型的指标构成的，而每一类指标，又包括许多具体指标，这些指标从不同的角度进行划分，大致可以分成以下几类。

A 数量指标和质量指标

计划任务的实现既表现为数量的变化，又表现为质量的变化，计划指标按其反映的内容不同，可分为数量指标和质量指标。

（1）数量指标。数量指标以数量来表现计划任务发展水平和规模，一般用绝对数表示。如企业的总产量、安全生产总投入以及劳动工资总额等。

（2）质量指标。质量指标以深度、程度来表现计划任务，用以反映计划对象的素质、效率和效益，一般用相对数或平均数表示。如企业的劳动生产率、成本降低率、设备利用率、隐患整改率等。

B 实物指标和价值指标

（1）实物指标。实物指标是指用质量、容积、长度、件数等实物计量单位来表现使用价值量的指标。运用实物指标，可以具体确定各生产单位的生产任务，确定各种实物产品的生产与安全的平衡关系。

（2）价值指标。价值指标又称为价格指标或货币指标，它是以货币作为计量单位来表现产品价值、安全投入及伤亡事故损失关系的指标。价值指标是进行综合平衡和考核的重要指标。在实际工作中，通常使用的价值指标有两种：一是按不变价格计算的，这可以消除价格变动的影响，反映不同时期产出量的变化；二是按现行价格计算的，可以大体反映产品价值量的变动，用于核算分析和综合平衡。

C 考核指标和核算指标

（1）考核指标。考核指标是考核安全管理计划任务执行情况的指标。如考核安全学习情况的指标 —— 职工安全学习成绩及格率，考核安全检查质量的指标 —— 隐患整改率。考核指标既可以是实物指标，又可以是价值指标；既可以是数量指标，又可以是质量指标。

（2）核算指标。核算指标是指在编制安全管理计划过程中供分析研究用的指标，只作计划的依据。如企业中安全生产装备、安全控制能力利用情况、安全生产投入的使用金额、安全生产产生的收益额等。

D 指令性指标和指导性指标

与前面所述指令性计划和指导性计划相对应，指令性指标是企业用指令下达的执行单位必须完成的安全生产指标，具有权威性与强制性。指导性指标对企业安全工作只起指导作用，不具有强制性。

E 单项指标和综合指标

单项指标是指安全工作中单项任务完成情况的指标，如某台设备的检修安全任务完成情况指标，某项工程的安全控制情况指标等。综合指标则是反映安全管理计划任务综合情况的指标，它往往是由多项具体安全工作任务指标组合而成的。

总之，企业安全管理计划指标应随着客观情况的发展、体制的变动、计划水平的提高而不断地进行调整、充实和完善，这是企业安全生产管理计划科学化的重要内容。

（四）安全管理计划的编制和修订

1. 安全管理计划编制的原则

安全管理计划是主观的东西，计划制订的好坏，取决于它和客观相符合的程度。为此，在安全管理计划的编制过程中，必须遵循以下原则。

A 科学性原则

所谓科学性原则，是指企业所制订的安全管理计划必须符合安全生产的客观规律，符合企业的实际情况。只有这样，才有理由要求各部门、各单位主动地按照计划的要求办事。这就要求安全管理计划编制人员必须从企业安全生产的实际出发，深入调查研究，掌握客观规律，使每一项计划都建立在科学的基础之上。

B 统筹兼顾的原则

就是指在制订安全管理计划时，不仅要考虑到计划对象系统中的各个构成部分及其相互关系，而且要考虑到计划对象和相关系统的关系，按照它们的必然联系，进行统一筹划。这是因为，安全管理计划的目的是通过系统的整体优化实现安全决策目标；而系统整体优化的关键在于系统内部结构的有序和合理，在对象的内部关系与外部关系的协调。

C 积极可靠的原则

制订安全管理计划指标一是要积极，凡是经过努力可以办到的事，要尽力安排，努力争取办到；二是要可靠，计划要落到实处，而确定的安全管理计划指标，必须有资源条件作保证，不能留有缺口。坚持这一原则，把尽力而为和量力而行正确结合起来，使安全管理计划既有先进性，又有科学性，保证生产、安全和效益持续、稳定、健康地发展。

D 留有余地原则

也就是所说的弹性原则，是安全管理计划在实际安全管理活动中的适应性、应变能力和与动态的安全管理对象相一致的性质。计划留有余地，包括两方面的内容：一是指标不能定得太高，否则经过努力也达不到，既挫伤计划执行者的积极性，又使计划容易落空；二是资金和物资的安排、使用留有一定的后备储备，否则难以应付突发事件、自然灾害等不测情况。应当看到，任何计划都只是预测性的，在计划的执行过程中，往往会出现某些人预想不到或者无法控制的事件，这将会影响到计划的实现。所以，必须使计划具有弹性和灵活的应变能力，以便及时适应客观事物各种可能的变化。

E 瞻前顾后的原则

就是在制订安全管理计划时，必须有远见，能够预测到未来发展变化的方向；同时又要参考以前的历史情况，保持计划的连续性。为了实现安全管理计划的目标，合理地确定各种比例关系。从系统论的角度来说，也就是保持系统内部结构的有序和合理。所以，作计划时，必须对计划的各个组成部分、计划对象与相关系统的关系进行统筹安排。其中，最重要的就是保持任务、资源与需求之间，局部与整体之间，目前与长远之间的平衡。

F 群众性原则

安全管理计划工作的群众性原则，是指在制订和执行计划的过程中，必须依靠群众、发动群众、广泛听取群众意见。只有依靠职工群众的安全生产经验和聪明才智，才能制订出科学、可行的安全管理计划，也才能激发职工的安全积极性，从而自觉地为安全目标的实现而奋斗。

2. 安全管理计划编制的程序

A 调查研究

编制安全管理计划，必须弄清计划对象的客观情况，这样才能做到目标明确，有的放矢。因此，在计划编制之前，首先必须按照计划编制的目的要求，对计划对象中的各个有关方面进行历史的和现状的调查，全面积累数据，充分掌握资料。在调查中，一方面要注意全面、系统地掌握第一手资料，防止支离破碎、断章取义；另一方面也要有针对性地把主要安全问题追深追透，反对浅尝辄止，浮于表面。从获得资料的方式来看，调查有多种形式：亲自调查、委托调查，重点调查、典型调查，抽样调查和专项调查等。

　　B 科学预测

　　预测是安全管理计划的依据和前提。因此，在调查研究的基础上，必须邀请有关安全专家参加，进行科学预测，得出科学、可信的数据和资料。安全预测的内容十分丰富，主要有工艺状况预测、设备可靠性预测、隐患发展趋势预测、事故发生的可能性预测等；而从预测的期限来看，则又有长期、中期和短期预测等等。

　　C 拟订计划方案

　　经过充分的调查研究和科学的安全管理计划预测，计划者掌握了形成安全管理计划足够的数据和资料。根据这些数据和资料，审慎地提出计划的安全发展战略目标、安全工作主要任务、以及有关安全生产指标和实施步骤的设想，并附上必要的说明。通常情况下，要拟订几种不同的方案以供决策者选择。

　　D 论证和选定计划方案

　　这一阶段是安全管理计划编制的最后一个阶段，主要工作大致可归纳为以下几个方面：（1）通过各种形式和渠道，召集有准备的各方面安全专家参加评议会进行科学论证，同时也可召集职工座谈，广泛听取意见；（2）修改补充计划草案，拟出修订稿，再次通过各种形式的渠道征集意见和建议，这一程序必要时可反复多次；（3）比较各个可行方案的合理性与效益性，从中选择一个满意的安全管理计划，然后由企业权力机关批准实行。

3. 安全管理计划编制的方法

　　安全管理计划编制不但要按照一定的原则和步骤进行，而且要采用能够正确核算和确定各项安全指标的科学方法。在实际工作中，常用的安全管理计划方法主要有以下几种。

　　A 定额法

　　定额是通过经济、安全统计资料和安全技术手段测定而提出的完成一定安全生产任务的资源消耗标准，或一定的资源消耗所要完成安全生产任务的标准。它是安全管理计划的基础，对计划核算有决定性影响。定额法就是根据有关部门规定的标准，或目前在正常情况下，已经达到的标准，来计算和确定安全管理计划指标的方法。

　　B 系数法

　　系数是两个变量之间比较稳定的数量依存关系的数量表现，主要有比例系数和弹性系数两种形式。比例系数是两个变量的绝对量之比，如企业安装一台消声器的工作量一般占基建投资总额的比例假设为 65%，那么，这里的 0.65 就是二者的比例系数。弹性系数是两个量的变化率之比，比如企业产量增长速度和企业总的经济增长速度之比假设为 0.2：1，那么，这里的 0.2 就是产量增长的弹性系数。系数法就是运用这些系数从某些计划指标推算其他相关计划指标的方法。系数法一般用于计划编制的匡算阶段和远景规划。其优点是可以在时间短、任务急、资料不全的情况下迅速编制粗线条的计划，还可以对计划进行粗略的论证和检验。但使用时必须注意系数在计划期内的有效性，并对之进行尽可能科学的修正。

C 动态法

动态法就是按照某项安全指标在过去几年的发展动态，来推算该指标在计划期的发展水平的方法。如假设根据历年情况，某企业集团人身伤害事故每年减少 5% 左右，如果计划期内安全生产条件没有大的变化，那么也就可以按减少 5% 来考虑。这种方法常见于确定安全管理计划目标的最初阶段。

D 比较法

比较法就是对同一计划指标在不同时间或不同空间所呈现的结果进行比较，以便研究确定该项计划指标水平的方法。这种方法常被用于进行安全管理计划分析与论证。使用它，可以较好地吸收其他企业的成功经验。当然，在运用这种方法时，一定要注意到同一指标的诸多因素的可比性问题，简单的类比是不科学的。

E 因素分析法

因素分析法是指通过分析影响某个安全指标的具体因素以及每个因素变化对该指标的影响程度来确定安全管理计划指标的方法。例如，在生产资料供应充足的条件下，企业生产水平取决于投入生产领域的活劳动量和单位活劳动的生产率以及企业安全生产的水平。因此，确定企业产量计划，可以通过分别求出计划期由于劳动力增加可能增加的产量，由于劳动生产率提高可能增加的产量，及安全生产的平稳运行可能增加的产量，然后把三者相加，这就是因素分析法。

F 综合平衡法

综合平衡是从整个企业安全生产管理计划全局出发，对计划的各个构成部分、各个主要因素、整个安全管理计划指标体系进行的全面平衡。综合平衡法把任何一项安全工作计划都看作是一个系统，不是追求局部的、单指标的最优化，而是寻求系统整体的最优化。因此，它是进行计划平衡的基本方法。综合平衡法的具体形式很多，主要有编制各种平衡表、建立便于计算的计划图解模型或者数学模型等。

4. 安全管理计划的检查与修订

制订安全管理计划并不是计划管理的全部，而只是计划管理的开始，在整个安全管理计划的制订、贯彻、执行和反馈的过程中，计划的检查与修订，占有十分重要的地位，起着不可忽视的作用。

（1）计划的检查是监督计划贯彻落实情况，推动计划顺利实施的需要。安全生产管理计划虽然是按照一定的民主程序和科学过程而制订的，并对企业各方面的诸种关系都作了通盘的考虑。但是，仍然不能保证它在各个子系统内或每个环节都能得到及时、全面、切实的贯彻和落实。通过计划检查，可以及时了解计划任务的落实情况，各部门、各单位、各基层完成计划的进度情况，以便研究和提出保证计划完成的有力措施。

（2）计划检查还可以检验计划编制是否符合客观实际，方便修订和补充计划。诚然，计划的编制是力求做到从实际出发，使其尽量符合客观实际。但是，由于人的认识不但常常受到科学条件和技术条件的限制，而且也受到客观过程的发展及其表现程度的限制。因此，部分地改变计划是常有的。当发现计划与实际执行情况不符时，应具体分析其原因，如果是由于计划本身不符合实际，或在执行过程中出现了前所未料的问题，如重大突发事件、重大突发事故等，就应修改原定计划。但修订调整计划必须按一定程序进行，必须经原批准机关审查批准。由于计划执行单位管理不善等主观原因造成的计划与实际脱节，则不允许修改计划，从而保证计划的严肃性。

（3）计划的检查要贯穿于计划执行的全过程。从安全管理计划的下达开始，直到计划执行结束，计划检查要做到全面而深入。检查的主要内容有：1）计划的执行是否偏离目标；2）计划指标的完成程度；3）计划执行中的经验和潜在的问题；4）计划是否符合执行中的实际情况，有无必要作修改和补充等。检查的方法有：1）分项检查和综合检查；2）数量检查和质量检查；3）定期检查和不定期检查；4）全面检查；5）重点检查；6）抽样检查；7）统计报表检查；8）深入基层检查等。

二、安全决策方法

（一）安全决策的含义和分类

1. 安全决策的含义

安全决策是指作安全决定和选择，是一种活动过程。对于作为一种安全活动过程的决策的内涵，人们在理解上是不完全一致的，但是大多数人比较赞成下列表述，安全决策就是决定安全对策。科学安全决策是指人们针对特定的安全问题，运用科学的理论和方法，拟订各种安全行动方案，并从中作出满意的选择，以更好地达到安全目标的活动过程。

安全决策的含义主要包括以下几个要点：

（1）安全决策是一个过程，在这个过程中，要按安全科学研究。

（2）安全决策总是为了达到一个既定的目标，没有安全目标就无法进行安全决策；安全目标不准确或错误，就是安全失策。

（3）安全决策总是要付诸实施的。所以，围绕安全目标拟订各种实施方案是安全决策的基本要求。

（4）安全决策的核心是选优。任何一项安全决策必须要充分考虑各种条件和影响因素，制订多种方案，并且从中选取满意的方案。

（5）安全决策总是要考虑到实施过程中情况的不断变化，还要考虑到实现安全目标之后的社会效果。没有应变方案和不考虑社会效果的安全决策，至少是不完全的安全决策，更谈不上是科学的安全决策。

（6）安全决策是指科学安全决策和民主安全决策，而不是指任意的一种安全决策。为此在现代企业安全生产管理中必须要运用科学的方法，并尽量集中职工和集体的智慧。

2. 安全决策的分类

安全决策可以从不同的角度进行分类，从方法论的角度通常作以下分类：

（1）战略性安全决策和策略性安全决策。这是按照安全决策问题的性质来划分的。战略性安全决策指的是影响安全生产总体发展的全局性决策。战略性安全决策往往与企业长期规划有关，它较多地注意外部环境。策略性安全决策又称一般性安全决策，是指解决局部性或个别安全问题的决策，它是实现安全战略目标所采取的手段，它比战略性安全决策更具体，考虑的时间比较短，主要考虑如何具体安排并组织人力、物力、财力来实现安全战略决策。

（2）程序化安全决策和非程序化安全决策。这是按照安全决策问题是否重复出现来划分的。程序化安全决策是指对安全管理活动中反复出现的经常需要解决的安全问题进行的决策。例如，对隐患的整改、对临时用工的安全教育等。处理这些问题，可以根据以往的经验建立安全规章制度及程序予以解决。这种安全决策也叫规范性安全决策或重复性安全决策。非程序化安全决策是指在安全管理活动中首次出现的非例行活动的新的安全问题。例如，生产工艺过程出现的新问题、设备运转过程中发现的新情况等。由于这些问题比较复杂或者有较大的偶然性，又没有以往的经验可以直接借鉴，因而要求安全决策者集中精力进行研究。

（3）确定型安全决策、风险型安全决策和非确定型安全决策。这是按照安全决策问题的性质和安全决策条件的不同划分的。确定型安全决策是指在对执行结果已经确定的方案中进行的选择。确定型安全决策一般具备以下四个条件：1）存在着安全决策人希望达到的一个明确的安全目标；2）只存在一种确定的自然状态；3）存在可供安全决策人选择的两个或两个以上的行动方案；4）不同的行动方案在确定状态下的损益值可以计算出来。一个方案只有一种确定的结果，因此这种安全决策比较容易做，只要比较各个方案的结果的优劣，就可以选择出一个最好的方案。

风险型安全决策也称为统计安全决策或者随机型安全决策，是指以未来的自然状态发生的概率为依据，对无法确定执行结果的方案进行的选择，即无论选择哪个方案，都要承担一定的风险。风险型安全决策具备以下五个条件：1）存在着安全决策人企图达到的一个明确的安全目标；2）存在着可供安全决策人选择的两个以上的行动方案；3）存在不以安全决策人的主观意志为转移的两种以上的自然状态；4）不同的行动方案在不同自然状态下的相应损益值可以计算出来；5）未来将出现哪种自然状态，安全决策人不能确定，但是各种自然状态出现的可能性，安全决策人可以预先估计或计算出来。

同风险型安全决策相比较，如缺少第五个条件，则属于非确定型安全决策。可见，确定型安全决策问题是指已经知道某种自然状态必然发生，风险型安全决策问题是指虽然不知道哪一种自然状态必然发生，但是其发生的可能性（概率）是可以预先估计或利用历史资料得到的，而非确定型安全决策问题连自然状态发生的概率也不知道。非确定型安全决策主要靠安全决策者的知识、经验和判断能力，确定的方案往往带有主观随意性。

（4）静态安全决策和动态安全决策。这是按照安全决策要求获得答案数目的多少或相互关系的情况来划分的。静态安全决策也叫单项安全决策，它所处理的安全问题是某个时点的状态或者某个时期总的结果，它所要求的行动方案只有一个。动态安全决策则不同，它要做出一系列相互关联的安全决策。动态安全决策有两个特点：第一，它作出的安全决策不是一个而是一串；第二，这一串安全决策彼此之间有紧密的联系，前一项安全决策的结果直接影响到后一项安全决策。

（5）高层安全决策、中层安全决策和基层安全决策。这是按安全决策主体在系统中的地位进行分类的。高层安全决策是由上层安全管理者所作的涉及全局的重大安全决策。中层安全决策是由中层安全管理人员作出的业务性安全决策。基层安全决策是由基层安全管理人员根据高层、中层安全决策作出的执行性安全决策。高层、中层、基层是一个相对概念，按所处系统不同而不同。

另外，安全决策还可以从多种角度进行分类。按要达到的要求可分为最佳安全决策和满意安全决策；按是否能用数量表现可分为定量安全决策和定性安全决策；按安全决策主体是个人还是组织可分为个人安全决策和集体安全决策等。企业安全管理者了解安全决策的分类，以更好地理解自己所要决策的安全问题的性质、作用和地位，有利于安全决策者选择相应的方法和技术，从而提高安全决策的水平。

（二）安全决策的特点和地位

1. 安全决策的特点

（1）程序性。企业的安全决策要求在正确的安全生产理论的指导下，按照一定的工作程序，充分依靠安全管理专家和广大职工群众，选用科学的安全决策技术和方法来选择行动方案。

（2）创造性。安全决策是一种创造性的安全管理活动。因为安全决策总是针对需要解决的安全问题和需要完成的安全工作任务而作出抉择，安全决策的创造性要求安全管理者开动脑筋，运用逻辑思维、形象思维等多种思维方法进行创造性的劳动；要求安全决策者根据新的具体情况作出带有创造性的正确抉择。

（3）择优性。择优性是指安全决策必须在多个方案中寻求能够获得较大效益，能取得令人满意的安全生产效果的行动方案。因此，择优是安全决策的核心。择优必须有两个方案对比，才能存在择优的问题。

（4）指导性。安全决策一经作出并付诸实施，就必须对整个企业安全管理活动，对系统内的每一个人都有约束作用，指导着每一个人的安全行为和安全方向，这就是安全决策的指导性。

（5）风险性。任何备选方案都是在预测未来的基础上制定的，客观事物的变化受多种因素影响，加上人们的认识总是存在一定的局限性，作为安全决策对象的备选方案不可避免地会带有某种不确定性，即风险性。安全决策者对所作出的安全决策能否达到预期安全目标，都有一定程度的风险。

2. 安全决策的地位和作用

安全决策是安全管理工作的核心部分。企业安全管理的职能中最重要的就是安全决策。安全管理的组织、领导、控制等职能没有一个能够离开总的安全决策目标。在一定意义上，安全管理的其他职能都是围绕着总的安全决策目标开展的。因此，安全决策是安全管理活动的核心。

安全决策决定企业安全管理的发展方向、轨道及效率。安全决策的实质是对企业未来行动方向、路线、措施等的选择和抉择。因此，正确的安全决策能指导企业沿着正确的方向、合理的路线前进，这也是安全管理高效能的保证。

安全决策是各级安全管理者的主要职责。安全管理者不论其职位高低，都是不同范围、不同层次的安全决策者，都在一定程度上参与安全决策和执行安全决策。安全管理者的安全决策能力是其各方面能力的集中体现，企业安全管理人员首先必须具备的是安全决策能力。

安全决策贯穿安全管理活动的全过程。企业安全管理过程归根到底是一个不断作出安全决策和实施安全决策的过程，安全管理职能的执行与发挥都离不开安全决策。安全决策贯穿于安全管理过程的始终，存在于其中的每个方面、每个层次、每个环节。安全决策是否合理、及时，小则关系到是否能达到预期的安全目标，大则决定了企业的成败和命运。因此，提高企业安全管理水平，关键是要提高安全管理者的安全决策水平。

（三）安全决策的前提和条件

1. 科学的安全预测

安全预测是指在正确的理论指导下，采用科学的方法，在分析各种历史资料和现实情况的基础上，对客观事物的发展趋势、未来状况的预见、分析和推断。对各种各样的安全预测从不同角度进行分类，有利掌握安全预测的一般规律性。

A 安全预测的作用

在安全管理活动中，安全预测和安全决策是密不可分的，安全决策要以安全预测提供的信息为先导和依据，因此，安全预测是安全决策的前提。安全预测可以避免安全决策的片面性，提高其可行性；安全预测可以避免贻误时机，提高安全决策的及时性；安全预测有利于安全决策的科学性、严密性和相对稳定性。

安全预测对安全决策产生着极大的影响。特别是在现代条件下，更要求安全管理者在作出安全决策前一定要对与安全决策有关的事物作详细、全面、准确的预测。这是因为现代经济和社会的发展越来越复杂，迫切需要对其过程和变动趋势作出全面系统的分析和预见；安全科学技术的迅速发展，迫切要求对安全科学技术进步以及其对企业、社会、经济的影响进行预测；安全科学技术的进步使现代化生产规模迅速扩大，迫切要求对与之相关的外部环境的变化及其发展趋势进行预测。

B 安全预测的原则

为了提高安全预测的科学性和有效性，必须掌握和遵循下列基本原则。

a 客观性原则

安全预测实质上是借助统计资料和人们的创造性思维来推测事物发展的有关问题。客观性原则要求人们在安全预测过程中不凭主观唯心的想象去猜测事物的发展趋势，而必须从客观事实出发，尊重历史资料，认真分析研究现状，揭示了事物的本质联系和必然趋势，如实反映可能出现的安全问题和后果。

b 系统性原则

安全预测的对象都是一个特定的系统。因此，安全预测要从系统整体着眼，全面考虑系统内的各种相互关系和系统的外界环境因素，力求克服安全预测的片面性，提高安全预测的科学性。

c 连续性原则

任何事物的发展过程都是一个连续不断的过程，因而描述这一过程的安全预测必须按其客观过程的连续性，由历史和现状推算出未来的趋势。为此，连续性原则要求在预测中应加强资料的收集和整理工作，建立常用的安全数据库，进行"滚动式"安全预测。

d 定性研究和定量分析相结合的原则

安全预测中的定性研究是对未来事件发展性质的判断，定量分析是对未来事件发展程度和数量关系的预见。只有综合运用定性研究与定量分析方法，才能从数量和性质两个方面揭示事物发展过程的本质特征和规律性，得出符合客观规律的安全预测结果。

C 安全预测的程序

a 确定安全预测目标

确定安全预测目标是整个安全预测活动的出发点。有了明确、具体的目标，才能确定安全预测的范围、期限、需要收集的资料及应采取的步骤和方法，从而避免安全预测的盲目性。

b 搜集、加工和分析资料

开展安全预测工作，必须全面、完整、准确、及时地搜集有关安全预测对象的各种资料。同时，对于收集来的各种资料要进行加工整理和初步分析，判断资料的真实度和可用度，去掉那些对安全预测没有用处的资料。

c 选择安全预测方法

安全预测的具体方法有很多，选择什么样的方法进行安全预测，要根据预测的目的、掌握资料的情况、预测精度要求、预测经费的多少，以及各种安全预测方法的适用范围而定。一般应以某一种方法为主，同时综合运用多种方法进行安全预测。

d 实施安全预测

选定安全预测方法之后，即可进行安全预测。如果选择定性一类的预测方法，则要注意找准那些有丰富的知识、经验和综合分析能力强的人参加安全预测工作，同时也要注意利用过去和现在的大量资料。如采用定量一类的预测方法，则要注意建立一定的数学模型。建立数学模型以后，就可以根据模型进行具体计算，通常可用电子计算机完成，推算初步的安全预测结果。

2. 健全的安全决策组织体系

健全的有效的安全组织体系，是保证安全决策顺利进行的前提条件之一。一个健全有效的安全决策组织体系应包括下列内容。首先要获取安全信息，安全信息就是安全决策资源。安全决策的科学性在很大程度上取决于是否全面、及时、准确地掌握安全信息。为此，必须建立有效的安全信息系统，坚持不间断地系统地收集、整理、研究和传输安全信息。其次，要依靠智囊人员，建立专家系统，设计安全决策方案并进行安全分析评估，为科学的安全决策提供多种可行的备选方案。最后，由安全决策者进行综合评价、拍板抉择，这就需要有安全决策机构。安全决策机构的主要责任就是尽可能为执行部门提供整体最优的方案，以取得最佳的安全管理效果。

在现代企业安全生产管理中，安全管理者要做出一项科学正确的安全决策，仅凭一个人的能力是不够的，因为一个人的精力、知识、经验和掌握的安全信息以及时间都无法应付现代企业的复杂局面。因此，安全管理者必须懂得，健全的安全决策组织体系是保证科学的安全决策顺利进行的重要前提；努力健全并且善于利用安全决策组织体系是进行科学的安全决策的重要保证。

3. 素质优良的安全决策工作人员

在安全生产管理中进行科学的安全决策，还必须要有一批符合条件的、具有优良素质的安全决策工作人员。这就要求无论是安全决策机构、智囊参谋机构还是安全信息系统中的工作人员都应具备相应的安全素质。

A 安全决策者的素质要求

安全决策者是安全决策组织的核心，他们的素质与安全决策组织的功能密切相关，决定着安全决策的质量。因此，安全决策者必须具备应有的知识、能力、经验和体质。对他们的基本要求如下：（1）代表广大职工的利益、意志和要求，有全心全意为职工和企业服务的精神；（2）具有比较深厚的政治理论修养，广博的现代社会科学、自然科学和工程技术、知识，并对所决策的安全问题有较深的专业知识和丰富的实践经验；（3）有面向未来的安全管理观念，敏锐的安全预测能力和安全判断能力；（4）相信职工、作风民主、富有创新精神；（5）善于调节自己的感情、保持清醒的头脑，对待不同类型的安全决策，能以不同的思维方式来审查专家的意见。除了安全决策者的个人素质外，还要注意决策班子的集体素质和整体效能。决策班子的成员应有合理的结构、相互团结、配合默契、实现双赢或多赢。

B 智囊参谋人员的素质要求

智囊参谋人员的素质直接影响咨询参谋的结果，而咨询参谋的结果如何又在很大程度上影响安全决策的效果。因此，安全生产管理决策不能忽视智囊参谋人员的素质。安全生产管理的智囊参谋人员应当具备的基本素质如下：（1）对于安全工作有较强的责任心；（2）有广博的安全知识和丰富的安全生产实践经验；（3）坚持辩证唯物主义，有独立思考的精神、尊重客观事实，不搞先入为主；（4）尊重领导，但不盲从，对领导不搞察言观色，不见风使舵；（5）面向未来，有长远观念，能深谋远虑。

C 安全信息工作人员的素质要求

现代企业安全生产管理决策的每个步骤不但离不开安全信息，而且要求有完整、准确、及时、适用的安全信息。完整、准确、及时、适用的安全信息主要靠信息工作人员提供，信息工作人员的素质如何直接影响安全信息质量的高低。因此，必须重视安全信息工作人员的素质问题，切不要以为他们不直接参与方案的制定和方案的选择而认为他们的素质无关紧要。对安全信息工作人员的素质要求，除应具有对工作高度负责的精神外，还要特别强调对安全信息工作的热爱，坚持实事求是的精神，尊重客观事实，不将个人主观好恶加入到安全信息中去；有较强的专业知识；对事物变化反应灵敏，善于观察、分析事物的发展变化；作风严谨，工作认真细致。

（四）安全决策的原则和步骤

1. 安全决策的原则

A 科学性原则

安全决策的科学性原则是指安全决策必须尊重客观规律，尊重科学，从实际出发，实事求是。安全决策是安全管理的首要职能，关系安全行动的成败，安全决策者应尽可能地避免、减少决策中的失误。要做到这一点，只有按科学的原则办事，将安全决策建立在科学的基础上。

执行科学性原则，首先，要求安全决策者具有科学决策的意识。安全决策具有极强的科学性，安全决策者只有树立了科学决策的意识，才可能尊重事实，尊重客观的规律，按科学的决策程序办事。其次，一切安全决策都应按照科学的决策程序办事。决策程序就是为了保证安全决策的正确性所作的决策工作次序安排。安全决策者应结合本企业的实际情况，和安全决策管理的要求，建立起科学具体的决策程序。最后，安全决策应尽可能掌握和运用科学的分析方法和手段，特别是现代科学技术手段。安全决策者只有运用科学的理论、方法和工具，对事物尽可能深入、全面、准确地分析，才能保证安全的决策正确。

B 系统性原则

安全决策对象通常是一个多因素组成的有机系统。总系统可分成若干个子系统，每个系统又可分成若干个小子系统。每个系统都有它特定的目的和功能，各系统之间都有相关性。因此，系统性是企业安全生产管理决策的重要特点之一，系统思考是进行安全决策必须遵循的一条基本原则。它强调安全决策必须考虑整个系统与其相关的系统以及构成各个系统的相关环节，以免做出顾此失彼、因小失大的错误决策。只有这样，才可避免更大范围的平衡被打破，造成比例失调，进而影响全局的后果。系统思考还要求注意事物的因果关系和事物的发展规律。

C 经济性原则

经济性原则通俗地讲就是节约的原则。节约原则在这里包括两个方面的含义：（1）应使安全决策过程本身所花的费用最少。安全决策同其他安全管理活动一样，需要费用和成本，安全决策者必须考虑决策过程中的费用和成本。在保证安全决策的科学性、合理性的前提下，应选择费用最省、成本最低的决策程序、决策方式和决策标准。（2）安全决策的内容应坚持经济效益标准。安全组织中的决策是多种多样的，不同的方案，可能会效果相同、成本有异，安全决策就应选择花费最少和效果最佳的方案，用通俗的话来讲就是要少花钱多办事。

D 民主性原则

安全决策中的民主性原则就是决策过程中要充分发扬民主，认真倾听不同的意见，在民主讨论的基础上实行集体决策。民主性原则包括两方面内容：一方面是在安全决策过程中坚持群众路线，在职工群众中发扬民主，充分听取广大职工群众的意见，使安全决策成为接纳职工参与和反映职工利益的民主决策；另一方面是在安全决策过程中要坚持集体决策，实行严格的民主集中制。主要安全决策者要提倡和鼓励不同意见之间互补他短、各扬己长，不搞个人专断或擅自决定。重大的安全决策问题要在充分发扬民主的基础上，实行表决。

E 责任性原则

责任性原则就是谁作安全决策谁负责的原则，它包含两层含义：（1）谁作安全决策，谁负责贯彻执行。安全决策的贯彻执行是决策全过程中不可缺少的一个阶段。在安全管理中，谁作出安全决策，应由谁负责贯彻实施，其理由是，安全决策者最了解方案的优缺点和实施的措施、路线，能够较好地控制决策实施过程。再者，谁决策谁实施是执行谁决策谁对决策后果负责原则的要求，如安全决策者不负责贯彻实施决策，一旦安全决策目标没有实现，或决策与实际不符，决策者就可能把责任推给贯彻执行者。（2）谁决策，谁对决策后果负责。决策具有风险，安全决策者必须对安全决策的后果负责。这是防止滥用职权、盲目决策，尽最大的可能保证安全决策科学、正确、可行的基本前提，也是一个制度保障。

2. 安全决策的步骤

A 发现问题

发现问题是安全决策的起点，一切安全决策都是从问题开始的。问题就是安全决策对象存在的矛盾，通常指应该或可能达到的状况同现实状况之间存在的差距。它既包括业已存在的现实安全问题，也包括估计可能产生的未来的安全问题。安全决策能够准确、及时地抓住安全问题，并提出切实可行的，对实际安全问题针对性强的解决措施和办法，安全决策就是正确的，有可能取得好的效果；反之，安全决策不可能正确，就可能给安全工作带来损失。因此，安全管理者在安全管理活动中不要怕有问题，更不要怕暴露问题。发现问题之后，要认真分析问题，即找出产生差距的原因，并且从中找出主要原因。问题确定得准，就会为合理确定目标打下良好的基础。

B 确定目标

目标的确定，直接决定着方案的拟订，影响到方案的选择和安全决策后的方案实施。安全决策确定的目标必须具体明确，既不能含糊不清，也不能抽象空洞，否则方案的拟订和选择就会无所适从。一般情况下，确定的目标应符合下列基本要求：（1）目标必须是单一的；（2）必须有明确的目标标准，以便能检查目标达到和实现的程度；（3）明确目标的主客观约束条件；（4）在存在多目标的情况下，应对各个目标进行具体分析，分清主次。确定目标，要根据需要和可能，量力而行，尽力而为，既要留有余地，又要使责任者有紧迫感，切忌凭主观愿望，制定出了不切实际的过高或过低的目标。

C 拟订方案

安全决策的目标确定以后，接下来要做的工作是研究实现目标的途径和方法，也就是拟订方案。任何安全问题的解决都存在着多种可能途径，因此，拟订方案时应拟定多个方案。在拟订方案时贯彻整体详尽性和互相排斥性这两条基本要求。整体详尽性，就是要求尽可能地把各种可能的方案全部列出。互相排斥性，是指不同方案之间必须有较大的区别，执行甲方案就不能执行乙方案。同时备选方案必须建立在科学的基础上，方案中能够进行数量化和定量分析的，一定要将指标数量化，并运用科学、合理的方法进行定量分析，减少主观性。

D 方案评估

方案评估就是对所拟订的各种备选方案，从理论上进行综合分析后对其加以评估，从而得出各备选方案是否可行的结论。在安全决策中，拟订的多个方案会有相对的优劣之分，为此，要经过分析对比，权衡利弊，同时对方案进行设计改进。具体评估时，还要进行效益和效应分析，主要有以下几方面。

a 经济效益分析

要从经济效益的角度，对人、财以及物等资源的限制因素、客观经济环境和成果等进行认真分析。要通过具体计算，得出定量的分析结果。

b 社会效益分析

社会效益的分析，主要看方案实施后对社会的公共利益，社会的安定，生态平衡，人民群众的身体健康等影响如何。

c 社会心理效应分析

安全决策总是要涉及不同阶层的人的利益，而不同阶层的人在心理上对一切事物的应映是有区别的。所以，方案评估中不能不考虑方案实施会产生什么样的社会心理效应，在具体措施上有解决心理问题的办法才是可行的。评估心理效应可进行一些社会心理的问卷调查，并吸收一些心理学方面的专家，对于方案进行社会心理的分析论证。

E 方案选优

方案选优是在对各个方案进行分析评估的基础上，从众多方案中选取一个较优的方案。这主要是安全决策者的职责。在完成方案选优的过程中安全决策者要注意以下几个问题：

（1）安全决策者要有正确的选优标准。绝对的优在实际安全生产中是不存在的。只要安全决策目标的主要指标达到相对优，以"满意"为原则，两利相衡取其重，两弊相衡取其轻，而不可能要求各项指标均达到十全十美的程度，过分地追求十全十美就可能会贻误时机。

（2）安全决策者要有科学的思维方法和战略系统的观念。安全决策者必须坚持唯物辩证法，坚持一分为二，善于把握全局与局部、主要矛盾和次要矛盾、矛盾的主要方面和次要方面，抓住重点兼顾一般。安全决策者要用辩证的眼光、系统的观念，仔细地衡量各种方案的优劣利弊，从中选出优化方案，适时作出安全决策。

（3）安全决策者要正确处理和专家的关系。安全生产决策必须有专家从事具体工作，但是他们是在安全决策者委托和指导下参与安全决策，绝不能代替安全决策者的决策。一般情况下，在安全决策的前4个步骤中决策者应特别注意听取各方面安全专家的意见，方案选优时则要在综合各方面安全专家意见的基础上，独立地拿出总揽全局的决策来。

（4）安全决策者要有意地修正自己心理因素所产生的偏差。通常安全决策者对决策后的损益有不同的反应：有的对效益的反应较迟钝；有的对损失的反应比较迟钝；有的则完全按损益期望值高低来选择行动方案。这就要求安全决策者应当有自知之明，在全面考虑各种因素的前提下扬长避短地进行决断，避免可能产生的偏颇。

以上安全决策步骤是一般安全决策所不能少的，在实际安全工作中，不能机械地理解和教条式地照搬，一般应按顺序进行，有时也可交替结合进行，实行反馈不断修正，使安全决策方案不断完善。安全决策方案在组织实施过程中，如发现实际执行情况与安全决策目标之间有较大的偏差或安全决策目标无法达到时，要进行追踪反馈，作出新的安全决策，即通常讲的追踪安全决策。因此安全决策过程是一个连续不断的动态过程。

3. 安全生产决策的基本方法

科学的安全生产决策是运用科学的决策方法，安全管理学家和从事安全管理活动的实际工作者总结概括了许多切实可行的安全决策方法。20世纪的许多新的科学方法也被广泛地运用到企业安全生产决策中来。例如，概率论、效用论、期望值、博弈论、线性规划等理论和方法。在这里介绍几种常见的安全生产决策方法。

A 头脑风暴法

头脑风暴法是集中有关专家进行安全专题研究的一种会议形式，即通过会议的形式，将有兴趣解决某些安全问题的人集合在一起，会议在非常融洽和轻松的气氛中进行，自由地发表意见和看法，可以迅速地收集到各种安全工作意见和建议。"头脑风暴法"也可以以另一种形式出现，即通过这种会议对已经系统化的方案或设想提出质疑，研究有碍于方案或设想实施的所有限制性因素，找出了方案设计者思考的不周和不足，指出实施方案时可能遇到的困难。

B 集体磋商法

这是一种让持有不同思想观点的人或组织进行正面交锋，展开辩论，最后找到一种合理方案的安全决策方法。这种方法适用于有着共同利益追求和同样具有责任心的集体，因为只有这样的集体，才会在争论中消除分歧，求同存异。集体磋商可以以"头脑风暴"的形式出现，也可以以其他形式出现，一般说来，集体磋商和"头脑风暴"的成员有所不同，"头脑风暴"的成员，可以是临时请来的某一安全生产领域的专家，而集体磋商的成员是组织内担负安全决策使命的安全生产决策者。

C 加权评分法

这是一种对备选方案进行分项比较的方法，当安全决策处于需要在许多备选方案中进行抉择时，可以通过加权评分发现备选方案中的最优方案。具体做法是：把备选方案分成若干对应的项，然后进行逐项比较打分，最后对打分结果进行统计，累计得分最高的就可以被确定为最佳方案。这种方法能够发挥对方案作出最后抉择的安全决策者的主动性，而且可以在获得较佳方案的同时，还节约了大量的时间和人力、物力，不至于造成长期议而不决的情况。

D 电子会议法

这是利用现代的电子计算机手段改善集体安全决策的一种方法。基本的做法是在所有参加会议的人面前只有一台计算机终端，会议的主持者通过计算机将问题显示给参加会议的人。会议的参与者将自己的意见输入计算机，通过计算机网络显示在各个参会者的计算机屏幕上。个人的评论和票数统计都投影在会议室的计算机屏幕上。这种电子会议的主要优点是匿名、诚实和快速，还有利人们充分地表达信息而不受惩罚，同时在"发言"过程中不必担心被别人打断或打断别人，而且这种方式需要的时间短。

三、安全管理组织方法

要完成具有一定功能目标的活动，就必须有相应的组织作为保障。建立合理的安全管理组织机构是有效进行安全生产指挥、检查以及监督的组织保证。安全管理组织机构是否健全，管理组织中各级人员的职责与权限界定是否明确，安全管理的体制是否协调高效，直接关系到安全工作能否全面开展和职业安全健康管理体系能否有效运行。

（一）安全管理组织的构成和设计

1. 安全管理组织的基本要求

事故预防是有计划、有组织的行为。为了实现安全生产，必须制订安全工作计划，确定安全工作目标，并组织企业员工为实现确定的安全工作目标而努力。因此，企业必须建立安全管理体系，而安全管理体系的一个基本要素就是安全管理组织。由于安全工作涉及面广，因此合理的安全管理组织应形成网络结构，其纵向要形成一个从上而下统一指挥的安全生产指挥系统；横向要使企业的安全工作按专业部门分系统归口管理，层层展开。建立安全管理组织的基本要求有：

（1）合理的组织结构。为形成"横向到边、纵向到底"的安全工作体系，要合理地设置横向安全管理部门，科学地划分纵向安全管理层次。

（2）明确责任和权利。组织机构内各部门、各层次乃至各工作岗位都要明确安全工作责任，并对各级授予相应的权利。这样有利于组织内部各部门各层次为实现安全生产目标而协同工作。

（3）人员选择与配备。根据组织机构内不同部门、不同层次、不同岗位的责任情况，选择和配备人员。特别是专业安全技术人员和专业安全管理人员应该具备相应的安全专业知识和能力。

（4）制定和落实规章制度。制定和落实各种规章制度可以保证工作安全有效地运转。

（5）信息沟通。组织内部要建立有效的信息沟通模式，使信息沟通渠道畅通，保证安全信息及时、准确地传达。

（6）与外界协调。企业存在于社会环境中，其安全工作不仅受到外界环境的影响，而且要接受政府的指导和监督等，因此安全组织机构与外界的协调非常重要。

2. 安全管理组织的构成

不同行业、不同规模的企业，安全工作组织形式也不完全相同。应根据上述的安全工作组织要求，结合本企业的规模和性质，建立安全管理组织。企业安全管理工作组织的一种构成模式，它主要由三大系统构成管理网络：安全工作指挥系统、安全检查系统和安全监督系统。

（1）安全工作指挥系统。该系统由厂长或经理委托一名副厂长或副经理（通常为分管生产的负责人）负责，对职能科室负责人、车间主任、工段长或班组长实行纵向领导，确保企业职业安全健康计划、目标的有效落实与实施。

（2）安全检查系统。安全检查系统是具体负责实施职业安全健康管理体系中"检查与纠正措施"环节各项任务的重要组织，该系统的主体是由分管副厂长、安全技术科、保卫科、车间安全员、车间消防员、班组安全员、班组消防员组成。此外，安全工作的指挥系统也兼有安全检查的职责。实际工作中，一些职能部门兼具双重职责。

（3）安全监督系统。安全监督系统主要是由工会、党、政、工、团组成的安全防线。例如，有些单位的工会生产保护部门负责筑起"工会抓网"安全防线，发动组织职工开展安全生产劳动竞赛，抓好班组劳动保护监督检查员职责的落实；组织部门负责筑起"党组织抓党"安全防线，把安全生产列为对于所属党组织政绩考核和对党员教育、评议及目标管理考核的指标之一；厂长办公室负责筑起"行政抓长"安全防线，各级行政正职必须是本单位安全生产的第一责任者，在安全管理上实行分级负责，层层签订安全生产承包责任状；团委负责筑起"共青团抓岗"安全防线，动员广大团员青年积极参与安全生产管理及安全生产活动；由企业工会女工部门负责筑起"妇女抓帮"安全防线，组织教育妇女不断提高安全意识，围绕安全生产目标，在女工中开展各种类型的妻子帮丈夫安全生产竞赛活动。

3. 安全管理组织的设计

安全管理组织设计的任务是设计清晰的安全管理组织结构，规划和设计组织各部门的职能和职权，确定组织中安全管理职能、职权的活动范围并且编制职务说明书。

安全管理组织设计的原则有：（1）统一指挥原则，各级机构以及个人必须服从上级的命令和指挥，保证命令和指挥的统一；（2）控制幅度原则，主管人员有效地监督、指挥其直接下属的人数是有限的，每个领导人要有适当的管理宽度；（3）权责对等原则，明确规定每一管理层次和各部门的职责范围同时赋予其履行职责所必需的管理权限；（4）柔性经济原则，努力以较少的人员、较少的管理层次、较少的时间取得管理的最佳效果。

安全管理组织结构的类型不同，所产生的安全管理效果也不同。一般来说，安全管理组织结构分为以下几种类型。

（1）直线制结构。各级管理者都按垂直系统对下级进行管理，指挥和管理职能由各级主管领导直接行使，不设专门的职能管理部门。但是这种组织结构形式缺少较细的专业分工，管理者决策失误就会造成较大损失。所以一般适合于产品单一、工艺技术比较简单、业务规模较小的企业。

（2）职能制结构。各级主管人员都配有通晓各种业务的专门人员和职能机构作为辅助者直接向下发号施令。这种形式有利于整个企业实行专业化管理，发挥企业各方面专家的作用，减轻各级主管领导的工作负担。它的缺点是，由于实行多头领导，易出现指挥和命令不统一的现象，造成管理混乱。因此，在实际中应用较少。

（3）直线职能型组织结构。以直线制为基础，既设置了直线主管领导，又在各级主管人员之下设置了相应的职能部门，分别从事职责范围内的专业管理。既保证了命令的统一，又发挥了职能专家的作用，有利于优化行政管理者的决策。因此在企业组织中较广泛采用。其主要缺点是：各职能部门在面临共同问题时，往往易从本位出发，从而导致意见和建议的不一致甚至冲突，加大了上级管理者对于各职能部门之间的协调负担；另外是职能部门的作用受到了较大限制，一些下级业务部门经常忽视职能部门的指导性意见和建议。

（4）矩阵制结构。便于讨论和应对一些意外问题，在中等规模和若干种产品的组织中效果最为显著。当环境具有很高的不确定性，而目标反映了双重要求时，矩阵制结构是最佳选择。其优势在于它能够使组织满足环境的双重要求。资源可以在不同产品之间灵活分配，适应不断变化的外界要求。其劣势在一些员工要受双重职权领导，容易使人感到阻力和困惑。

（5）网格结构。依靠其他组织的合同进行制造、分销、营销或其他关键业务经营活动的结构。具有更大的适应性和应变能力，但是难以监管和控制。

企业可根据自身的不同情况、不同规模，根据危险源、事故隐患的性质、范围以及规模等选择适合的安全管理组织结构类型。

（二）安全专业人员的配备和职责

安全专业人员的配备是安全管理组织实施的人员保障。要发展学历教育和设置安全工程师职业制度，对安全专业人员要有具体严格的任职要求。企业内部的安全管理系统要合理配制相关安全管理人员，合理界定组织中各部门、各层次的职责，建立兼职人员网络，企业内部从上到下（班组）设置全面、系统、有效的安全管理组织和人员网络等。

1. 安全专业人员的配备

根据行业的不同，在企业职能部门中设专门的安全管理部门，如安检处、安全科等，或设兼有安全管理与其他某方面管理职能的部门，如安全环保部、质量安全部等。在车间、班组设专职或兼职安全员。安全管理人员的配备比例可以根据企业生产性质、生产规模来定。

对安全管理人员素质的要求有：（1）品德素质好，坚持原则，热爱职业安全健康管理工作，身体健康；（2）掌握职业安全健康技术专业知识和劳动保护业务知识；（3）懂得企业的生产流程、工艺技术，了解企业生产中的危险因素和危险源，熟悉现有的防护措施；（4）具有一定的文化水平，有较强的组织管理能力与协调能力。

2. 安全管理专业人员的职责

安全管理组织及专业人员主要负责企业安全管理的日常工作，但是不能代替企业法定代表人或负责人承担安全生产法律责任。安全管理专业人员的主要职责有五个方面：

（1）定期向企业法定代表人或负责人提交安全生产书面意见，针对本企业安全状况编制企业的职业安全健康方针、目标、计划，及有关安全技术措施及经费的开支计划。

（2）参加制定防止伤亡事故、火灾等事故和职业危害的措施，组织重大危险源管理、应急管理、工伤保险管理等，以及本企业危险岗位、危险设备的安全操作规程，提出防范措施、隐患整改方案，并负责监督实施，以及各种预案的编制等。

（3）组织定期或不定期的安全检查，及时处理发现的事故隐患；组织调查和定期检测尘毒作业点，制定防止职业中毒和职业病发生的措施，搞好职业劳动健康及建档工作；督促检查企业职业安全健康法规和各项安全规章制度的执行情况。

（4）一旦发生事故，就应该积极组织现场抢救，参与伤亡事故的调查、处理和统计工作，会同有关部门提出防范措施。

（5）组织、指导员工的安全生产宣传、教育和培训工作。开展安全竞赛、评比活动等。

安全工程师作为安全专业人员，在安全管理中发挥着重要作用。安全工程师的具体工作主要有如下四个方面：识别、评价事故发生的条件，评价事故的严重性；研究防止事故、减少伤害或损失的方法、措施；向有关人员传达有关事故的信息，评价安全措施的效果，并且为获得最佳效果作必要的改进。

对安全管理组织中各部门、层次的职责与权限必须界定明确，否则管理组织就不可能发挥作用。应结合安全生产责任制的建立，对各部门、各层次、各岗位应承担的安全职责以及应具有的权限、考核要求与标准作出明确的规定。

（三）安全管理组织的运行

经过对安全管理组织的设计，确定其结构、流程，以及安全专业人员的配置后，进一步的工作就是安全管理组织的运行。安全管理组织的运行情况直接影响着事故预防的效果、安全目标的实现情况，以及安全资源配置的合理程度等。安全管理组织的运行过程，需要以有关的规章制度，进而以更深层次的安全文化进行约束；同时需要以完善和合适的绩效考核，以及合理、充足的安全投入作为保障。

1. 安全管理组织运行的约束

（1）安全规章制度约束。安全管理组织的有效运行需要对各个方面的规章制度进行设计和规范，这是长期积累的结果。有关规章制度的制定范围应当包括安全管理组织结构、安全管理组织所承担的任务、安全管理组织运行的流程、安全管理组织人事、安全管理组织运行规范、安全管理决策权的分配等方面。在有关安全生产法律法规体系的指导下，通过安全规章制度的约束作用，把安全管理组织中的职位、组织承担的任务和组织中的人很好地协调起来。

（2）安全文化约束。保证安全管理组织通畅运行以及其效率，除了有关规章制度的约束作用外，更深层次的约束作用在于企业的安全文化。企业安全文化体现在企业安全生产方面的价值观以及由此培养的全体员工安全行为等方面。它是培养共同的职业安全健康目标和一致安全行为的基础。安全文化具有自动纠偏的功能，从而使企业能够自我约束，安全管理组织能够通畅运行。

2. 安全管理组织运行的保障

（1）绩效考核保障。安全管理组织运行保障中另一个重要的内容是建立完善和合适的绩效考核，通过较为详细、明确、合理的考核指标指导和协调组织中人的行为。企业制定了战略发展的职业安全健康目标，需要把目标分阶段分解到各部门各人员身上。绩效考核就是对企业安全管理人员及各承担安全目标的人员完成目标情况的跟踪、记录、考评。通过绩效考核的方式增强安全管理组织的运行效率，推动安全管理组织有效、顺利地运行。

（2）安全经济投入保障。安全管理组织的完善需要合理、充足的安全经济投入作为保障。正确认识预防性投入与事后整改投入的等价关系，就需要了解安全经济的基本定量规律——安全效益金字塔的关系，即设计时考虑1分的安全性，相当于加工和制造时的10分安全性效果，而能达到运行或者投产时的1000分安全性效果。这一规律指导人们考虑安全问题要具有前瞻性。要研究和掌握安全措施投资政策和立法，遵循"谁需要，谁投资，谁受益"的原则，建立国家、企业、个人协调的投资保障系统。要进行科学的安全技术经济评价、有效的风险辨识及控制、事故损失测算、保险与事故预防的机制，推行安全经济奖励与惩罚、安全经济（风险）抵押等方法。最终使安全管理组织的建立和运行得到安全经济投入的保障。有了充足的安全投入，安全管理组织才能有足够的资金、人力、物力等资源，也才能保证安全管理组织活动的顺利开展和实施。

四、安全管理控制方法

（一）安全控制理论的基本概念

1. 安全控制理论的定义

安全工程学科的研究对象是大型"人——机——环境"系统。针对这一复杂系统，人们从不同的角度、采用不同的方法进行分析研究，以期望达到提高系统安全水平的目的。从 20 世纪 40 年代发展起来的控制论科学，专门研究各类系统调节与控制的一般规律，已广泛应用于工程、生物、社会、经济等各个领域，以系统论、信息论和控制论为基础的新科学方法论，正日益渗透到自然科学、社会科学的各个方面。从 20 世纪 80 年代开始，安全工程学界也开始了对于控制论的研究和应用，取得了一些研究成果，丰富了安全科学的理论体系。

安全控制理论是应用控制论的一般原理和方法，研究安全控制系统的调节与控制制度规律的一门学科。

安全控制系统是由各种相互制约和影响的安全要素所组成的，具有一定安全特征和功能的整体。安全要素包括：（1）影响安全的物质性因素，如工具设备、危险有害物质、能对人构成威胁的工艺装置等；（2）安全信息，如政策、法规、指令、情报、资料、数据和各种消息等；（3）其他因素，如人员、组织机构、资金等。

安全控制系统与一般的技术系统比较，有如下特点：（1）安全控制系统具有一般技术控制系统的全部特征；（2）安全控制系统是其他生产、社会、经济系统的保障系统；（3）安全控制系统中包括人这一最活跃的因素。所以，人的目的性和控制作用时刻都会影响安全控制系统的运行；（4）安全控制系统受到的随机干扰非常显著，因而其研究更加复杂。

2. 安全控制系统的分类

（1）宏观安全控制系统。宏观安全控制系统一般是指各级行政主管部门以国家法律、法规为依据，应用安全监察、检查、经济调控等手段，实现整个社会、部门或企业的安全生产目标的整体控制活动。宏观安全控制系统是以各种生产、经营系统为被控系统，以各种安全检查和安全信息统计为反馈手段，以各级安全监察管理部门为控制器，以国家安全生产方针和安全指标为控制目标的一种宏观系统。

（2）微观安全控制系统。微观安全控制是指应用工程技术和安全技术手段，防止在特定生产和经营活动中发生事故的全部活动。微观安全控制系统是以具体的生产和经营活动为被控制系统，以安全状态检测信息为反馈手段，用安全技术和安全管理为控制器，以实现安全生产为控制目标的系统。

3. 安全控制方法的一般分析程序

应用控制论方法分析安全问题，其分析程序一般可分为如下四个步骤：

（1）绘制安全系统框图。根据安全系统的内在联系，分析系统运行过程的性质及其规律性，并按照控制论原理用框图将该系统表述出来。

（2）建立安全控制系统模型。在分析安全系统运行过程并采用框图表述的基础上，运用现代数学工具，通过建立数学模型或其他形式的模型，对安全系统的状态、功能、行为及动态趋势进行描述。

（3）对模型进行计算和决策。描述动态安全系统的控制论模型，一般都是几十个、几百个联立的高阶微分或差分方程组，涉及众多的参数变量，通常采用了计算机进行。

对于非数学模型，可通过分析形成一定的措施、办法和政策等。

（4）综合分析与验证。把计算出的结果或决策运用到实际安全控制工作中，进行小范围的实验，以此来校正前三个步骤的偏差，促使所研究的安全问题达到既定的控制目标。

以上过程既相对独立，又前后衔接、相互制约。

（二）安全系统的控制方式

1. 安全系统的控制特性

安全系统的控制虽然也服从控制论的一般规律，但也有它自己的特殊性。安全系统的控制有以下几个特点：

（1）安全系统状态的触发性和不可逆性。如果将安全系统出事故时的状态恒定为1，无事故时状态值定为0，即系统输出只有0和1两种状态。虽然事故隐患往往隐藏于系统安全状态之中，系统的状态常表现为0至1的突然跃变，这种状态的突然改变称为状态触发。此外，系统状态从0变化到1后，状态是不可逆的。即系统不可能从事故状态自动恢复到事故前状态。

（2）系统的随机性。在安全控制中发生事故具有极大的偶然性，什么人，在什么时间，在什么地点，发生什么样的事故，这些问题一般都是无法确定的随机事件。但是对一个安全控制系统来说，可通过统计分析方法找出某些变量的统计规律。

（3）系统的自组织性。自组织性就是在系统状态发生异常情况时，在没有外部指令的情况下，管理机构和系统内部各子系统能够审时度势按某种原则自行或联合有关子系统采取措施，以控制危险的能力。因为事故发生具有突然性和破坏作用，所以要求安全控制系统具有一定的自组织性。这就要求采用开放的系统结构，有充分的信息保障，有强有力的管理核心，各子系统之间有很好的协调关系。

2. 安全系统控制原则

（1）首选前馈控制方式。由于安全控制系统状态的触发性和安全决策的复杂性，宏观安全控制系统的控制方式应首选前馈控制方式。

前馈控制是指对系统的输入进行检测，以消除有害输入或者针对不同情况采取相应的控制措施，以保证系统的安全。前馈控制系统的工作模式。

（2）合理使用各种反馈控制方式。反馈控制是控制系统中使用广泛的控制方式。安全系统的反馈控制有以下几种不同形式：

1）局部状态反馈。对安全系统的各种状态信息进行实时检测，及时发现事故隐患，迅速采取控制措施防止事故的发生，是事故预防的手段。

2）事故后的反馈。在事故发生后，应运用系统分析方法，找出事故发生的原因，将信息及时反馈到各相关系统，并采取必要措施以防止类似事故重复发生。

3）负反馈控制。发现某个职工或者部门在安全工作上的缺点错误，对其进行批评、惩罚，是一种负反馈控制。合理、适度使用，可以收到较好的效果，但若使用不当，有可能适得其反。

4）正反馈控制。对安全上表现好的职工或部门进行了表扬、奖励，是一种正反馈控制。使用恰当时可以激励全体职工的积极性，提高整体安全水平，收到巨大的效益。

（3）建立多级递阶控制体系。安全控制系统应建立较完善的安全多级递阶控制体系。各控制层次之间除督促下层贯彻执行有关方针、政策、规程和决定外，还要提高下属层次的自组织能力。各级管理层的自组织能力主要体现在：1）了解下层危险源的有关事故结构信息，如事故模式、严重程度、发生频率、防治措施等；2）掌握危险源的动态信息，如已接近临界状态的重大危险源，目前存在的缺陷，职工安全素质，隐患整改情况等；3）熟悉危险分析技术，善于用其解决实际问题；4）经验丰富，应变能力较强。

（4）力争实现闭环控制。闭环控制是自动控制的核心。安全管理工作部署应当设法形成一种自动反馈机制，从而提高工作效率；应制定合理的工作程序和规章制度，使信息处理和传递线路通畅。

3. 安全控制的基本策略

从控制论的角度分析系统安全问题，可以得到以下几点结论：（1）系统的不安全状态是系统内在结构、系统输入、环境干扰等因素综合作用的结果；（2）系统的可控性是系统的固有特性，不可能通过改变外部输入来改变系统的可控性，因此在系统设计时必须保证系统的安全可控性；（3）在系统安全可控的前提下，通过采取适当的控制措施，可将系统控制在安全状态；（4）安全控制系统中人是最重要的因素，既是控制的施加者，又是安全保护的主要对象。

基于以上结论，可得到以下一些安全控制的基本策略。

（1）建立本质安全型系统。本质安全型系统是指系统的内在结构具有不易发生事故的特性，且能承受人为操作失误、部件失效的影响，在事故发生后具有自我保护能力的系统。与此相关的措施有：

1）防止危险产生条件的形成。如各种爆炸事故的发生都有三个基本（必要）条件，一定量的爆炸物、助燃剂、点爆能量，如果能消除其中任何条件，则可以避免爆炸事故的发生。

2）降低危险的危害程度。如降低机动车速度，减少油漆中的铅含量，减少面粉厂、煤矿等企业爆炸性粉尘积累量等。

3）防止已存在危险的释放。可通过消灭危险或通过使其停止释放来实现。

4）改变危险源中危险释放的速率或空间分布。如采用汽车和电梯中的闸、操纵杆、关闭阀门、保险丝等防止或减少危险释放的方法。

5）将危险源和需保护的对象从时间上或空间上隔开。

6）在危险源与被保护对象之间设置物质屏障。如电线绝缘、各种个体防护措施等。

7）改变危险物的相关基本特性。比如改变药品的某些分子结构以消除其副作用；改变物体的表面形状、基本结构、物理化学特性等，以减少其对人的损害。

8）增加被保护对象对危险的耐受能力。

9）稳定、修护和复原被破坏的物体。

（2）消除人的不安全因素。在现代各类职业事故中，人的因素占到70% ～ 90%。因此消除人的不安全因素是防止事故发生的重要策略，其具体措施有以下几方面：

1）对特殊岗位工作人员进行职业适应性测评。职业适应性是指一个人从事某项工作时必须具备的生理、心理素质特征。它是在先天因素和后天环境相互作用的基础上形成和发展起来的。职业适应性测评就是通过一系列科学的测评手段，对人的身、心素质水平进行评价，使人机匹配合理、科学，以提高生产效率、减少事故。

2）加强安全教育与训练。通过安全教育和专业技能训练，可提高职工的安全意识水平，掌握事故发生的规律、正确的操作方法、防灾避险知识等，从而减少人为因素的影响。

3）充分发挥安全信息的作用。信息是控制的基础，没有信息就谈不上控制。安全状态信息存在于生产活动之中，如何把它们从生产活动中检测出来，是一个十分重要的问题。安全信息的形式可分为两类：一类是通过安全检测设备、仪器检测出来的各种信息，它们以光、磁、电以及声等形式传递，它们多用于微观控制中；另一类是报告、报表的形式，多用于宏观控制中。这两类形式的信息在安全管理和安全控制中被广泛使用。

为了充分发挥各种安全信息的作用，应建立计算机化的安全信息管理系统，以利于信息的加工、传递、存储和使用。此外，还可建立各类专家系统（ES）或决策支持系统（DSS）以推进安全管理控制与决策过程的科学化、自动化和智能化。

4. 安全控制方法的应用

安全领域中安全控制方法的应用主要体现在事故预警系统、系统风险分析与安全评价系统、安全监测监控系统等。

（1）事故预警系统。预警属于新兴的交叉学科，以人类面临的各种灾情和警情作为研究对象，并通过各种监测、运行与调控机制，构成了事故预警系统，以保障社会安宁及生产、生活安全。其中，警情阈值、警情警报、实施控制等是预警系统的重要环节。

由于安全问题的复杂性，有时单纯依靠"安全控制子系统"是不能解决全部安全问题的，需要及时将逼近事故临界状态的有关情况通知相关人员，以便及时采取措施防止事故发生。工业危险源事故临界状态预警阈值的确定要对事故临界状态进行预警，必须在危险源进入事故临界范围时发出警报。预警阈值的确定需要充分进行调查研究，阈值过大，则无法达到"预"的作用，过小则产生虚张声势的效果。

（2）系统风险分析与安全评价系统。在理论和实践上确立系统安全分析，也就是如何在系统的整个生命周期阶段，科学地、有预见地识别并控制风险，以便系统能正常运行。系统风险管理及安全评价的过程主要由以下几个步骤组成：

1）确定风险或风险辨识。这是指辨识各类危险因素、可能发生的事故类型、事故发生的原因和机制。

2）风险分析。分析现有生产和管理条件下事故发生的可能性，以及潜在事故的后果及其影响范围（事故的严重程度）。

3）风险评价与分级。在分析事故发生可能性和事故后果的基础上，评价事故风险的大小，按照事故风险的标准值进行风险分级，以确定管理的重点。

4）风险控制。低于标准值的风险属于可接受或允许接受的风险，应建立监测措施，防止生产条件改变导致风险值的增加。

（3）安全监测监控系统。在生产过程中利用安全监控系统监测生产过程中与安全有关的状态参数，发现故障、异常，及时采取措施控制这些参数不达到危险水平，消除故障、异常，以防止事故发生。

在生活活动中，也有应用安全监控系统的情况，比如建筑物中的火灾监控系统等。

安全监控常用于生产过程，不同的生产过程有不同的安全监控系统。监控系统种类繁多，虚线围起的部分是安全监控系统，它由检知部分、判断部分和驱动部分三个部分组成。

1）检知部分。检知部分主要由传感元件构成，用以感知特定物理量的变化。一般地，传感元件的灵敏度比人感官的灵敏度高得多，所以能够发现人员难以直接察觉的潜在的变化。

2）判断部分。把检知部分感知的参数值与规定的参数值相比较，判断监控对象的状态是否正常。

3）驱动部分。对判断部分已经判明存在故障、异常，在可能出现危险时，实施恰当的安全措施。根据具体情况，在可能时停止设备、装置的运转，即紧急停车，启动安全装置，或是向人员发出警告，让人员采取措施处理或规避危险。

这里简要介绍几种在生产、生活中常见的安全监控系统。

1）操作安全监控系统。防止人体的一部分进入危险区域受到伤害的安全监控系统。当人体或人体的一部分进入危险区域时，安全监控系统的驱动部分动作，消除危险。冲压机械操作安全监控系统最为常见。冲压机械运转时如果人体或人体的一部分进入危险区域，则安全检测系统使机械停止运转，防止了冲压伤害事故发生。

按其检知部分工作原理不同，操作安全监控系统有光线式、红外线式和感应式三类。

2）可燃气体泄漏监测系统。可燃性气体或可燃性液体泄漏后遇引火源可能发生火灾、爆炸事故。可燃性液体泄漏后蒸发形成可燃性蒸气，因此可燃性气体泄漏监测系统也可以用于监测可燃性液体泄漏。

3）火灾监控系统。火灾监控系统的检知部分通过传感器检知火灾产生的烟雾、高温或光辐射；判断部分判断出已经发生火灾之后，驱动部分启动各种灭火设施，扑灭火灾，或发出声、光报警信号，由人员扑灭火灾。

五、安全激励方法

根据人的行为规律，通过强化人的动机，以调动人的积极性的一种理论称为激励原理。利用人的心理因素和行为规律激发人的积极性，增强其动机的推动力，对人的行为进行引导，以改进其在安全方面的作用，达到改善安全状况的目的，称为安全激励。这种做法具有普遍规律性，是方法论的一种，被称为安全激励方法。

（一）安全激励的概念

激励就是激发人的动机，哈佛大学的威廉·詹姆士发现，部门员工一般仅需发挥出20% ~ 30% 的个人能力，就足以保住饭碗而不被解雇；如果受到充分的激励，其工作能力能发挥80% ~ 90%。企业领导和职工能在工作和生产操作中重视安全生产，有赖于对其进行有效的安全行为激励。激励分为"外予的激励"和"内滋的激励"，外予的激励是通过外部推动力来引发人的行为，最常见的是用金钱作诱因，此外还有提高福利待遇、职务升迁、表扬、信任等手段。内滋的激励是通过人的内部力量来激发人的行为，如学习新知识、获得自由、自我尊重、发挥智力潜能、解决疑难问题、实现自己的抱负等。"外予的激励"和"内滋的激励"虽然都能激励人的行为，但前者在很多情况下并不是建立在自觉自愿基础之上的；后者对人的行为的激励则完全建立在自觉自愿的基础上，具有更持久的推动力，它能使人对于自己的行为进行自我指导、自我监督和自我控制。

在心理因素方面可以利用的和需要考虑的有动机、需求、情感、意志、性格等多方面的心理特征；在行为规律方面可以利用的和需要考虑的有个体行为、群体行为、从众行为、反抗行为、服从性、对抗性、长期性和短期性等多方面的行为特征。应用激励原理时应注意以下几方面：（1）激励存在时效性，长时间的、过多的激励将使人反应迟钝、思想麻木；（2）人可接受虚拟的激励，如望梅止渴、杯弓蛇影，但是虚拟的激励维持时间不会太长，一旦虚拟消失或破灭便不再起作用；（3）非良性刺激对于部分非凡的人也能起到激励作用，屈原被放逐而著《离骚》，司马迁遭宫刑而著《史记》等，但这些并不是激励的常规手段，都不可取；（4）激励也可应用负面，一些有害的动机和不安全行为等因素受到激励会造成严重的负面效果，甚至造成对生产安全和人类安全的严重威胁；（5）适度的反激励也可起到正激励的作用，得到有益的效果，例如，激将法、失败为成功之母、惩罚等，但关键以适度为宜；（6）过度的激励无论是正激励还是反激励，不但起不到激励的作用而且会产生副作用，甚至了产生恶劣的后果。

（二）安全激励的理论基础

激励理论是关于如何满足人的各种需要、调动人的积极性的原则和方法的概括总结。激励理论按照形成时间及其所研究侧面的不同，可分为内容型激励理论、过程型激励理论和行为改造型激励理论。根据这些理论基础，需要研究如何进行安全激励，调动人们满足安全需要和达到安全目标的积极性。

1. 内容型激励理论

内容型激励理论重点研究激励动机的诱因。主要包括马斯洛的"需求层次理论"、赫茨伯格的"双因素理论"和麦克利兰的"成就需要激励理论"等。

（1）需求层次理论。这是由心理学家马斯洛提出的动机理论。该理论认为，人的需求可以分为五个层次：生理需求 —— 维持人类生存所必需的身体需求；安全需求 ——

保证身心免受伤害和避免失去工作、财产、食物或者住处等恐惧的需求；归属和爱的需求——包括感情、归属、被接纳、友谊等需求；尊重的需求——包括内在的尊重如自尊心、自主权、成就感等需求和外在的尊重如地位、认同、受重视等需求；自我实现的需求——包括个人成长、发挥个人潜能、实现个人理想的需求。

（2）双因素理论。"双因素理论"也称"保健因素—激励因素理论"。这种理论认为在管理中有些措施因素能消除职工的不满，但不能调动其工作的积极性，这些因素类似卫生保健对人体的作用有预防效果而不能保证身体健康，所以称为保健因素，如改善工作环境条件、福利、安全奖励；而能起激励作用，调动领导和职工自觉的安全积极性和创造性可采取激励安全需要、变"要我安全"为"我要安全"、得到家人和社会的理论，支持与承认、安全文化等手段。双因素理论是针对满足人的需要的目标或诱因提出来的，在实用中有一定的道理。但在某种条件下，保健因素也有激励作用。

（3）成就需要激励理论。美国哈佛大学教授戴维·麦克利兰把人的高级需要分为三类，即权力、交往和成就需要。在实际生活中，一个组织有时因配备了具有高成就动机需要的人员使得组织成为高成就的组织，但有时是由于把人员安置在具有高度竞争性的岗位上才使组织产生了高成就的行为，麦克利兰认为前者比后者更重要。

2. 过程型激励理论

过程型激励理论重点研究从动机的产生到采取行动的心理过程，主要包括弗罗姆的"期望理论"、海德的"归因理论"和亚当斯的"公平理论"等。

（1）期望理论。这是心理学家维克多·弗罗姆提出的理论。期望理论认为，人们之所以采取某种行为，是因为他认为这种行为可以有把握地达到某种结果，并且这种结果对他有足够的价值。换言之，动机激励水平取决于人们认为在多大程度上可以期望达到预计的结果，以及人们判断自己的努力对于个人需要的满足是否有意义。

（2）归因理论。归因理论是美国心理学家海德于1958年提出的，后由美国心理学家韦纳及其同事共同研究而再次活跃起来。归因理论是探讨人们行为的原因和分析因果关系的各种理论和方法的总称。归因理论侧重于研究个人用以解释其行为原因的认知过程，也即研究人的行为受到激励是"因为什么"的问题。

（3）公平理论。公平理论又称社会比较理论。它是美国行为科学家亚当斯提出的一种激励理论。该理论侧重于研究工资报酬分配的合理性、公平性及其对职工生产积极性的影响。

3. 行为改造型激励理论

行为改造型激励理论重点研究激励的目的（改造、修正行为），主要包括斯金纳的"强化理论"和亚当斯的"挫折理论"等。

（1）强化理论。强化理论是美国心理学家和行为科学家斯金纳等人提出的一种理论。强化理论是以学习的强化原则为基础的关于理解和修正人的行为的一种学说。强化，从其最基本的形式来讲，指的是对一种行为的肯定或否定的后果（报酬或惩罚），它至少会在一定程度上决定这种行为在今后是否会重复发生。

根据强化的性质和目的，可把强化分为正强化和负强化。在管理上，正强化就是奖励那些组织上需要的行为，从而加强这种行为；负强化就是惩罚那些与组织不相容的行为，从而削弱这种行为。正强化的方法包括发放奖金，对于成绩的认可、表扬，改善工作环境和人际关系，提升、安排担任挑战性的工作，给予学习和成长的机会等。负强化的方法包括批评、处分、降级等，有时不给予奖励或少给奖励也是一种负强化。强化理论被广泛应用于安全管理中，如安全奖励、事故罚款、安全单票否决、企业升级安全指标等。

（2）挫折理论。挫折理论是由美国心理学家亚当斯提出的一种理论。挫折理论是关于个人的目标行为受到阻碍后，如何解决问题并调动积极性的激励理论。挫折是一种个人主观的感受，同一遭遇，有人可能构成强烈挫折的情境，而另外的人则并不一定构成挫折。

（三）安全激励方法的分类

1. 按激励形式划分

根据安全管理中安全激励形式的不同，可将安全激励方法分为以下五类：

（1）经济物质激励。这是常用的一种激励方法。比如奖励、罚款等，使其个人经济物质利益与安全状况挂钩。在美国工业安全管理的最初阶段就是采用这种罚款赔偿的方法，现各国仍普遍采用。

（2）刑律激励。刑律激励是综合精神与肉体激励的一种，是一种负强化激励法，既有惩戒本人以防下次再犯的作用，也有杀一儆百的示范性反激励作用。

（3）精神心理激励。从道德观念、宗教信仰、政治理想、情感以及荣誉等方面进行激励，包括安全竞赛、模拟操作、安全活动、口号刺激，甚至游行示威等很多方面都可取得这种激励作用。

（4）环境激励。从另一方面说这是一种从众行为的作用和群体行为的影响。所谓近朱者赤、近墨者黑就是这个道理。

（5）自我激励。可以通过提高修养、自我激励达到自我完善的境界。

2. 按安全行为的激励原理划分

根据安全行为的激励原理，可将安全激励方法分为两类：

（1）外部激励。外部激励就是通过外部力量来激发人的安全行为的积极性和主动性，如设安全奖、改善劳动卫生条件、提高待遇、安全和职务晋升和奖金挂钩、表扬、记功、开展"安全竞赛"等手段和活动，都是通过外部作用激励人的安全行为。此外，严格、科学的安全监察、监督、检查也是一种外部激励的手段。

（2）内部激励。内部激励的方式很多，如更新安全知识、培训安全技能、强化观念和情感、理想培养、建立远大的安全目标等。内部激励是通过增强安全意识、素质、能力、信心和抱负等来作用的，内部激励是以提高职工的安全生产和劳动保护自觉性为目标的激励方式。

从安全管理总体上讲，以上几种激励形式和方法都是必要的。作为一个安全管理人员，应该积极创造条件，采用不同形式的安全激励方法，形成人的内部激励的环境，同时也应有外部的鼓励和奖励，充分调动每位领导和职工的安全行为的自觉性和主动性。

第二节　安全管理模式

模式是事物或过程系统化、规范化的体系，它能简洁、明确地反映事物或过程的规律、因素及其关系，是系统科学的重要方法。安全管理模式是体现系统化、规范化安全管理的一种体系和方式。安全管理模式一般包含安全目标、原则、方法、过程和措施等因素。目前，在职业安全卫生领域推行的一些现代管理模式具有如下特征：抓住企业事故预防工作的关键性矛盾和问题；强调决策者与管理者在职业安全卫生工作中的关键作用；提倡系统化、标准化、规范化的管理思想；强调全面、全员、全过程的安全管理；应用闭环、动态、反馈等系统论方法；推行目标管理、全面安全管理的对策；不仅强调控制人行为的软环境，同时努力改善生产作业条件等硬环境。

一、宏观、综合的安全管理模式

（一）美国：严格法律规管为主的安全管理体系

在美国安全管理体系下，建筑业主施工安全管理活动均在严格、细致的法律法规监督下进行，政府安监部门在推动业主安全管理活动中处于主导地位，政府通过立法规定业主施工安全管理行为，并依法（如 OSHA 标准等）不定期检查和评价，对于业主安全管理违规行为进行处罚或诉讼。业主的安全管理活动接受监督机构的监督，并将安全信息及时反馈给相关研究机构便于日后安全立法的修订。

（二）英国：政府引导、业主自发参与为主的安全管理体系

英国安全管理体系以业主为安全管理主体，政府相关部门和社会团体成立安全咨询或培训机构，通过政府政策引导，业主和安全咨询机构等建立合作关系，定期为建筑业主安全管理活动提供安全指导，保证业主安全管理活动适时、有效。

（三）中国香港：自发参与和法律规管并举的安全管理体系

在建筑业主安全管理上，中国香港承袭了部分英国传统做法，在这种管理体系下，政府通过管理机制、激励性政策及民众参与安全监督来引导业主自发开展安全管理。同时政府也完善法律法规进行规管，从而规范业主面对市场的反应，从中筛选和淘汰不能适应严格安全法规的业主，引导能自觉管理安全的业主，推动了其加强工程安全管理能力。

（四）中国内地：宏观与微观相匹配的安全管理体系

我国内地建筑业的安全管理模式分为国家层面的安全管理模式和微观层面的建筑业主管理模式，两类模式相互匹配，保证安全生产工作的顺利开展。

建筑业主的施工安全管理模式是在一定时期内指导业主安全工作的运行机制、组织机构、职能要求和安全管理措施的总称，通过施工安全管理模式化，使业主自身工作规范化、程序化，使安全管理有章可循、有据可依。建筑工程安全管理的系统化、规范化，需要在国家层面的业主安全管理体系下，形成以业主为核心，各方参与的安全管理模式，其中包括业主的安全管理模式、设计施工安全保证模式、监理安全监督模式。设计施工安全保证模式和监理安全监督模式应和业主的安全管理模式配合，以业主的安全目标为核心来建立。

二、企业安全管理模式

（一）安全管理模式发展历程

我国的安全管理在不同的历史时期出现了不同的安全管理模式，按照其发展历程大致可以分为传统安全管理模式、对象型安全管理模式、过程型安全管理模式以及系统安全管理模式。

传统安全管理模式是从已经出现的安全问题本身出发，依靠总结经验教训得出安全管理的方式方法。传统安全管理模式主要有事故管理模式和经验管理模式两种。其中事故管理模式主要是靠吸取事故教训为主，从事故中总结经验教训从而避免同类事故的再次发生。而经验管理模式则是依靠个人的经验管理，定性的概率比较多，靠直觉凭感觉处理问题。传统管理模式是被动的静态管理模式，没有抓住信息流这一企业的管理核心，反馈渠道不畅通。

对象型安全管理模式是随着人们对事故分析的深入，安全管理者们对事故进行了更加深入的研究，将事故的原因归结为人的不安全行为、物的不安全状态和不良环境等。于是就产生了从事故原因入手的、带有侧重点的对象型安全管理模式。因为环境因素往往很偶然，非人力所能控制，所以人们将关注点投向了人和物的不安全管理因素和管理缺陷。这样，以人为中心的安全管理模式，以设备为中心的安全管理模式就成为这一安全管理模式的主要代表。

过程型安全管理模式：随着社会工业化的发展，产生了城市轨道交通、核工业、矿山等复杂的系统。对于复杂系统，完全依靠设备的可靠性，还不足以杜绝事故的发生，直接影响设备可靠性和人的可靠性的管理因素，已成为导致复杂管理系统事故发生的最根本原因。因此人们开始注重管理的作用，过程型安全管理模式由此产生。

系统化的企业安全管理是以系统安全思想为基础，从企业的整体出发，把管理重点放在事故预防的整体效应上，实行全员、全过程、全方位的安全管理，使企业达到最佳的安全状态。加之戴明管理理论使安全管理者们摒弃了事后管理和处理的方法，采取积极的预防措施，安全管理模式就这样迈向了一个新的台阶，进入了系统安全管理阶段。

（二）不同安全管理模式的风险控制水平比较

传统安全管理模式对危险源实行微观控制的要求，事故隐患没有被及时发现和整改，因而风险控制水平低，事故隐患易演变为事故。对象型的安全管理模式在预防事故时以偏概全，难免顾此失彼。过程型安全管理模式针对作业过程中存在的管理缺陷，在一定程度上综合考虑了人、机、环境系统，较大地提高了安全管理的效率，但这种模式还没有建立自我约束、自我完善的安全管理长效机制。系统安全管理模式摒弃了传统的事后管理与处理的做法，采取积极的预防措施，根据管理学的原理，为用人单位建立一个动态循环的管理过程框架。如 OHSMS 模式以危害辨识、风险评价和风险控制为动力，循环运行，建立起不断改善、持续进步的安全管理模式，通过对这种模式可以将风险极大程度地降低。

三、职业安全健康管理体系（OHSMS）

（一）OHSMS 的管理理论基础

ISO 9000 质量管理体系、ISO 1400 环境管理体系和 OHSMS 系列国际标准，都采用了最早用质量管理的戴明管理理论和运行模型。戴明是美国质量管理专家，他把全面质量管理工作作为一个完整的管理过程，分解为前后相关的 P、D、C、A 四个阶段，即：P（Plan）——计划阶段；D（Do）——实施阶段；C（Check）——检查阶段；A（Action）——处理阶段。

1. PDCA 循环的内容

P 阶段——计划：要适应用户的要求和取得经济最佳效果和良好的社会效益为目标，通过调查、设计、试制、制定技术经济指标、质量目标、管理项目以及达到这些目标的具体措施和方法。

（1）分析现状，找出存在的质量问题，尽可能用数据来加以说明。

（2）分析产生影响质量的主要因素。

（3）针对影响质量的主要因素，制订改进计划，提出了活动措施。一般要明确：为什么制订计划（Why）、预期达到什么目标（What），在哪里实施措施和计划（Where），由谁或哪个部门来执行（Who），何时开始何时完成（When），如何执行（How），即 5W1H。

（4）按照既定计划严格落实措施。运用系统图、箭条图、矩阵图、过程决策程序图等工具。

D 阶段——实施：将所制订的计划和措施付诸实施。

C 阶段——检查：对照计划，检查实施的情况和效果，及时发现实施过程中的经验和问题。根据计划要求，检查实际实施的结果，看是否达到了预期效果。可采用直方图、控制图、过程决策程序图以及调查表、抽样检验等工具。

A 阶段——处理：根据检验的结果，把成功的经验纳入标准，以巩固成绩；总结失败的教训或不足之处，找出差距，转入下一循环，以利改进。

（1）根据检查结果进行总结，把成功的经验和失败的教训都纳入标准、制度或规定以巩固取得的成绩。

（2）提出这一循环尚未解决的问题，将其纳入下一次 PDCA 循环中去。

2. PDCA 循环的特点

（1）科学性。PDCA 循环符合管理过程的运转规律，是在准确可靠的数据资料基础上，采用数理统计方法，通过分析和处理工作过程中的问题而运转的。

（2）系统性。在 PDCA 循环过程中，大环套小环，环环紧扣，把前后各项工作紧密结合起来，形成一个系统。在质量保证体系，以及 OHSMS 中，整个企业的管理构成一个大环，而各部门都有自己的控制循环，直至落实到生产班组及个人。上一级循环是下一级循环的根据，下一级循环是上一级循环的组成和保证。于是在管理体系中大环套小环、小环保大环、一环扣一环，都朝着管理的目标方向转动，形成了相互促进、共同提高的良性循环。

（3）彻底性。PDCA 循环每转动一次，必须解决一定的问题，提高一步；遗留问题和新出现问题在下一次循环中加以解决，再转动一次，再提高一步。循环不止，不断提高。

（二）OHSMS 的要素

职业健康安全管理体系（OHSMS）是 20 世纪 80 年代后期在国际上兴起的现代安全生产管理模式，它与 ISO 9000 和 ISO 14000 等标准体系一并被称之为"后工业化时代的管理方法"。职业健康安全管理体系产生的主要原因是企业自身发展的要求。随着企业规模扩大和生产集约化程度的提高，对于企业的质量管理和经营模式提出了更高的要求。企业必须采用现代化的管理模式，使包括安全生产管理在内的所有生产经营活动科学化、规范化和法制化。

1999 年，英国标准协会（BSI）、挪威船级社（DNV）等 13 个组织提出了职业健康安全评价系列（OHSAS）标准，即《职业健康安全管理体系——规范》（OHSAS 18001）、《职业健康安全管理体系——实施指南》（OHSAS 18002）。

2001 年 11 月 12 日，国家质量监督检验检疫总局正式颁布了《职业健康安全管理体系规范》，自 2002 年 1 月 1 日起实施，代码为 GB/T 28001—2001，属推荐性国家标准，该标准与 OHSAS18001 内容基本一致。2011 年对该标准进行了修订，最新版为 GB/T 28001—2011。

《职业健康安全管理体系规范》主要包括三个部分：第一部分是范围，是对标准的意义、适用范围和目的作概要性陈述；第二部分是术语和定义，对涉及的主要术语进行了定义；第三部分是 OHSMS 要素，具体涉及 21 个基本要素（6 个一级要素，15 个二级要素），这一部分是 OHSMS 试行标准的核心内容。

OHSMS 的基本思想是实现体系持续改进，通过对周而复始地进行"计划、实施、监测、评审"活动，使体系功能不断加强。它要求组织在实施 OHSMS 时始终保持持续改进的意识，结合自身管理状况对体系进行不断的修正和完善，最终实现预防和控制事故、职业病及其他损失事件的目的。

一个企业或组织的职业健康安全方针体现了组织开展职业健康安全管理的基本原则，它体现了组织实现风险控制的总体职业健康安全目标。

危险源辨识、风险评价和风险控制策划，使企业或组织通过职业健康安全管理体系的运行，实行风险控制的开端。组织应遵守的职业健康安全卫生法律、法规及其他要求，为组织开展职业健康安全管理、实现良好的职业安全卫生绩效，指明了基本行为方向。职业健康安全目标旨在实现它的管理方案，是企业降低其职业健康安全风险、实现职业健康安全绩效持续改进的途径和保证。

明确企业和组织内部管理机构和成员的职业健康安全职责，是组织成功运行职业健康安全管理体系的根本保证。搞好职业健康安全工作，需要组织内部全体人员具备充分的意识和能力，而这种意识和能力需要适当的教育、培训和经历来获得及判定。组织保持与内部员工和相关方的职业健康安全信息交流，是确保职业健康安全管理体系持续适用性、充分性和有效性的重要方面。对于职业健康安全管理体系实行必要的文件化及对文件进行控制，也是保证体系有效运行的必要条件。对组织存在的危险源所带来的风险，除通过目标、管理方案进行持续改进外，还要通过文件化的运行控制程序或应急准备与响应程序来进行控制，以保证组织全面的风险控制和取得良好的职业健康安全绩效。

对组织的职业健康安全行为要保持经常化的监测，这其中包括组织遵守法规情况的监测，以及职业健康安全绩效方面的监测。对所产生的事故、不符合要求的事件，组织要及时纠正，并采取预防措施。良好的职业健康安全记录和记录管理，也是组织职业健康安全管理体系有效运行的必要条件。职业安全卫生管理体系审核的目的是，检查职业安全卫生管理体系是否得到了安全的实施和保持，为进一步改进职业健康安全管理体系提供了依据。管理评审是组织的最高管理者，对职业健康安全管理体系所做的定期评审，目的是确保体系的持续适用性、充分性和有效性，最终达到持续改进的目的。OHSMS 的特征有：系统性特征；先进性特征；动态性特征；预防性特征；全过程控制的特征。OHSMS 的运行特点有：体系实施的起点是领导的承诺和重视；体系实施的核心是持续改进；体系实施的重点是作业风险防范，体系实施的准绳是法律、法规、标准和相关要求；体系实施的关键是过程控制；体系实施的依据是程序化、文件化管理；综合管理与一体化特征；功能特征。

四、HSE 管理体系的要素

HSE 是健康、安全、环境管理模式的简称，起源于壳牌石油公司为代表的国际石油行业。为了有效地推动我国石油天然气工业的职业安全卫生管理体系工作，使健康、安全、环境的管理模式符合国际通行的惯例，提高石油工业生产与健康、安全、环境管理水平，提高国内石油企业在国际上的竞争能力。我国 1997 年 6 月 27 日颁布了《石油天然气工业健康、安全与环境管理体系》（SY/T 6276—1997）标准。使 HSE 管理模式在我国的石油天然气行业得到了推广，同时也对我国各行业的工业安全管理产生了影响。HSE 管理模式是一项关于企业内部职业安全卫生管理体系的建立、实施和审核的通用性管理模式。主要用于各种组织通过经常化和规范化的管理活动实现健康、安全与环境管理的目标，目的在于指导、组织、建立和维护一个符合要求的职业安全卫生管理体系，再通过不断的评价、评审和体系审核活动，推动这个体系的有效运行，达到职业安全卫生管理水平不断提高的目的。HSE 管理模式既是组织建立和维护职业安全卫生管理体系的指南，又是进行职业安全卫生管理体系审核的规范及标准，体系由 7 个一级要素和25 个二级要素构成。

五、典型企业安全管理模式

（一）国外典型企业安全管理模式

1. 壳牌公司的 HSE 管理体系

荷兰壳牌公司集团（以下简称壳牌公司）是世界上四大石油跨国公司之一，该公司拥有员工大约 43000 人。1984 年以前尽管也重视 HSE 管理，但是效果不佳，后来该公司学习了美国杜邦公司先进的 HSE 管理经验，分析了以前 HSE 管理效果差的原因，吸取教训，取得了明显的成效。目前，该公司的 HSE 管理水平堪称世界一流，在中国境内的分支机构，HSE 管理方面的要求最为严格。

2. 挪威国家石油公司的"零"思维模式

挪威国家石油公司是属于挪威国家所有的公司，现有员工 18000 人，拥有 120 名 HSE 专家，HSE 部门是一个咨询机构，具有一定的独立性。在 HSE 管理方面，挪威国家石油公司采取"零"思维模式，即"零事故、零伤害、零损失"，并且将其置于挪威国家石油公司企业文化的显著位置。"零事故、零伤害、零损失"的意思是：无伤害、无职业病、无废气排放、无火灾或气体泄漏、无财产损失。由以上事故造成的意外伤害和损失是完全不允许的，所有事故和伤害都是可以避免的，所以，公司不会给任何一个部门发生这些事故的"限额"或者"预算"的余地。

3. 斯伦贝谢的 QHSE 管理体系

斯伦贝谢（Schlumberger）公司是全球最大的油田技术服务公司。一个好的管理体系不该将质量、健康、安全和环境分割，而是把这几项内容融入到每天的商业活动中。斯伦贝谢相信其综合的、可行的 QHSE 管理体系融合到生产线中是一个"最好的商业实践"。一个好的 QHSE 管理体系通过预先找到问题并采取措施预防问题来降低风险。而一个极好的 QHSE 管理体系可以创造价值并带来增长，这是通过认可新的商务机会、实施持续的改进和有创造性的解决办法来达到的。

4. 埃克森美孚公司整体运作管理体系（OIMS）

埃克森美孚公司是世界上最大的跨国石油公司之一，总部设在美国得克萨斯州爱文市，是世界第一大炼油商、润滑油基础油生产商及成品润滑油的主要生产商。20 世纪 90 年代中期，公司采用 OIMS 以后，埃克森美孚公司的事故发生率锐减。OIMS 的 4 项指导原则是安全原则、健康原则、环保原则与产品安全原则，该体系使用"事故时间损耗率（Lost-Time Incident Rate）"这一指标来评估员工的安全生产，考察的对象是员工因工作导致的疾病和工伤所耽误的工时，评估的基准是 20 万个工时，相当于 100 名员工每周工作 40 小时、持续工作一年。2000 年以来，埃克森美孚公司的事故时间损耗率平均每年下降 22% 左右，可见该指标在事故管理和控制方面是非常科学和有效的。埃克森美孚公司还有一套适用紧急情况的应急管理体系（Security Management System），该系统更注重于在社会震荡等不可抗拒事件发生时，在恶劣环境下保护企业生产设备和工作人员人身安全。

5. 雪佛龙公司环境和社会影响评估管理体系（ESIA）

雪佛龙公司是美国第二大石油公司，也是最具国际竞争力的大型能源公司之一，总部设在美国加利福尼亚州旧金山市，业务遍及全球 180 个国家和地区。ESIA 管理体系是雪佛龙公司 HSE 管理体系的重要特色。ESIA 程序被用来预测和评价新项目的潜在环保风险，以及项目公司如何采取管理措施来削减和控制危害。当有特殊法律要求或在环保问题敏感地带动工时，雪佛龙公司都会采用 ESIA 程序。通常情况下，下属分公司在 ESIA 中的表现将成为政府机构、当地社区和公司股东决定项目审批的关键。2002 年，雪佛龙公司在尼日利亚德尔塔州的 Escravos 液化气设备项目和西非天然气管线项目中就采用了 ESIA 程序，由于事先对可能出现的环保问题进行了预测和评价，使得项目设计得到了及时的修正，承包商也被要求预先提出解决方案，从而避免了可能出现的负面影响。

6. BP 公司的安全黄金定律

BP 公司是世界上最大的石油石化公司之一，总部设在英国伦敦，BP 公司的近 11 万名员工遍布全世界，在百余个国家从事生产和经营活动。BP 公司把环保理念作为公司核心价值观之一，生产经营过程的每一个环节都充分考虑环保。BP 公司的 HSE 基本理念是不发生事故，不造成人员伤害，不破坏环境。BP 公司承诺：不管在何处，为了 BP 工作的每一个人都有责任做好 HSE 工作。优良的 HSE 业绩、全体员工的健康劳动和人身安全，与企业的成功息息相关。BP 公司的 HSE 管理体系包括详细的安全操作手册，其中最重要的内容就是其"安全黄金定律"，黄金定律涵盖以下 8 个方面：工作许可、高空作业、能源隔离、受限空间作业、吊运操作、变更管理、车辆安全和动土工程。黄金定律能够提供最基本的安全指导，包括作业过程中可能存在的风险及相应的防范措施，必需的检查事项，以及从长期实践中提炼出的推荐做法等，BP 公司要求每一位员工都要熟知其黄金定律，并且随时随地坚持高标准地遵循这些定律。

7. 日本 5S 管理体系

5S 起源于日本，是指在生产现场中对人员、机械、材料、方法等生产要素进行有效的管理，这是日本企业独特的一种管理办法。5S 是日文 SEIRI（整理）、SEITON（整顿）、SEISO（清扫）、SEIKETSU（清洁）、SHITSUKE（素养）这五个单词的统称。

（1）整理（SEIRI）。整理就是把要和不要的东西彻底分开，它是改善生产现场的第一步。要的东西摆在指定位置挂牌明示，实行目标管理；不要的东西则坚决处理掉。这些被处理掉的东西包括原辅材料、半成品和成品、设备仪器、工模夹具、管理文件、表册单据等。整理的目的是：改善和增加作业面积；现场无杂物，行道通畅，提高工作效率；减少磕碰的机会，保障安全，提高质量；消除管理上的混放、混料等差错事故；有利于最大限度地减少库存，节约资金；改变作风，提高工作情绪。

（2）整顿（SEITON）。整顿就是人和物放置方法的标准化，是研究提高效率方面的科学。整顿的关键是做到定位、定品、定量，除必需物品放在能够立即取到的位置外，一切乱堆乱放、暂时不需放置而又无特别说明的东西，均应受到现场管理的责任追究。抓住了这三个要点，就可以制作看版，做到目视管理，从而提炼出适合本企业的东西放置方法，进而使该方法标准化。整顿的目的是建立快速的流程系统，并严格遵照执行。

（3）清扫（SEISO）。就是将工作场所、环境、仪器设备、材料、工模夹量具等的灰尘、污垢、碎屑、泥砂等脏东西清扫抹拭干净，设备异常时马上维修，使之恢复正常。创造一个一尘不染的环境，所有人员都应一起来执行这个工作。清扫活动的重点是必须确定清扫对象、清扫人员、清扫方法，准备清扫器具，实施清扫步骤，并定期实施。

（4）清洁（SEIKETSU）。清洁就是在整理、整顿、清扫之后的日常维持活动，即形成制度和习惯。清洁，是对前三项活动的坚持和深入。这一管理手段要求每位员工随时检讨和确认自己的工作区域内有无不良现象。清洁活动的目的是：作业环境不仅要整齐，而且要做到清洁卫生，保证工人身体健康，提高工人劳动热情；不仅物品要清洁，而且工人本身也要做到清洁，如工作服要清洁，仪表要整洁；工人不仅要做到形体上的清洁，而且要做到精神上的"清洁"，待人要讲礼貌、要尊重别人；要使环境不受污染，进一步消除混浊的空气、粉尘、噪声和污染源，消灭职业病。

（5）素养（SHITSUKE）。素养就是提高人的素质，就是养成严格执行各种规章制度、工作程序和各项作业标准的良好习惯和作风，培养全体员工良好组织纪律和敬业精神，这是活动的核心。没有人员素质的提高，各项活动就不能顺利开展，开展了也坚持不了，所以抓管理，要始终着眼于提高人员的素质。每一位员工都应该自觉养成遵守规章制度、工作纪律的习惯，努力创造一个具有良好氛围的工作场所。管理始于素质，也终于素质。

（二）国内典型企业安全管理模式

国内企业集团对安全管理都相当重视，尤其是石油、化工、电力、冶金、煤炭等行业更是视其为企业生存的根本。各企业在长期的安全管理工作实践中都摸索出了一系列行之有效的管理办法，形成了一套自己的安全管理模式。下面就对这些安全管理模式作简要的介绍和分析。

1. 金川"五阶段"安全文化管控集成模式

2009年，金川集团研究构建了金川"五阶段"安全文化管控集成模式。将人、机、环、管理四要素本质安全化程度、匹配化程度和管控程度或可控程度分成五级，按"五阶段"建设而形成了一套安全思维和安全行为模式，简称为金川模式。

金川模式由企业安全文化四层次4个"五阶段"、五大专业化安全管控匹配化5个"五阶段"和风险管控4个"五阶段"共13个"五阶段"构成，目标主要是提升管控级别，降低伤害程度，实现零伤害。13个模块分别是安全理念文化创建模块、安全制度文化创建模块、安全物质文化创建模块、安全行为文化创建模块、生产组织安全管控匹配化建设模块、设备设施安全管控匹配化建设模块、工艺系统安全管控匹配化建设模块、员工塑培模块、项目建设安全管控匹配化建设模块、人机环匹配化建设模块、安全标准化建设模块、零伤害创建模块、关键要害岗位管控模块。

2. 中国石油的 HSE 管理体系

整体框架可以概括为：一个上下保持一致的 HSE 承诺；一套 HSE 标准；追求"零事故、零伤害、零污染"的总体目标。

中国石油 HSE 管理通过多年运行逐渐形成了两大特色：一是两个层面的运行模式，HSE 管理方案和 HSE "两书一表"；二是监管两条线的执行模式，管理、监督相对分离的 HSE 监督机制。通过几年来的探索与实践，中国石油的 HSE 管理体系实现了从"文件化管理"到"风险管理"，又从风险管理上升为自我约束、自己设定目标和自我持续改进的"卓越管理"。中国石油目前在中国石油网上专门开辟了 HSE 专栏，对外公布中国石油的 HSE 承诺、方针和目标，加强了内外部的信息交流，同时逐步落实与国际接轨的 KPIs 考核机制，在原来试点推行百万工时统计基础上，对国外业务、主要生产和技术服务队伍以及采取项目运作管理方式的单位，按照国际接轨的业绩指标进行统计和考核。

3. 中国石化的 HSE 管理体系

中国石化于1998年建立 HSE 管理体系。2001年4月4日，中国石化向全社会发布 HSE 标准，并在中国石化系统内部进行推广运用。中国石化在体系整合、工艺安全管理和行为安全管理方面做了大量研究，目前正在实施"我要安全"活动。

（1）体系整合。目前世界上存在着多个管理体系标准，如国际标准化组织的9000质量管理体系、14000环境管理体系，另外还有 HSE 管理体系和一些国家及地区制定的职业健康和安全管理体系。这些管理体系在促进企业质量、健康、安全与环境等方面规范化管理中的确起了很好的作用。但是多体系的存在也产生了一些问题，因为这些体系相互平行，各司其职。不同体系的文件实施方法和审核过程互有差异，这不但给体系的运行带来许多困难，而且也降低了体系应有的作用。通过对体系进行整合，能为企业建立一体化的质量、健康、安全与环境（QHSE）管理体系，集中为质量、健康、安全与环境管理4个方面配置资源，降低生产成本，使工作更加的系统化、规范化，持续改进企业的生产业绩。

（2）工艺安全管理和行为安全管理的研究。工艺安全危害可能导致重大的危险物质泄漏和 / 或火灾爆炸事故，具有灾难性的后果，会造成更多的人员伤亡，大量的经济、财产损失和环境损害。建立了工艺安全管理系统，能够有效预防事故发生。目前中国石化的工艺安全管理的研究主要侧重于装置开停车、工艺危害分析、装置的检维修等方面的研究。行为安全管理的研究主要侧重深化承包商的管理、推行"我要安全"主题活动等。中国石化安全工程研究院为"我要安全"活动编写教材（我要安全活动教材）、提供一个指南（我要安全指南）和策划 3 个具体工具（说出心里话、安全五分钟、HSE 观察），为"我要安全"活动提供技术支撑。

4. 宝钢集团的"FPBTC"安全管理模式

宝钢集团的安全管理模式是在吸收了日本新日铁公司和国内外安全管理有关经验的基础上，结合自身的实践和对安全工作的研究，取得了发展后初步定型的。

该模式简写为"FPBTC"，其具体含义是：F，First aim（一流目标）；P，Two Pillars（二根支柱）；B，Three Bases（三个基础）；T，Total Control（四全管理）；C，Counter measure（五项对策）。一流目标即事故数为零；二根支柱即以生产线自主安全管理，安全生产质量一体化管理为支柱；三个基础即以安全标准化作业、作业长为中心的班组建设、设备点检定修为基加；四全管理即全员、全面、全过程以及全方位的管理；五项对策即综合安全管理、安全检查、危险源评价与检测、安全信息网络、现代化管理方法。

第四章 施工作业安全控制

第一节 基坑支护安全控制技术

近年来随着我国经济建设和城市建设的快速发展，地下工程越来越多。高层建筑的多层地下室、地铁车站、地下车库、地下商场、地下仓库与地下人防工程等施工时都需开挖较深的基坑，有的高层建筑多层地下室平面面积达数万平方米，深度有的达26.68m，施工难度较大。

大量深基坑工程的出现，促进了设计计算理论的提高和施工工艺的发展，通过大量的工程实践和科学研究，逐步地形成了基坑工程这一新的学科，它涉及多个学科，是土木工程领域内目前发展最迅速的学科之一，也是工程实践要求最迫切的学科之一。对基坑工程进行正确的设计和施工，能带来巨大的经济和社会效益，对加快工程进度和保护周围环境能发挥重要作用。

一、基坑工程安全技术要求

基坑开挖的施工工艺一般有两种：放坡开挖（无支护开挖）和在支护体系保护下开挖（有支护开挖）。前者既简单又经济，当空旷地区或周围环境允许时，在能保证边坡稳定的条件下应优先选用。但是在城市中心地带、建筑物稠密地区，往往不具备放坡开挖的条件。因为放坡开挖需要基坑平面以外有足够的空间供放坡之用，比如在此空间内存在邻近建（构）筑物基础、地下管线、运输道路等，都不允许放坡，此时就只能采用在支护结构保护下进行垂直开挖的施工方法。对支护结构的要求是创造条件便于基坑土方的开挖，但在建（构）筑物稠密地区更重要的是保护周围的环境。

基坑土方的开挖是基坑工程的一个重要内容，基坑土方如何组织开挖，不但影响工期、造价，而且还影响支护结构的安全和变形值，直接影响了环境的保护。为此，对较大的基坑工程一定要编制较详细的土方工程的施工方案，确定挖土的机械、挖土的工况、挖土的顺序、土方外运方法等。

在软土地区地下水位往往较高，采用的支护结构一般要求降水或挡水。在开挖基坑土方过程中，坑外的地下水在支护结构阻挡下，一般不会进入坑内，但如土质含水量过高、土质松软，挖土机械下坑挖土和浇筑围护墙的支撑有一定的困难。此外，在围护墙的被动土压力区，通过降低地下水位还能使土体产生固结，有利于提高被动土压力，从而减少支护结构的变形。所以在软土地区对深度较大的大型基坑，在坑内都进行降低地下水位，以便基坑土方开挖和有利于保护环境。

支护结构的计算理论和计算手段，近年虽有很大提高，但由于影响支护结构的因素众多，土质的物理力学性能、计算假定、土方开挖方式、降水质量、气候因素等都会对其产生影响。因此其内力和变形的计算值与实测值往往存在一定差距。为有利于信息化施工，在基坑土方开挖过程中，随时掌握支护结构内力和变形的发展情况、地下水位的变化、基坑周围保护对象（邻近的地下管线、建筑物基础、运输道路等）的变形情况，对重要的基坑工程都要进行工程监测，它亦成为基坑工程的内容之一。为此，基坑工程包括勘测、支护结构的设计和施工、基坑土方工程的开挖和运输、控制了地下水位、基坑土方开挖过程中的工程监测和环境保护等。

二、基坑工程的设计原则与基坑安全等级

（一）基坑支护结构的极限状态

根据中华人民共和国行业标准《建筑基坑支护技术规程》（JGJ 120—2012）的规定，基坑支护结构应采用以分项系数表示的极限状态设计方法进行设计。

基坑支护结构的极限状态，可以分为下列两类：

1. 承载能力极限状态

（1）支护结构构件或连接因超过材料强度而破坏，或者因过度变形而不适于继续承受荷载或出现压屈、局部失稳。

（2）支护结构及土体整体滑动。

（3）坑底土体隆起而丧失稳定。

（4）对支挡式结构，坑底土体丧失嵌固能力而使支护结构推移或倾覆。

（5）对拉锚式支挡结构或土钉墙，土体丧失对锚杆或土钉的锚固能力。

（6）重力式水泥土墙整体倾覆或滑移。

（7）重力式水泥土墙、支挡式结构因其持力土层丧失承载能力而破坏。

（8）地下水渗流引起的土体渗透破坏。

这种极限状态，对应于支护结构达到最大承载能力或土体失稳、过大变形导致支护结构或基坑周边环境破坏。

2. 正常使用极限状态

（1）造成基坑周边建（构）筑物、地下管线、道路等损坏或影响其正常使用的支护结构位移。

（2）因地下水位下降、地下水渗流或施工因素而造成基坑周边建（构）筑物、地下管线、道路等损坏或者影响其正常使用的土体变形。

（3）影响主体地下结构正常施工的支护结构位移。

（4）影响主体地下结构正常施工的地下水渗流。

这种极限状态，对应于支护结构的变形已妨碍地下结构施工，或影响基坑周边环境的正常使用功能。

基坑支护结构均应进行承载能力极限状态的计算，对安全等级为一级及对支护结构变形有限定的二级建筑基坑侧壁，尚应对基坑周边环境及支护结构变形进行验算。

（二）基坑支护结构的安全等级

1.《建筑基坑支护技术规程》（JGJ 120—2012）规定，其支护结构的安全等级分为三级。

2. 支护结构设计，应考虑其结构水平变形、地下水的变化对周边环境的水平与竖向变形的影响。对于安全等级为一级的和对周边环境变形有限定要求的二级建筑基坑侧壁，应根据周边环境的重要性，对于变形适应能力和土的性质等因素，确定支护结构的水平变形限值。

3. 当地下水位较高时，应根据基坑及周边区域的工程地质条件、水文地质条件、周边环境情况和支护结构形式等因素，确定地下水的控制方法。当基坑周围有地表水汇流、排泄或地下水管渗漏时，应对基坑采取妥善保护措施。

4. 对于安全等级为一级及对支护结构变形有限定的二级建筑基坑侧壁，应对基坑周边环境及支护结构变形进行验算。

5. 基坑工程分级的标准，各种规定和各地不尽相同，各地区、各城市应根据自己的特点和要求作相应规定，以便进行岩土勘察、支护结构设计和审查基坑工程施工方案等。

位于地铁、隧道等大型地下设施安全保护区范围内的基坑工程，及城市生命线工程或对位移有特殊要求的精密仪器使用场所附近的基坑工程，应遵照有关的专门文件或规定执行。

第二节　模板工程安全控制技术

混凝土结构的模板工程，是混凝土构件成型的一个十分重要的组成部分。现浇混凝土结构使用的模板工程造价约占钢筋混凝土工程总造价的30%，总用工量的50%。因此，采用先进的模板技术，对于提高工程质量、加快施工速度、提高劳动生产率、降低工程成本和实现文明施工，都具有十分重要的意义。

一、模板安装工程

（一）模板安装工程质量控制

1. 材料质量要求

混凝土结构模板有木楼板、钢模板、铝合金模板、木胶合板模板、竹胶合板模板、塑料和玻璃钢模板等。常用的模板主要有木模板、钢模板、竹胶合板模板以及钢模板等。

（1）木模板的材质不宜低于Ⅲ等材，其含水率应不小于25%。平板模板宜用定型模板铺设，其底端要支撑牢固。模板安装尽量做到构造简单，装拆方便。木模板在拼制时板边应找平刨直，接缝严密，不得漏浆。模板安装硬件应具有足够的强度、刚度及稳定性。当为清水混凝土时，板面应刨光。

（2）组合钢模板由钢模板、连接件和支承件组成。

①钢模板配板要求：配板时宜选用大规格的钢模极为主板，使用的种类应尽量少；应根据模面的形状和几何尺寸及支撑形式决定配板；模板长向拼接应错开配制尽量采用横排或竖排，并利于支撑系统布置。预埋件和预留孔洞的位置应在配板图上标明并注明固定方法。

②连接件有U形卡、L形插销、紧固螺栓、钩头螺栓、对拉螺栓以及扣件等，应满足配套使用、装拆方便、操作安全的要求，使用前应检查质量合格证明。连接件的容许拉力、容许荷载应满足要求。

③支承件有木支架和钢支架两种，必须有足够强度、刚度和稳定性，支架应能承受新浇筑混凝土的质量、模板质量、侧压力以及施工荷载。其质量应符合有关标准的规定，并应检查质量合格证明。

④钢模板采用Q235钢材制成，钢板厚度为2.5 mm，对大于等于400 mm的宽面钢模板的钢板厚度应为2.75 mm或3.0 mm。

（3）应选用无变质、厚度均匀、含水率小的竹胶合板模板，并优先采用防水胶质型。

（4）不得采用影响结构性能或妨碍装饰工程施工的隔离剂，严禁使用废机油作隔离剂。常用的隔离剂有皂液、滑石粉、石灰水及其混合液和各种专门化学制品（如脱模剂）等。脱模剂材料宜拌成黏稠状，并且涂刷均匀，不得流淌。

2. 模板安装工程施工质量控制

（1）模板及其支架应根据工程结构形式、荷载大小、地基土类别、施工设备和材料供应等条件进行设计。模板及其支架应具有足够的承载能力、刚度和稳定性，能可靠地承受浇筑混凝土的重量、侧压力以及施工荷载。

（2）一般情况下，模板自下而上地安装。在安装过程中要注意模板的稳定，可设置临时支撑稳住模板，待安装完毕且校正无误后方可将其固定牢固。

（3）安装过程中要多检查，注意垂直度、中心线、标高及各部分的尺寸，保证结构部分的几何尺寸和相对位置正确。

（4）墙柱模板安装时应先弹好建筑轴线、楼层的墙身线、门窗洞口位置线及标高线。施工过程中应随时检查测量、放样、弹线工作是否按施工技术方案进行，并进行复核记录。

（5）模板应涂刷隔离剂。涂刷隔离剂时，应选取适宜的隔离剂品种，注意不要使用影响结构或妨碍装饰装修工程施工的油性隔离剂。同时由于隔离剂污染钢筋和混凝土接槎处可能对混凝土结构受力性能造成了明显的不利影响，在涂刷模板隔离剂时，不得污染钢筋和混凝土接槎处，并应随时全数认真检查。

（6）模板的接缝不应漏浆。模板漏浆，会造成混凝土外观蜂窝麻面直接影响混凝土质量。因此无论采用何种材料制作模板，其接缝都应严密，不漏浆。采用木模板时，由于木材吸水会胀缩，故木模板安装时的接缝不宜过于严密。安装完成后应浇水湿润，使木板接缝闭合。浇水时湿润即可，模板内不应积水。

（7）模板安装完后，应检查梁、柱、板交叉处，楼梯间墙面间隙接缝处等，防止有漏浆、错台现象。办理完模板工程预检验收，方准浇筑混凝土。

（8）模板安装和浇筑混凝土时，应对模板及其支架进行观察与维护。发生异常情况时，应按施工技术方案及时进行处理。模板及其支架拆除的顺序及安全措施应按施工技术方案执行。

（二）工程质量通病及防治措施

1. 采用易变形的木材制作模板，模板拼缝不严

（1）质量通病。采用易变形木材制作的模板，因其材质软、吸水率高，混凝土浇捣后模板变形较大，混凝土容易产生裂缝，表面毛糙。模板与支撑面结合不严或者模板拼缝处没抛光的，拼缝处易漏浆，混凝土容易产生蜂窝、裂缝或者"砂线"。

（2）防治措施。采用木材制作模板，应选用质地坚硬的木料，不宜使用黄花松木或其他易变形的木材制作模板。模板拼缝应刨光拼严，模板与支撑面应贴紧，缝隙处可用薄海绵封贴或批嵌纸筋灰等嵌缝材料，使其不漏浆。

2.竖向混凝土构件的模板安装未吊垂线检查垂直度

（1）质量通病。墙体、立柱等竖向构件模板安装后，如不经过垂直度校正，各层垂直度累积偏差过大将造成构筑物向一侧倾斜；各层垂直度累积偏差不大，但相互间相对偏差较大，也将导致混凝土实测质量不合格，且给面层装饰找平带来困难和隐患。局部外倾部位如需凿除，可能危及结构安全及露出结构钢筋，造成受力不利及钢筋易锈蚀；局部内倾部位如需补足粉刷，则粉刷层过厚会造成起壳等隐患。

（2）防治措施。竖向构件每层施工模板安装后，均须在立面内外侧用线坠吊测垂直度，并校正模板垂直度在允许偏差范围内。在每施工一定层次后须从顶到底统一吊垂线检查垂直度，从而控制整体垂直度在一定允许偏差范围内，如发现墙体有向一侧倾斜的趋势，应立即加以纠正。

对每层模板垂直度校正后须及时加设支撑牢固，以防止浇捣混凝土过程中模板受力后再次发生偏位。

3.封闭或竖向模板无排气孔、浇捣孔

（1）质量通病。由于封闭或竖向的模板无排气孔，混凝土表面易出现气孔等缺陷，高柱、高墙模板未留浇捣孔，易出现混凝土浇捣不实或者空洞现象。

（2）防治措施。墙体的大型预留洞口（门窗洞等）底模应开设排气孔，使混凝土浇筑时气泡及时排出，确保混凝土浇筑密实。高柱、高墙（超过3m）侧模要开设浇捣孔，方便于混凝土浇筑和振捣。

二、模板拆除工程

（一）模板拆除工程施工过程质量控制

（1）模板及其支架的拆除时间和顺序应事先在施工技术方案中确定，拆模必须按拆模顺序进行，一般是后支的先拆，先支的后拆；先拆非承重部分，后拆承重部分。重大复杂的模板拆除，按专门制定的拆模方案执行。

（2）拆模时不要用力过猛过急，拆下来的模板和支撑用料要及时运走、整理。

（3）现浇楼板采用早拆模施工时，经理论计算复核后将大跨度楼板改成支模形式为小跨度楼板（≤2m）；浇筑的楼板混凝土实际强度达到50%的设计强度标准值时，可拆除模板，保留支架，严禁调换支架。

（4）多层建筑施工，当上层楼板正在浇筑混凝土时，下一层楼板的模板支架不得拆除，再下一层楼板的支架，仅可拆除一部分；跨度4m及4m以上的梁下均应保留支架，其间距不得大于3m。

（5）高层建筑梁、板模板，完成一层结构，其底模及其支架的拆除时间控制，应对所用混凝土的强度发展情况，分层进行核算，以确保下层梁及楼板混凝土能承受上层全部荷载。

（6）拆除前应先清理脚手架上的垃圾杂物，再拆除连接杆件，经检查安全可靠后方可按顺序拆除模板。拆除时要有统一指挥、专人监护，设置警戒区，防止交叉作业，拆下物品及时清运、整修、保养。

（7）后张法预应力结构构件，侧模宜在预应力张拉前拆除；底模及支架的拆除应按施工技术方案，当无具体要求时，应在结构构件建立预应力之后拆除。

（8）后浇带模板的拆除和支顶方法应按施工技术方案执行。

（二）工程质量通病及防治措施

（1）质量通病。由于现场使用急于周转模板，或者因为不了解混凝土构件拆模时所应遵守的强度和时间龄期要求，不按施工方案要求，过早地将混凝土强度等级和龄期还没有达到设计要求的构件底模拆除，此时混凝土还不能承受全部使用荷载或施工荷载，造成构件出现裂缝甚至破坏，严重至坍塌的质量事故。

（2）防治措施。防治措施如下：

①应在施工组织设计、施工方案中明确考虑施工工序安排、进度计划和模板安装及拆除要求。拆模一定要严格按施工组织方案要求落实，满足一定的工艺时间间歇要求。同时施工现场应落实拆模令，即拆除重要混凝土结构件的模板必须由现场施工员提出申请，技术员签字把关。

②现场可以制作混凝土试块，并和现浇混凝土构件同条件养护，当到达施工组织方案规定拆模时间时进行抗压强度试验，以检查现场混凝土是否已达到了拆模要求的强度标准。

③施工现场交底要明确，不能使操作人员处于不了解拆模要求的状况。

④按照施工组织方案配备足够数量的模板，不能因为模板周转数量少而影响施工工期或提早拆模。

第三节 "三宝""四口"防护

建筑安全工程中所谓的"三宝"是指安全帽、安全带、安全网。

一、安全帽

安全帽是防止冲击物伤害头部的防护用品，由帽壳、帽衬、下颏带和后箍组成。帽壳呈半球形，坚固、光滑并有一定的弹性，打击物的冲击和穿刺动能主要由帽壳承受。帽壳和帽衬之间留有一定空间，可缓冲、分散瞬时冲击力，从而避免或减轻对头部的直接伤害。冲击吸收性能、耐穿刺性能、侧向刚性、电绝缘性以及阻燃性是对安全帽基本技术性能的要求。矿工和地下工程人员等用来保护头顶而戴的是钢制或类似原料制成的浅圆顶帽子。

工人们在工业生产环境中戴的通常是金属或加强塑料制成的轻型保护头盔，用以保护头部，免受坠落物件的伤害。

（一）安全帽的特点

1. 透气性良好的轻型低危险安全帽

通风好，质轻，为佩戴者提供全面的舒适性。

2. 安全帽的防护作用

当作业人员头部受到坠落物的冲击时，安全帽帽壳、帽衬在瞬间先将冲击力分解到头盖骨的整个面积上，然后安全帽各部位缓冲结构发生弹性变形、塑性变形和允许的结构破坏将大部分冲击力吸收，使最后作用到人员头部的冲击力降低到了4900N以下，从而起到保护作业人员头部的作用。安全帽的帽壳材料对安全帽整体抗击性能起着重要的作用。

（二）安全帽的结构形式要求

1.帽壳顶部应加强

（1）可以制成光顶或有筋结构。

（2）帽壳制成无沿、有沿或卷边。

2.塑料帽衬应制成有后箍的结构，能自由调节帽箍大小（分抽拉调节、按钮调节、旋钮调节等）。

3.无后箍帽衬的下颏带制成"Y"形有后箍的，允许制成单根。

4.接触头前额部的帽箍，要透气、吸汗。

5.帽箍周围的衬垫，可以制成条形或块状，并且留有空间使空气流通。

6.安全帽生产厂家必须严格按照 GB 2811—2007 国家标准进行生产。

7.Y 类安全帽不允许侧压，因为 Y 类安全帽只是防止由上到下的直线冲击所造成的伤害，不能防止由侧面带来的压力的伤害。

（三）安全帽的采购、监督和管理

1.安全帽的采购

企业必须购买有产品检验合格证的产品，购入的产品经验收后，方准使用。

2.安全帽不应贮存在酸、碱、高温、日晒及潮湿等处所，更不可和硬物放在一起。

3.安全帽的使用期

（1）从产品制造完成之日起计算。

（2）植物枝条编织帽不超过两年。

（3）塑料帽、纸胶帽不超过两年半。

（4）玻璃钢（维纶钢）橡胶帽不超过三年半。

4.企业安技部门根据规定对于到期的安全帽要进行抽查测试,合格后方可继续使用。以后每年抽验一次，抽验不合格则该批安全帽即应报废。

5.省、市劳动局主管部门对到期的安全帽要监督并督促企业安全技术部门进行检验，合格后方可使用。

（四）安全帽的标志和包装

1.每顶安全帽应有以下四项永久性标志。

（1）制造厂名称、商标以及型号。

（2）制造年、月。

（3）生产合格证和验证。

（4）生产许可证编号。

2.安全帽出厂装箱时，应将每顶帽用纸或塑料薄膜做衬垫包好后放入纸箱内。装入箱中的安全帽必须是成品。

3.箱上应注有产品名称、数量、重量、体积和其他注意事项等标记。

4.每箱安全帽均要附说明书。

5.安全帽上如标有"D"标记，是表示具有绝缘性能的安全帽。

（五）安全帽的分类

安全帽产品按用途分为一般作业类（Y类）安全帽和特殊作业类（T类）安全帽两大类，其中T类中又分成五类：

T1类适用于有火源的作业场所。

T2类适用于井下、隧道、地下工程以及采伐等作业场所。

T3类适用于易燃易爆作业场所。

T4（绝缘）类适用于带电作业场所。

T5（低温）类适用于低温作业场所。

每种安全帽都具有一定的技术性能指标和适用范围，消费者要根据所使用的行业和作业环境选用安全帽。比如，建筑行业一般选用Y类安全帽；在电力行业，因接触电网和电器设备，应选用T4（绝缘）类安全帽；在易燃易爆的环境中作业，应选择T3类安全帽。

安全帽颜色的选择随意性比较大，一般以浅色或醒目的颜色为宜，如白色、浅黄色等，也可以按有关规定的要求选用，遵循安全心理学的原则选用，按部门区分来选用，按作业场所和环境来选用。

（六）各类安全帽应用范围

1.玻璃钢安全帽

主要用于冶金高温作业场所、油田钻井、森林采伐、供电线路、高层建筑施工及寒冷地区施工。

2.聚碳酸酯塑料安全帽

主要用于油田钻井、森林采伐、供电线路、建筑施工等作业使用。

3. ABS 塑料安全帽

主要用于采矿、机械工业等冲击强度高的室内常温作业场所。

4. 超高分子聚乙烯塑料安全帽

适用范围较广，如冶金化工、矿山、建筑、机械、电力、交通运输、林业和地质等作业的工种均可使用。

5. 改性聚丙烯塑料安全帽

主要用于冶金、建筑、森林、电力、矿山、井上以及交通运输等作业的工种。

6. 胶质矿工安全帽

主要用于煤矿、井下、隧道、涵洞等场所的作业。佩戴时，不设下颚系带。

7. 塑料矿工安全帽

产品性能除耐高温大于胶质矿工帽外，其他性能与胶质矿工帽基本相同。

8. 防寒安全帽

适于寒冷地区冬季野外和露天作业人员使用，比如矿山开采、地质钻探、林业采伐、建筑施工和港口装卸搬运等作业。

9. 纸胶安全帽

适用于户外作业，防太阳辐射、风沙和雨淋。

10. 竹编安全帽

主要用来冶金、建筑、林业、矿山、码头及交通运输等作业的工种。

11. 其他编织安全帽

适于南方炎热地区而无明火的作业场所使用。

（七）规格要求

1. 垂直间距

按规定条件测量，其值应在 25 ~ 50mm。

2. 水平间距

按规定条件测量，其值应在 5 ~ 20mm。

3. 佩戴高度

按规定条件测量，其值应在 80 ~ 90mm。

4. 帽箍尺寸

分下列三个号码

（1）小号：51 ~ 56cm。

（2）中号：57 ~ 60cm。

（3）大号：61 ~ 64cm。

5. 质量

一顶完整的安全帽，质量应尽可能减轻，不应超过 400g。

6. 帽沿尺寸

最小 10mm，最大 35mm。

7. 帽沿倾斜度

以 20°～60° 为宜。

8. 通气孔

安全帽两侧可设通气孔。

9. 帽舌

最小 10mm，最大 55mm。

10. 颜色

安全帽的颜色一般以浅色或醒目的颜色为宜，比如白色、浅黄色等。

二、安全网

1. 材质

聚乙烯。

2. 网目密度

N2600 目 /100cm^2。

3. 抗冲击力

100kg 沙包从 1.5m 高度冲击的网体，冲击裂断直线长度 ≤ 200mm 或者曲线长度 ≤ 150mm。

4. 阻燃性

续燃 ≤ 4 秒，阻燃 ≤ 4 秒。

5. 型号规格

（1）密目安全立网：ML1.8×6 ML1.5×6 ML2.0×6 ML1.2×6。

（2）安全立网（小眼网）：L-1.2×6L-1.5×6 L-1.8×6L-3×6。

（3）安全网（平网）：P-3×6。

（二）特点

1. 网目密度高。普通立式安全网只有 800 目 /100cm^2，而密目安全立网网目密度高达 2000 目 /100cm^2。因而可以阻挡碎石、砖块等底部面积 100cm^2 以下物体的坠落，其安全性能远大于其他同类产品。

2. 采用直链多门结构的特殊编结方法，即由一组直链线圈和另一组贯穿三个直线链线圈的往复圈所构成的网目。其网结牢固不打滑，网目不易变形，网体尺寸稳定；牢固耐用，挺刮轻便，价格也低于普通安全网。

3.透气性好，并且不影响采光，可以实现封闭式作业，美化施工现场。

（三）用途

1.用于各种建筑工地，特别是高层建筑，可全封闭施工。

2.能有效地防止电焊火花所引起的火灾，降低噪声和灰尘污染，达到文明施工、保护环境、美化城市的效果。

3.主要用来防止人、物坠落或用来避免、减轻坠落物伤害，保护高处作业人员和行人的安全及维护工地清洁。

（四）注意事项及保养

1.避免把网拖过粗糙的表面或锐边。

2.严禁人依靠或将物品堆积压向安全网。

3.避免人跳进或把物品投入网内。

4.避免大量焊接火星或者其他火星落入安全围网。

5.避免围网周围有浓厚的酸、碱烟雾。

6.必须经常清理安全网上的附着物，保持安全网工作表面清洁。

7.当安全网受到化学品的污染或网体嵌入粗砂粒以及其他可能引起磨损的异物时，应进行冲洗，洗后自然干燥。

8.搭接处如脱开有轻微损伤，必须及时修补。

三、安全带

（一）建筑安全带

建筑安全带是防止高处坠落的安全用具。高度超过1.5m，没有其他防止坠落的措施时，必须使用安全带。使用原则为：高挂低用。

过去安全带用皮革、帆布或化纤材料制成，按国家标准现已生产了锦纶安全带。按工作情况分为：高空作业锦纶安全带、架子工用锦纶安全带、电工用锦纶安全带等种类。

安全带要正确使用，拉平，不要扭曲。三点式腰部安全带应系得尽可能低些，最好系在髋部，不要系在腰部；肩部安全带不能放在胳膊下面，应斜挂胸前。

（二）电工安全带

电工安全带是电工作业时防止坠落的安全用具。

1.安全带使用期限一般为3～5年，发现异常时应提前报废。

2.安全带的腰带与保险带、绳应有足够的机械强度，材质应有耐磨性，卡环（钩）应具有保险装置。保险带、绳使用长度在3m以上的应加缓冲器。

3.使用安全带前应进行外观检查。

（1）组件完整，无短缺，无伤残破损。

（2）绳索、编带无脆裂、断股或扭结。

（3）金属配件无裂纹，焊接无缺陷，无严重锈蚀。

（4）挂钩的钩舌咬口平整不错位，保险装置完整可靠。

（5）铆钉无明显偏位，表面平整。

4.安全带应系在牢固的物体上，禁止系挂在移动或者不牢固的物件上。不得系在棱角锋利处。安全带要高挂和平行拴挂，严禁低挂高用。

5.在杆塔上工作时，应将安全带后备保护绳系在安全牢固的构件上（带电作业视其具体任务决定是否系后备安全绳），不得失去后备保护。

（三）安全带使用要求

1.施工现场搭架、支模等高处作业均应系安全带。

2.安全带高挂低用，挂在牢固可靠处，不准将绳打结使用。安全带使用后由专人负责，存放在干燥、通风的仓库内。

3.安全带应符合（GB 6095—2009）《安全带》标准并有合格证书，生产厂家经劳动部门批准，并做好定期检验。积极推广使用可卷式安全带。

四、楼梯口、电梯井口防护

（一）楼梯口、电梯井口安全防护要求

1.楼梯口、边设置1.2m高防护栏杆和300mm高踢脚杆，杆件里侧挂密目式安全网。

2.电梯井口设置1.2-1.5m高防护栅门，其中底部180mm为踢脚板。

3.电梯井内自二层楼面起不超过二层（不大于10m）拉设一道安全平网。

4.电梯井口、楼梯口边的防护设施应形成定型化、工具化，牢固可靠，防护栏杆漆刷红白相间色。

（二）电梯井道清除垃圾安全技术

1.进入电梯井道内清除垃圾必须正确佩戴安全带。

2.清除电梯井道内垃圾要从上至下，一层一清。

3.清除电梯井道内垃圾，必须将上部电梯井口封闭，并悬挂醒目的"禁止抛物"的电梯井口安全防护的有关技术要求。

（1）要严格按照安全技术强制性标准要求设置电梯井口防护措施。电梯井口必须设防护栏杆或固定栅门，防护栏杆或者固定栅门应做到定型化、工具化，其高度在1.5m至1.8m范围内。

（2）电梯井口内必须在正负零层楼面设置首道安全网，上部每隔两层并最多每隔10m设一道安全平网，安全网的质量必须符合GB 5725—2009标准中安全平网的要求，进场必须按照有关规定进行检验。安装、拆卸电梯井内安全平网时，作业人员应按规定佩戴安全带。对楼层和屋面短边尺寸大于1.5m的孔洞，孔洞周边应设置符合要求的防

护栏杆，底部应加设安全平网。

（3）在电梯井口处要设置符合国家标准的安全警示标志；安全警示标志要醒目、明显，夜间应设置红灯示警。

（4）电梯井口的防护栏杆和门栅应以黄黑相间的条纹标示，并且按照《建筑施工高处作业安全技术规范》有关标准进行制作。

（5）电梯井口防护设施需要临时拆除或变动的，需经项目负责人和项目专职安全员签字认可，并做好拆除或变动后的安全应对措施，同时要告知现场所有作业人员；安全设施恢复后必须经项目负责人、专职安全员等有关现场管理人员检查，验收合格后方可继续使用。

（6）在施工现场进行安全生产教育时，应将电梯井口等危险场所和部位具体情况，如实告知全体作业人员，使现场作业人员了解电梯井口的危害性、危险性，熟悉掌握电梯井口坠落防范措施，避免因不熟悉作业环境，误入了电梯井口造成坠落事故的发生。

五、预留洞口坑井防护

（一）建筑施工洞口防护安全技术

1. 进入现场，必须戴好安全帽，扣好帽带，并正确使用个人劳动防护用具。

2. 悬空作业处应有牢靠的立足处，并必须视具体情况，配置防护网、栏杆或其他安全设施。

3. 悬空作业所用的索具、脚手板、吊篮、吊笼、平台等设备，均需要经过技术鉴定或检证方可使用。

4. 洞口根据具体情况采取设防护栏杆、加盖件、张挂安全网与装栅门等措施时，必须符合下列要求：

（1）楼板、屋面和平台等面上短边尺寸小于25cm但大于2.5cm的孔口，必须用坚实盖板盖严，盖板应能防止挪动移位。

（2）楼板面等处边长为25～50cm的洞口、安装预制构件时的洞口以及缺件临时形成的洞口，可用竹、木等作盖板，盖住洞口。盖板须能保持四周搁置均衡，并有固定其位置的措施。

（3）边长为50～150cm以上的洞口，必须设置以扣件扣接钢管制成的网格，并在其上满铺竹笆或脚手板。也可以采用贯穿于混凝土板内的钢筋构成防护网，钢筋网格间距不得大于20cm。

（4）边长在150cm以上的洞口，四周设防护栏杆，洞口下张设安全平网。

（5）垃圾井道和烟道，应随楼层的砌筑或安装而消除洞口，或参照预留洞口作防护。管道井施工时，除按上款办理外，还应加设明显的标志。如有临时性拆移，需经施工负责人核准，工作完毕后必须恢复防护设施。

（6）位于车辆行驶道旁的洞口、深沟与管道坑、槽，所加盖板应能承受不小于当地额定卡车后轮有效承载力 2 倍的荷载。

（7）墙面等处的竖向洞口，凡落地的洞口应加装开关式、工具式或固定的防护门，门栅网格的间距不应大于 15cm，也可采用防护栏杆，下设挡脚板（笆）。

（8）下边沿至楼板或底面低于 80cm 的窗台等竖向洞口，比如侧边落差大于 2m 时，应加设 1.2m 高的临时护栏。

（9）对邻近的人与物有坠落危险的其他竖向的孔、洞口，均应予以覆盖或加以防护，并采取固定措施。

（二）临边与洞口作业的安全防护

1. 主要规定

（1）施工现场中，工作面沿边无围护设施的，或者虽有围护设施但高度低于 800mm（低于一般人体重心高度）时，此时的高处作业称临边作业，必须设置临边防护，否则会有发生高处坠落的危险。

（2）防护栏杆的作用是防止人员在各种情况下（站立和下蹲作业）的坠落，故设上下两道横杆。其做法必须保障意外情况身体外挤时（按 1000N 外力）的构造要求。当特殊情况考虑发生人群拥挤或车辆冲击时，应单独设计加大栏杆及柱的截面。另外，当考虑作业时，可能由于人体失稳，脚部可能从栏杆下面滑出或脚手板上的钢筋、钢管、木杆等物料滚落，故规定设置挡脚板，也可采用立网封闭，防止人员或物料坠落。

（3）地面通道上部应装设安全防护棚。主要指有可能造成落物伤害的地面人员密集处。如建筑物的出入口、井架及外用电梯的地面进料口及距在建施工的建筑物较近（在落物半径范围以内）的人员通道的上方，应设置防落物伤害的防护棚。

2. 注意事项

（1）临边防护栏杆可采用立网封闭，也可采用底部设置挡脚板两种做法。当采用立网封闭时，应在底部再设置一道大横杆，将安全立网下边沿的系绳与大横杆系牢，封严下口缝隙。

（2）临边防护栏杆不能流于形式。一些工地采用截面过细的竹竿，甚至采用麻绳等材料；也有利用阳台周边栏板的钢筋代替防护栏杆，但有的高度不够，有的钢筋也未做必要的横向连接；一些框架结构的各层沿边，只设置一道大横杆，既无立网防护也无挡脚板等，极不规范，虽然做了临边防护，仍存在事故隐患。

（3）当外脚手架已采用密目网全封闭时，脚手架的各作业层仍需设置挡脚板。因脚手架的作业层宽度小，在人员作业、材料存放、材料搬运等操作过程中，与立网相碰撞的情况不会避免，设置挡脚板增加了安全度，避免将立网撞破或因立网连接不严而发生的事故。

（4）当临边防护高度低于 800mm 时，必须补设防护栏杆，否则仍有发生高处坠落的危险。

（三）实施与检查的控制

1. 实施

（1）凡在施工过程中已形成临边的作业场所，其周边要搭设临边防护后再继续施工。

（2）临边防护必须符合搭设要求，选用合格材料，符合搭设高度，且满足上下两道栏杆，或采用立网封密或在下部设挡脚板的规定。

（3）有一定的牢固性，选材及连接应符合要求。

（4）对采用外脚手架施工的建筑物，应在脚手架外排立杆用密目网封闭；对采用里脚手架施工的建筑物，应在建筑物外侧周边搭设防护架，防护架和建筑物外墙距离应不大于150mm，用密目网封闭。

（5）防护棚的搭设除应牢固外，其搭设尺寸还应满足在上方落物半径以外的要求。

2. 检查

（1）建筑物外围已用密目网封闭的同时，还应注意建筑物各楼层周边是否已设临边防护。

（2）建筑物外围已用密目网封闭的同时，还应该注意阳台等凸出部位的周边是否已设临边防护。

（3）检查各种临边防护的搭设是否符合要求，安全网封挂是否严密，安全网质量是否有合格证。

（4）检查搭设的防护棚是否具有防落物伤害的能力，包括防护棚的选用材料和搭设的防护面积。严禁在防护棚上面存放物料。

六、通道口防护

（一）通道口安全防护的一般要求

1. 在进出建筑物主体通道口、井架或物料提升机进口处、外用升降机进口处等均应搭设防护棚。棚宽大于道口，两端各长出1m，垂直长度2m，棚顶搭设两层（采取脚手片的，铺设方向应互相垂直），间距大于30cm。

2. 场地内、外道路中心线与建筑物（或外架）边缘距离分别小于5m和7.5m的，应搭设通道防护棚，棚顶搭设两层（采取脚手片的，铺设方向应互相垂直），间距大于30cm，并底层下方张挂安全网。

3. 砂浆机、拌和机和钢筋加工场地等应搭设操作简易防护棚。

4. 各类防护棚应有单独的支撑体系，固定可靠安全，严禁用毛竹搭设，且不得悬挑在外架上。

5. 底层非进入建筑物通道口的地方应采取禁止出入（通行）措施和设置禁行标志。

（二）"通道口"通病与防治措施

1. 施工现场"通道口防护"存在的主要通病

（1）建筑物出入口布设不合理。一些施工单位为节省资金投入，避开安全检查评分项目，有意识地将整幢建筑物用立网围护，不设立通道口，检查后又将立网收起作为建筑物出入口，作业人员随便出入，这样极易造成安全事故的发生。

（2）施工现场通道口的防护棚不能真正起到防护作用。材质不符合要求、搭设方法不够科学、搭设宽度和长度不符合要求等现象较为突出，同时也未能有机结合外脚手架密目式安全网的挂设进行防护。

（3）对《建筑施工安全检查标准》（JGJ 59—2011）中的"通道口防护"存在认识上的错误。检查中发现部分现场安全管理人员管理意识仍停留在旧标准上，对运输天桥等专业性较强的项目不编制安全技术措施，或安全防护措施不落实，特别是运输天桥两侧密目式立网的防护以及剪刀撑存在搭接方式不规范等现象。

（4）对架子工的安全教育不够重视，安全技术交底、班前活动等安全教育只停留在文字表述上，架子工的安全防护意识并未有真正提高；特种作业人员持证上岗、培训和再教育仍存在一定差距；部分架子工虽然年审合格，但是对新知识的掌握程度并未有相应的提高，对新标准的严格要求思想不理解。

2. 通病的防治措施

（1）因地制宜，选好建筑物的出入口。不设外用电梯（人货两用电梯）的多层建筑物至少应设有一个出入口；长度大于50m的必须有三个以上的出入口。出入口一般宜设在作业人员易出入的地方，如楼梯口等。

（2）根据建筑物的高度、体形、配合密目式安全网的挂设采取灵活多变的防护措施。须按表1-16搭设，防护宽度根据通道口宽度适当加宽。

七、阳台楼板屋面等临边防护

（一）阳台的临边防护

1. 阳台、楼板、屋面等临边应设置1.2m和0.6m两道水平杆，并在立杆里侧用密目式安全网封闭，防护栏杆漆红白相间色。

2. 防护栏杆等设施与建筑物固定拉结，确保防护设施安全可靠。

3. 阳台栏杆设计应加防儿童攀登。

4. 垂直杆件间净空不应大于0.11m。

5. 在放置花盆处，必须采取防坠落措施。

6. 高层住宅的阳台栏杆不应低于1.10m且宜采用实体栏板。

7. 采用实心栏板的理由，一是防止冷风从阳台门灌入室内，二是防止物品从栏杆缝隙处坠落伤人。

8.根据人体重心和心理要求，阳台栏杆应随建筑高度增高而增高，封闭阳台虽无这一要求，但也应满足阳台栏杆净高要求。

9.没有邻接阳台或平台的外窗窗台，如距地面净高较低，容易发生儿童坠落事故，所以当窗台距地面低于0.90m时要求采取防护措施，有效的防护高度应保证净高0.90m，距离楼（地）面0.45m以下的台面、横栏杆等容易造成了无意识攀登的可踏面，不应计入窗台净高。

（二）楼层的临边防护

1.楼层临边在施工过程中及栏杆安装前必须设置临时栏杆。

2.栏杆用钢管搭设，高度不小于1000mm，分两道设置。两端用钢管固定在混凝土柱上。

3.当防护栏杆的长度大于2000mm时，栏杆应加设立柱。

4.栏杆搭设好后，栏杆用红白油漆相间涂刷，以示醒目，同时加以标识。

5.栏杆在使用过程中严禁随意拆除。

（三）屋面临边防护要求

1.将 ϕ48×3.5mm 的钢管，锯成长300mm的短管，根据所埋部位圈梁或女儿墙上部现浇带的高度，在有利于管焊接的前提下，做锚固筋。短管的作用是预埋墙中，固定临边防护栏杆柱。

2.栏杆柱的直径与短节管相同，柱杆长度视女儿墙高度而定。防护栏杆自上而下由两道横杆及栏杆柱组成，上横杆离地高度为1.0～1.2m，下横杆离地高度为0.5～0.6m，用扣件固定。无女儿墙或坡度大于1：2.2的屋面，防护栏杆高度为1.5m。例如，女儿墙高度为0.5m时栏杆柱的加工长度为1.0m，无女儿墙或者坡屋面时为1.5m。

3.当建筑物坡屋面外墙砌筑或平屋面砌筑女儿墙距封顶还有0.25m垂直高度时，将已加工好的短管沿外墙四周垂直埋入墙内，并适当靠外，避免日后安装避雷线与栏杆柱发生矛盾。短管埋深为250mm（包括抹灰面层），出墙顶面50mm，管与管间距为2m。如果短管是全部埋入现浇混凝土内，就必须将短管底部焊堵严密，防止混凝土进入管内，同时管上口也要用塑料堵口帽堵严，防止杂物进入管内。

4.在平屋面的女儿墙或坡屋面的挑檐抹灰或装饰完毕，准备拆除顶层外墙脚手架前，用已加工成型的钢管用对接扣件插入已预先埋入墙内的短管内作为栏杆柱，并将对接扣件螺帽拧紧，再用相同规格的钢管沿杆柱搭设横杆，四周全部搭设完毕，并张挂好安全网后，再拆除墙脚手架。

5.临边防护栏杆的拆除时间，必须在屋面的所有工种彻底完工之后。必要时，还应根据建筑物的结构情况，充分考虑工程竣工验收时设计、监督、监理、建设以及施工等部门验收人员上到屋顶时的人身安全，宜在工程竣工验收合格之后，施工单位向业主交钥匙之前拆除。

6.拆除栏杆必须由专业工种完成，操作人员必须系好安全带，并将安全带的一端系在屋面安全、牢固、可靠的地方。拆卸下来的钢管禁止从上往下扔，要用绳子系牢后，选择合适的地方，由上向下轻放，地面要设警卫人员与接应人员，严禁违章操作。

7.防护栏杆拆除之后，埋入墙内的短管留作以后维修屋面时再次做防护用，也可以用作固定彩旗的旗杆，所以，短管上口必须用塑料帽堵严，防止雨水或者杂物进入。

第五章 建筑工程施工安全技术

第一节 土石方工程安全技术

一、场地平整

（1）场地内有洼坑或暗沟时，应当在平整时填埋压实。未及时填实的，必须设置明显的警示标志。

（2）雨期施工时，现场应根据场地泄排量设置防洪排涝设施。

（3）施工区域不宜积水。当积水坑深度超过 0.5 m 时，应当设安全防护措施。

（4）在爆破施工的场地应设置保证人员安全撤离的通道和场所。

（5）房屋旧基础或者设备旧基础的开挖清理应符合下列规定：

①当旧基础埋置深度大于 2 m 时，不宜采用人工开挖和清除。

②对旧基础进行爆破作业时，应按相关标准的规定执行。

③土质均匀且地下水水位低于旧基础底部，开挖深度不超过下列限值时，其挖方边坡可做成直立壁不加支撑。开挖深度超过下列限值时，应采取支护措施：

稍密的杂填土、素填土、碎石类土及砂土	1 m
密实的碎石类土（充填物为黏土）	1.25 m
可塑状的黏性土	1.5 m
硬塑状的黏性土	2 m

（6）当现场堆积物高度超过 1.8 m 时，应在四周设置警示标志或防护栏；清理时严禁掏挖。

（7）在河、沟、塘、沼泽地（滩涂）等场地施工时，应了解淤泥、沼泽的深度和成分，并应符合下列规定：

①施工中应做好排水工作。对于有机质含量较高、有刺激性臭味及淤泥厚度大于 1 m 的场地，不得采用人工清淤。

②根据淤泥、软土的性质和施工机械的重量，可采用抛石挤淤或木排（竹筏）铺垫等措施，确保施工机械移动作业安全。

③施工机械不得在淤泥、软土上停放、检修。

④第一次回填土的厚度不得小于 0.5 m。

（8）围海造地填土时，应遵守下列安全技术规定：

①填土的方法、回填顺序应根据冲（吹）填方案与降排水要求进行。

②配合填土作业人员，应在冲（吹）填作业范围外工作。

③第一次回填土的厚度不得小于 0.8 m。

二、基坑开挖

（1）在电力管线、通信管线、燃气管线 2 m 范围内及上下水管线 1 m 范围内挖土时，应有专人监护。

（2）基坑支护结构必须在达到设计要求的强度后，方可开挖下层土方，严禁提前开挖和超挖。施工过程中，严禁设备或重物碰撞支撑、腰梁、锚杆等基坑支护结构，也不得在支护结构上放置或者悬挂重物。

（3）基坑边坡的顶部应设排水措施。基坑底四周宜设排水沟和集水井，以及时排除积水。基坑挖至坑底时应及时清理基底并浇筑垫层。

（4）对人工开挖的狭窄基槽或坑井，开挖深度较大并且存在边坡塌方危险时，应采取支护措施。

（5）地质条件良好、土质均匀且无地下水的自然放坡的坡率允许值应根据地方经验确定。当无经验时，可参照表 5-1 的规定。

表 5-1　自然放坡的坡率允许值

边坡土体类别	状态	坡率允许值（高宽比）	
		坡高小于 5 m	坡高 5 ~ 10 m
碎石土	密实	1∶0.35 ~ 1∶0.50	1∶0.50 ~ 1∶0.75
	中密	1∶0.50 ~ 1∶0.75	1∶0.75 ~ 1∶1.00
	精密	1∶0.75 ~ 1∶1.00	1∶1.00 ~ 1∶1.25
黏性土	坚硬	1∶0.75 ~ 1∶1.00	1∶1.00 ~ 1∶1.25
	硬塑	1∶1.00 ~ 1∶1.25	1∶1.25 ~ 1∶1.50

（6）在软土场地上挖土，当机械不能正常行走和作业时，应对挖土机械行走路线用铺设渣土或砂石等方法进行硬化。

（7）场地内有孔洞时，土方开挖前应将其填实。

（8）遇异常软弱土层、流砂（土）、管涌，应立即停止施工，并及时采取措施。

（9）除基坑支护设计允许外，基坑边不得堆土、堆料、放置机具。

（10）采用井点降水时，井口应设置防护盖板或围栏，设置明显的警示标志。降水完成后，应及时将井填实。

（11）施工现场应采用防水型灯具，夜间施工的作业面以及进出道路应有足够的照明措施和安全警示标志。

三、边坡工程

（1）临时性挖方边坡坡率可按表5-1的要求执行。

（2）对土石方开挖后不稳定或欠稳定的边坡应根据边坡的地质特征和可能发生的破坏形态，采取有效处置措施。

（3）土石方开挖应按设计要求自上而下分层实施，严禁随意开挖坡脚。

（4）开挖至设计坡面及坡脚后，应及时进行支护施工，并尽量减少暴露时间。

（5）在山区挖填方时，应遵守下列规定：

①土石方开挖应按设计要求自上而下分层分段依次进行，并且应确保施工作业面不积水。

②在挖方的上侧和回填土尚未压实或临时边坡不稳定的地段不得停放、检修施工机械和搭建临时建筑。

③在挖方的边坡上如发现岩（土）内有倾向挖方的软弱夹层或裂隙面时，应立即停止施工，并应采取防止岩（土）下滑措施。

（6）山区挖填方工程不宜在雨期施工。当需要在雨期施工时，应编制雨期施工方案，并应遵守下列规定：

①随时掌握天气变化情况，暴雨前应采取防止边坡坍塌的措施。

②雨期施工前，应对施工现场原有排水系统进行检查、疏浚或加固，并采取必要的防洪措施。

③雨期施工中，应随时检查施工场地和道路的边坡被雨水冲刷情况，做好防止滑坡、坍塌工作，保证施工安全；道路路面应根据需要加铺炉渣、砂砾或者其他防滑材料，确保施工机械作业安全。

（7）在滑坡及可能产生滑坡地段挖方时，应符合下列规定：

①宜遵循先整治后开挖的施工程序。

②不应破坏挖方上方的自然植被和排水系统。

③应先做好地面和地下排水设施。

④严禁在可能发生滑坡的滑坡体上部砌土、堆放材料、停放施工机械或建筑临时

设施。

⑤一般应遵循由上至下的开挖顺序，严禁在可能发生滑坡地段的抗滑段通长大断面开挖。

⑥爆破施工时，应防止因爆破震动影响可能发生滑坡地段的稳定。

（8）冬期施工应及时清除冰雪，采取有效的防冻及防滑措施。

（9）人工开挖时应遵守下列规定：

①作业人员之间应保持安全作业距离。

②打锤与扶钎者不得面对面工作，打锤者应戴防滑手套。

③作业人员严禁站在石块滑落的方向撬挖或上、下层同时开挖。

④作业人员在陡坡上作业应系安全绳。

第二节　脚手架工程安全技术

一、门式钢管脚手架

门式钢管脚手架也称门式脚手架，属于框组式钢管脚手架的一种，是国际上应用最为普遍的脚手架之一。门式钢管脚手架是由门架、交叉支撑、连接棒、挂扣式脚手板或水平架、锁臂等组成基本结构，再设置水平加固杆、剪刀撑、扫地杆、封口杆、托座与底座，并且采用连墙件与建筑物主体结构相连的一种标准化钢管脚手架。

（一）脚手架搭设

（1）门式脚手架的搭设程序应符合下列规定：

①门式脚手架的搭设应与施工进度同步，一次搭设高度不宜超过最上层连墙件两步，且自由高度不应大于 4 m。

②满堂脚手架应采用逐列、逐排和逐层的方法搭设。

③门架的组装应自一端向另一端延伸，应自下而上按步骤架设，并且应逐层改变搭设方向；不应自两端相向搭设或自中间向两端搭设。

④每搭设完两步门架后，应校验门架的水平度及立杆的垂直度。

（2）搭设门架及配件时应符合下列要求：

①交叉支撑、脚手板应与门架同时安装。

②连接门架的锁臂、挂钩必须处锁住状态。

③钢梯的设置应符合专项施工方案组装布置图的要求，底层钢梯底部应加设钢管并应采用扣件扣紧在门架立杆上。

④在施工作业层外侧周边应设置 180 mm 高的挡脚板和两道栏杆，上道栏杆高度应

为 1.2 m，下道栏杆应居中设置。挡脚板和栏杆均应设置在门架立杆的内侧。

（3）加固杆的搭设应符合下列要求：

①水平加固杆、剪刀撑等加固杆件必须和门架同步搭设。

②水平加固杆应设于门架立杆内侧，剪刀撑应设于门架立杆外侧。

（4）门式脚手架连墙件的安装必须符合下列规定：

①连墙件的安装必须随脚手架搭设同步进行，严禁滞后安装。

②当脚手架操作层高出相邻连墙件以上两步时，在连墙件安装完毕前必须采用确保脚手架稳定的临时拉结措施。

（5）加固杆、连墙件等杆件与门架采用扣件连接时，应符合下列规定：

①扣件规格应与所连接钢管的外径相匹配。

②扣件螺栓拧紧扭力矩值应为 40 ~ 65 N·m。

③杆件端头伸出扣件盖板边缘长度不应小于 100 mm。

（6）在搭设悬挑脚手架前应检查预埋件和支承型钢悬挑梁的混凝土强度。

（7）门式脚手架通道口的搭设应符合要求，斜撑杆、托架梁及通道口两侧的门架立杆加强杆件应与门架同步搭设，严禁滞后安装。

（8）满堂脚手架的可调底座、可调托座宜采取防止砂浆、水泥浆等污物填塞螺纹的措施。

（二）脚手架拆除

（1）架体的拆除应按拆除方案施工，并应在拆除前做好下列准备工作：

①应对将拆除的架体进行拆除前的检查。

②根据拆除前的检查结果补充完善拆除方案。

③清除架体上的材料、杂物及作业面的障碍物。

（2）拆除作业必须符合下列规定：

①架体的拆除应从上而下逐层进行，严禁上下同时作业。

②同一层的构配件和加固杆件必须按先上后下、先外后内的顺序进行拆除。

③连墙件必须随脚手架逐层拆除，严禁先将连墙件整层或者数层拆除后再拆架体。拆除作业过程中，当架体的自由高度大于两步时，必须加设临时拉结。

④连接门架的剪刀撑等加固杆件必须在拆卸该门架时拆除。

（3）拆卸连接部件时，应先将止退装置旋转至开启位置，然后拆除，不得硬拉，严禁敲击。拆除作业中，严禁使用手锤等硬物击打及撬别。

（4）当门式脚手架需分段拆除时，架体不拆除部分的两端应按规定采取加固措施后再拆除。

（5）门架与配件应采用机械或人工搬运方式运至地面，严禁抛投。

（6）拆卸的门架与配件、加固杆等不得集中堆放在未拆架体上，并应及时检查、整修与保养，并宜按品种、规格分别存放。

二、工具式脚手架

（一）附着式升降脚手架

1. 附着式升降脚手架的安装

（1）附着式升降脚手架的安装，应按专项施工方案进行，可采用单片式主框架的架体，也可采用空间桁架式主框架的架体。

（2）附着式升降脚手架在首层安装前应设置安装平台，安装平台应有保障施工人员安全的防护设施，安装平台的水平精度和承载能力应满足架体安装的要求。

（3）安装时应符合下列规定：

①相邻竖向主框架的高差不应大于 20 mm。

②竖向主框架和防倾导向装置的垂直偏差不应大于 5%，且不得大于 60 mm。

③预留穿墙螺栓孔和预埋件应垂直于建筑结构外表面，其中心误差应小于 15 mm。

④连接处所需要的建筑结构混凝土强度应由计算确定，但是不应小于 C10。

⑤升降机构件连接应正确且牢固可靠。

⑥安全控制系统的设置和试运行效果应符合设计要求。

⑦升降动力设备工作正常。

（4）附着支承结构的安装应符合设计规定，不得少装和使用不合格螺栓及连接件。

（5）安全保险装置应全部合格，安全防护设施应齐备，且应符合设计要求，并应设置必要的消防设施。

（6）电源、电缆以及控制柜等的设置应符合现行行业标准《施工现场临时用电安全技术规范》的有关规定。

（7）采用扣件式脚手架搭设的架体构架，其构造应符合现行行业标准《建筑施工扣件式钢管脚手架安全技术规范》的要求。

（8）升降设备、同步控制系统及防坠落装置等专项设备，均应采用同一厂家的产品。

（9）升降设备、控制系统、防坠落装置等应采取防雨、防砸以及防尘等措施。

2. 附着式升降脚手架的升降

（1）附着式升降脚手架可采用手动、电动和液压三种升降形式，并应符合下列规定：

①单跨架体升降时，可采用手动、电动和液压三种升降形式。

②当两跨以上的架体同时整体升降时，应采用电动或液压设备。

（2）附着式升降脚手架每次升降前，应按规定进行检查，经检查合格后，方可进行升降。

（3）附着式升降脚手架的升降操作应符合下列规定：

①应按升降作业程序和操作规程进行作业。

②操作人员不得停留在架体上。

③升降过程中不得有施工荷载。

④所有妨碍升降的障碍物应已拆除。

⑤所有影响升降作业的约束应已解除。

⑥各相邻提升点间的高差不得大于 30 mm，整体架最大升降差不得大于 80 mm。

（4）升降过程中应实行统一指挥、统一指令。升降指令应由总指挥一人下达；当有异常情况出现时，任何人均可立即发出停止指令。

（5）当采用环链葫芦作升降动力时，应严密监视其运行情况，及时排除翻链、铰链和其他影响正常运行的故障。

（6）当采用液压设备作升降动力时，应排除液压系统的泄漏、失压、颤动、油缸爬行和不同步等问题和故障，确保正常的工作。

（7）架体升降到位后，应及时按使用状况要求进行附着固定；在没有完成架体固定工作前，施工人员不得擅自离岗或下班。

（8）附着式升降脚手架架体升降到位且固定后，应按规定进行检查，合格后方可使用；遇 5 级及以上大风和大雨、大雪、浓雾和雷雨等恶劣天气时，不得进行升降作业。

3. 附着式升降脚手架的使用

（1）附着式升降脚手架应按设计性能指标进行使用，不能随意扩大使用范围；架体上的施工荷载应符合设计规定，不得超载，不得放置影响局部杆件安全的集中荷载。

（2）架体内的建筑垃圾与杂物应及时清理干净。

（3）附着式升降脚手架在使用过程中不得进行下列作业：

①利用架体吊运物料。

②在架体上拉结吊装缆绳（或缆索）。

③在架体上推车。

④任意拆除结构件或松动连接件。

⑤拆除或移动架体上的安全防护设施。

⑥利用架体支撑模板或卸料平台。

⑦其他影响架体安全的作业。

（4）当附着式升降脚手架停用超过 3 个月时，应提前采取加固措施。

（5）当附着式升降脚手架停用超过 1 个月或遇 6 级及以上大风后复工时，应进行检查，确认合格后方可使用。

（6）螺栓连接件、升降设备、防倾覆装置、防坠落装置、电控设备、同步控制装置等应每月进行维护保养。

4. 附着式升降脚手架的拆除

（1）附着式升降脚手架的拆除工作应按专项施工方案及安全操作规程的有关要求进行。

（2）应对拆除作业人员进行安全技术交底。

（3）拆除时应有可靠的防人员或物料坠落的措施，拆除的材料以及设备不得抛扔。

（4）拆除作业应在白天进行。遇 5 级及以上大风和大雨、大雪、浓雾和雷雨等恶劣天气时，不得进行拆除作业。

（二）高处作业吊篮

1. 高处作业吊篮的安装

（1）高处作业吊篮安装时应按专项施工方案，在专业人员的指导下实施。

（2）安装作业前，应划定安全区域，并应排除作业障碍。

（3）高处作业吊篮组装前应确认结构件、紧固件已配套且完好，其规格型号和质量应符合设计要求

（4）高处作业吊篮所用的构配件应是同一厂家的产品。

（5）在建筑物屋面上进行悬挂机构的组装时，作业人员应与屋面边缘保持 2 m 以上的距离。组装场地狭小时应采取防坠落措施。

（6）悬挂机构宜采用刚性连接方式进行拉结固定。

（7）悬挂机构前支架严禁支撑在女儿墙上、女儿墙外或者建筑物挑檐边缘。

（8）前梁外伸长度应符合高处作业吊篮使用说明书的规定。

（9）悬挑横梁应前高后低，前后水平高差不应大于横梁长度的 2%。

（10）配重件应稳定、可靠地安放在配重架上，并应有防止随意移动的措施。严禁使用破损的配重件或其他替代物。

（11）安装时钢丝绳应沿建筑物立面缓慢下放至地面，不得抛掷。

（12）当使用两个以上的悬挂机构时，悬挂机构吊点水平间距和吊篮平台的吊点间距应相等，其误差不应大于 50 mm。

（13）悬挂机构前支架应与支撑面保持垂直，脚轮不得受力。

（14）安装任何形式的悬挑结构，其施加于建筑物或构筑物支承处的作用力，均应符合建筑结构的承载能力，不得对建筑物和其他设施造成破坏和不良影响。

（15）高处作业吊篮安装和使用时，在 10 m 范围内如有高压输电线路，应按照现行行业标准《施工现场临时用电安全技术规范》的规定，采取隔离措施。

2. 高处作业吊篮的使用

（1）高处作业吊篮应设置作业人员专用的挂设安全带的安全绳及安全锁扣。安全绳应固定在建筑物可靠位置上，不得与吊篮上任何部位有连接，并应符合下列规定：

①安全绳应符合现行国家标准《安全带》的要求，其直径应与安全锁扣的规格相一致。

②安全绳不得有松散、断股、打结现象。

③安全锁扣的配件应完好、齐全，规格和方向标志应清晰可辨。

（2）吊篮宜安装防护棚，防止高处坠物造成作业人员伤害。

（3）吊篮应安装上限位装置，宜安装下限位装置。

（4）使用吊篮作业时，应排除影响吊篮正常运行的障碍。在吊篮下方可能造成坠落物伤害的范围，应设置安全隔离区和警告标志，人员或者车辆不得停留、通行。

（5）在吊篮内从事安装、维修等作业时，操作人员应佩戴工具袋。

（6）使用境外吊篮设备时应有中文使用说明书；产品的安全性能应符合我国的行

业标准。

（7）不得将吊篮作为垂直运输设备，不得采用吊篮运送物料。

（8）吊篮内的作业人员不应超过 2 人。

（9）吊篮正常工作时，人员应从地面进入吊篮内，不得从建筑物顶部、窗口等处或其他孔洞处出入吊篮。

（10）在吊篮内的作业人员应佩戴安全帽，系安全带，并且应将安全锁扣正确挂置在独立设置的安全绳上。

（11）吊篮平台内应保持荷载均衡，不得超载运行。

（12）吊篮作升降运行时，工作平台两端高差不得超过 150 mm。

（13）使用离心触发式安全锁的吊篮在空中停留作业时，应将安全锁锁定在安全绳上；空中启动吊篮时，应先提升吊篮，使安全绳松弛后再开启安全锁。不得在安全绳受力时强行扳动安全锁开启手柄；不得将安全锁开启手柄固定于开启位置。

（14）吊篮悬挂高度在 60 m 及以下的，宜选用长边不大于 7.5 m 的吊篮平台；悬挂高度在 100 m 及以下的，宜选用长边不大于 5.5 m 的吊篮平台；悬挂高度在 100 m 以上的，宜选用不大于 2.5 m 的吊篮平台。

（15）进行喷涂作业或使用腐蚀性液体进行清洗作业时，应对吊篮的提升机、安全锁、电气控制柜采取防污染保护措施。

（16）悬挑结构平行移动时，应将吊篮平台降落至地面，并应使其钢丝绳处于松弛状态。

（17）在吊篮内进行电焊作业时，应对吊篮设备、钢丝绳、电缆采取保护措施。不得将电焊机放置在吊篮内；电焊缆线不得和吊篮任何部位接触；电焊钳不得搭挂在吊篮上。

（18）在高温、高湿等不良气候和环境条件下使用吊篮时，应采取相应的安全技术措施。

（19）当吊篮施工遇有雨雪、大雾、风沙及 5 级以上大风等恶劣天气时，应停止作业，并应将吊篮平台停放至地面，应对钢丝绳、电缆进行绑扎固定。

（20）当施工中发现吊篮设备故障和安全隐患时，应及时排除，对可能危及人身安全时，应停止作业，并应由专业人员进行维修。维修后的吊篮应重新进行检查验收，合格后方可使用。

（21）下班后不得将吊篮停留在半空中，应将吊篮放至地面。人员离开吊篮、进行吊篮维修或每日收工后应将主电源切断，并应将电气柜中各开关置于断开位置并加锁。

3. 高处作业吊篮的拆除

（1）高处作业吊篮拆除时应按照专项施工方案，并应在专业人员的指挥下实施。

（2）拆除前应将吊篮平台下落至地面，并且应将钢丝绳从提升机、安全锁中退出，切断总电源。

（3）拆除支承悬挂机构时，应对作业人员和设备采取相应的安全措施。

（4）拆卸分解后的构配件不得放置在建筑物边缘，应采取防坠落的措施；零散物品应放置在容器中；不得将吊篮任何部件从屋顶处抛下。

（三）外挂防护架

1. 外挂防护架的安装

（1）应根据专项施工方案的要求，在建筑结构上设置预埋件。预埋件应经验收合格后方可浇筑混凝土，并且应做好隐蔽工程记录。

（2）安装防护架时，应先搭设操作平台。

（3）防护架应配合施工进度搭设，一次搭设的高度不应超过相邻连墙件以上2个步距。

（4）每搭完一步架后，应校正步距、纵距、横距及立杆的垂直度，确认合格后方可进行下道工序。

（5）竖向桁架安装宜在起重机械辅助下进行。

（6）同一片防护架的相邻立杆的对接扣件应交错布置，在高度方向错开的距离不宜小于500 mm；各接头中心至主节点的距离不宜大于步距的1/3。

（7）纵向水平杆应通长设置，不得搭接。

（8）当安装防护架的作业层高出辅助架2步时，应搭设临时连墙杆，待防护架提升时方可拆除。临时连墙杆可采用2.5～3.5 m长钢管，一端与防护架第三步相连，一端与建筑结构相连。每片架体和建筑结构连接的临时连墙杆不得少于2处。

（9）防护架应将设置在桁架底部的三角臂和上部的刚性连墙件及柔性连墙件分别与建筑物上的预埋件相连接。根据不同的建筑结构形式，防护架的固定位置可在建筑结构边梁处、檐板处或剪力墙处。

2. 外挂防护架的提升

（1）防护架的提升索具应使用现行国家标准《重要用途钢丝绳》规定的钢丝绳。钢丝绳直径不应小于12.5 mm。

（2）提升防护架的起重设备能力应满足要求，公称起重力矩值不得小于400 kN·m，其额定起升重量的90%应大于架体重量。

（3）钢丝绳与防护架的连接点应在竖向桁架的顶部，连接处不得有尖锐凸角等。

（4）提升钢丝绳的长度应能保证提升平稳。

（5）提升速度不得大于3.5 m/min。

（6）在防护架从准备提升到提升到位交付使用前，操作人员以外的其他人员不得从事临边防护等作业。操作人员应佩戴安全带。

（7）当防护架提升、下降时，操作人员必须站在建筑物内或者相邻的架体上，严禁站在防护架上操作；架体安装完毕前，严禁上人。

（8）每片架体均应分别与建筑物直接连接；不得在提升钢丝绳受力前拆除连墙件；不得在施工过程中拆除连墙件。

（9）当采用辅助架时，第一次提升前应在钢丝绳收紧受力后，才能拆除连墙杆件及与辅助架相连接的扣件。指挥人员应持证上岗，信号工、操作工应服从指挥、协调一致，不得缺岗。

（10）防护架在提升时，必须按照"提升一片、固定一片、封闭一片"的原则进行，严禁提前拆除两片以上的架体、分片处的连接杆、立面以及底部封闭设施。

（11）在每次防护架提升后，必须逐一检查扣件紧固程度；所有连接扣件拧紧力矩必须达到 $40 \sim 65\,\text{N} \cdot \text{m}$。

3. 外挂防护架的拆除

（1）拆除防护架的准备工作应符合下列规定：

①对防护架的连接扣件、连墙件、竖向桁架、三角臂应进行全面检查，并应符合构造要求。

②应根据检查结果补充完善专项施工方案中的拆除顺序和措施，并应经总包和监理单位批准后方可实施。

③应对操作人员进行拆除安全技术交底。

④应清除防护架上杂物及地面障碍物。

（2）拆除防护架时，应符合下列规定：

①应采用起重机械把防护架吊运到地面进行拆除。

②拆除的构配件应按品种、规格随时码堆存放，不得抛掷。

三、碗扣式钢管脚手架

碗扣式钢管脚手架是一种采用了定型钢管杆件和碗扣接头连接的承插锁固式钢管脚手架，是一种新型多功能脚手架。碗扣式钢管脚手架的核心部件是连接各杆件的带齿碗扣接头，它由钢管立杆、横杆、碗扣接头等组成。碗扣接头由上碗扣、下碗扣、横杆接头和上碗扣的限位销等组成；在立杆上焊接下碗扣和上碗扣的限位销，将上碗扣套入立杆内；在横杆和斜杆上焊接插头；组装时，将横杆和斜杆插入下碗扣内，压紧和旋转上碗扣，利用了限位销固定上碗扣。

（一）碗扣式钢管脚手架的搭设

（1）脚手架立杆垫板、底座应准确放置在定位线上，垫板应平整、无翘曲，不得采用已开裂的垫板，底座的轴心线应与地面垂直。

（2）脚手架应按顺序搭设，并应符合下列规定：

①双排脚手架搭设应按立杆、水平杆、斜杆、连墙件的顺序配合施工进度逐层搭设。一次搭设高度不应超过最上层连墙件两步，且自由长度不应大于 4 m；

②模板支撑架应按先立杆、后水平杆、再斜杆的顺序搭设形成了基本架体单元，并应以基本架体单元逐排、逐层扩展搭设成整体支撑架体系，每层搭设高度不宜大于 3 m；

③斜撑杆、剪刀撑等加固件应随架体同步搭设，不得滞后安装。

（3）双排脚手架连墙件必须随架体升高及时在规定位置处设置；当作业层高出相

邻连墙件以上两步时，在上层连墙件安装完毕前，必须采取临时拉结措施。

（4）碗扣节点组装时，应通过限位销将上碗扣锁紧水平杆。

（5）脚手架每搭完一步架体后，应校正水平杆步距、立杆间距、立杆垂直度和水平杆水平度。架体立杆在 1.8 m 高度内的垂直度偏差不得大于 5 mm，架体全高的垂直度偏差应小于架体搭设高度的 1/600，并且不得大于 35 mm；相邻水平杆的高差不应大于 5 mm。

（6）当双排脚手架内外侧加挑梁时，在一跨挑梁范围内不得超过1名施工人员操作，严禁堆放物料。

（7）在多层楼板上连续搭设模板支撑架时，应分析多层楼板间荷载传递对架体和建筑结构的影响，上下层架体立杆宜对位设置。

（8）模板支撑架应在架体验收合格后，方可浇筑混凝土。

（二）碗扣式钢管脚手架的拆除

（1）当脚手架拆除时，应按专项施工方案中规定的顺序拆除。

（2）当脚手架分段、分立面拆除时，应确定分界处的技术处理措施，分段后的架体应稳定。

（3）脚手架拆除前，应清理作业层上的施工机具以及多余的材料和杂物。

（4）脚手架拆除作业应设专人指挥，当有多人同时操作时，应明确分工、统一行动，且应具有足够的操作面。

（5）拆除的脚手架构配件应采用起重设备吊运或人工传递到地面，严禁抛掷。

（6）拆除的脚手架构配件应分类堆放，并应便于运输、维护与保管。

（7）双排脚手架的拆除作业，必须符合下列规定：

①架体拆除应自上而下逐层进行，严禁上、下层同时拆除；

②连墙件应随脚手架逐层拆除，严禁先将连墙件整层或数层拆除后再拆除架体；

③拆除作业过程中，当架体的自由端高度大于两步时，必须增设临时拉结件。

（8）双排脚手架的斜撑杆、剪刀撑等加固件应在架体拆除至该部位时，才能拆除。

（9）模板支撑架的拆除应符合下列规定：

①架体拆除应符合现行国家标准《混凝土结构工程施工质量验收规范》和《混凝土结构工程施工规范》中混凝土强度的规定，拆除前应填写拆模申请单；

②预应力混凝土构件的架体拆除应在预应力施工完成后进行；

③架体的拆除顺序、工艺应符合专项施工方案的要求。当专项施工方案无明确规定时，应符合下列规定：

第一，应先拆除后搭设的部分，后拆除先搭设的部分；

第二，架体拆除必须自上而下逐层进行，严禁上下层同时拆除作业，分段拆除的高度不应大于两层；

第三，梁下架体的拆除，宜从跨中开始，对称地向两端拆除；悬臂构件下架体的拆除，宜从悬臂端向固定端拆除。

第三节　砌体、混凝土工程安全技术

一、砌体工程

（一）砌筑砂浆

（1）砂浆搅拌机械必须符合《建筑机械使用安全技术规程》及《施工现场临时用电安全技术规范》的有关规定，施工中应定期对其进行检查、维修，保证机械使用安全。

（2）落地砂浆应及时回收，回收时不得夹有杂物，并且应及时运至拌和地点，掺入新砂浆中拌和使用。

（二）填充墙砌体工程

（1）砌体施工脚手架要搭设牢固。

（2）外墙施工时，必须有外墙防护及施工脚手架，墙与脚手架间的间隙应封闭，以防高空坠物伤人。

（3）严禁站在墙上进行画线、吊线、清扫墙面、支设模板等施工作业。

（4）在脚手架上，堆放普通砖不得超过2层。

（5）操作时精神要集中，不得嬉笑打闹，以防意外事故发生。

（6）现场实行封闭化施工，有效控制噪声、扬尘、废物、废水等的排放。

二、模板工程

（一）模板安装

（1）模板安装前必须做好下列安全技术准备工作：

①应审查模板结构设计与施工说明书中的荷载、计算方法、节点构造与安全措施，设计审批手续应齐全。

②应进行全面的安全技术交底，操作班组应熟悉设计与施工说明书，并应做好模板安装作业的分工准备。采用了爬模、飞模、隧道模等特殊模板施工时，所有参加作业人员必须经过专门技术培训，考核合格后方可上岗。

③应对模板和配件进行挑选、检测，不合格者应剔除，并运至工地指定地点堆放。

④备齐操作所需的一切安全防护设施和器具。

（2）模板构造与安装应符合下列规定：

①模板安装应按设计与施工说明书顺序拼装。木杆、钢管以及门架等支架立柱不

得混用。

②竖向模板和支架立柱支承部分安装在基土上时，应加设垫板。垫板应有足够强度和支承面积，且应中心承载。基土应坚实，并应有排水措施。对于湿陷性黄土应有防水措施；对特别重要的结构工程可采用混凝土、打桩等措施防止支架柱下沉；对冻胀性土应有防冻融措施。

③当满堂或共享空间模板支架立柱高度超过 8 m 时，若地基土达不到承载要求，无法防止立柱下沉，则应先施工地面下的工程，再分层回填夯实基土，浇筑地面混凝土垫层，达到强度后方可支模。

④模板及其支架在安装过程中，必须设置防倾覆的有效临时固定设施。

⑤现浇钢筋混凝土梁、板，当跨度大于 4 m 时，模板应起拱；当设计无具体要求时，起拱高度宜为全跨长度的 1/1 000 ~ 3/1 000。

⑥现浇多层或高层房屋和构筑物，安装上层模板及其盘架应符合下列规定：

第一，下层楼板应具有承受上层施工荷载的承载能力，否则应加设立撑支架；

第二，上层支架立柱应对准下层支架立柱，并应在立柱底铺设垫板；

第三，当采用悬臂吊模板、桁架支模方法时，其支撑结构的承载能力和刚度必须符合设计构造要求。

⑦当层间高度大于 5 m 时，应选用桁架盘模或者钢臂立柱支模。当层间高度小于或等于 5 m 时，可采用木立柱支模。

（3）安装模板应保证工程结构和构件各部分形状、尺寸和相互位置的正确，防止漏浆，构造应符合模板设计要求。模板应具有足够的承载能力、刚度和稳定性，应能可靠承受新浇混凝土自重和侧压力以及施工过程中所产生的荷载。

（4）拼装高度为 2 m 以上的竖向模板，不得站在下层模板上拼装上层模板。安装过程中应设置临时固定设施。

（5）当承重焊接钢筋骨架和模板一起安装时，应符合下列规定：

①梁的侧模、底模必须固定在承重焊接钢筋骨架的节点上。

②安装钢筋模板组合体时，吊索应按模板设计的吊点位置绑扎。

（6）当支架立柱成一定角度倾斜，或其支架立柱的顶表面倾斜时，应采取了可靠措施确保支点稳定，支撑底脚必须有防滑移的可靠措施。

（7）除设计图另有规定者外，所有垂直支架柱应保证其垂直。

（8）对梁和板安装二次立撑前，其上不得有施工荷载，支撑的位置必须正确，安装后所传给支撑或连接件的荷载不应超过其允许值。

（9）支撑梁、板的支架立柱构造和安装应符合下列规定：

①梁和板的立柱，其纵横向间距应相等或成倍数。

②木立柱底部应设垫木，顶部应设支撑头。钢管立柱底部应设垫木和底座，顶部应设可调支托，U 形支托与楞梁两侧间如有间隙，必须楔紧，其螺杆伸出钢管顶部不得大于 200 mm，螺杆外径与立柱钢管内径的间隙不得大于 3 mm，安装时应保证上下同心。

③在立柱底距地面 200 mm 高处，沿纵横水平方向应按纵下横上的程序设扫地杆。可调支托底部的立柱顶端应沿纵横向设置一道水平拉杆。扫地杆与顶部水平拉杆之间的间距，在满足模板设计所确定的水平拉杆步距要求条件下，进行平均分配确定步距后，在每一步距处纵横向应各设一道水平拉杆。当层高在 8 ~ 20 m 时，在最顶步距两水平拉杆中间应加设一道水平拉杆；当层高大于 20 m 时，在最顶两步距水平拉杆中间应分别增加一道水平拉杆。所有水平拉杆的端部均应和四周建筑物顶紧顶牢。无处可顶时，应在水平拉杆端部和中部沿竖向设置连续式剪刀撑。

④木立柱的扫地杆、水平拉杆、剪刀撑应采用 40 mm×50 mm 木条或 25 mm×80 mm 的木板条与木立柱钉牢。钢管立柱的扫地杆、水平拉杆、剪刀撑应采用 φ48mm×3.5 mm 钢管，用扣件与钢管立柱扣牢。木扫地杆、水平拉杆、剪刀撑应采用搭接，并应采用铁钉钉牢。钢管扫地杆、水平拉杆应采用对接，剪刀撑应采用搭接，搭接长度不得小于 500 mm，并应采用 2 个旋转扣件分别在离杆端不小于 100 mm 处进行固定。

（10）施工时，已安装好的模板上的实际荷载不得超过设计值。已承受荷载的支架和附件，不得随意拆除或移动。

（11）组合钢模板、滑升模板等的构造和安装，还应符合现行国家标准《组合钢模板技术规范》的相应规定。

（12）安装模板时，安装所需各种配件应置于工具箱或工具袋内，严禁散放在模板或脚手板上，安装所用工具应系挂在作业人员身上或置于所佩戴的工具袋中，不得掉落。

（13）当模板安装高度超过 3 m 时，必须搭设脚手架，除了操作人员外，脚手架下不得站其他人。

（14）吊运模板时，必须符合下列规定：

①作业前应检查绳索、卡具、模板上的吊环，必须完整有效，在升降过程中应设专人指挥，统一信号，密切配合。

②吊运大块或整体模板时，竖向吊运不应少于 2 个吊点，水平吊运不应少于 4 个吊点。吊运必须使用卡环连接，并应稳起稳落，待模板就位连接牢固后，方可摘除卡环。

③吊运散装模板时必须码放整齐，待捆绑牢固后方可起吊。

④严禁起重机在架空输电线路下面工作。

⑤遇 5 级及以上大风时，应停止一切吊运作业。

（15）木料应堆放在下风向，离火源不得小于 30 m，且料场四周应设置灭火器材。

（二）模板拆除

（1）模板的拆除措施应经技术主管部门或负责人批准，拆除模板的时间可按现行国家标准《混凝土结构工程施工质量验收规范》的有关规定执行，冬期施工时拆模应符合专门规定。

（2）当混凝土未达到规定强度或已达到设计规定强度，需提前拆模或承受部分超设计荷载时，必须经过计算和技术主管确认其强度足够承受此荷载后，方可拆除。

（3）在承重焊接钢筋骨架作配筋的结构中，承受混凝土重量的模板，在混凝土达到设计强度的 25% 后方可拆除承重模板。当在已拆除模板的结构上加置荷载时，应另行核算。

（4）大体积混凝土的拆模时间除应满足混凝土强度要求外，还应使混凝土内外温差降低到 25℃ 以下时方可拆模，否则应采取有效措施防止产生温度裂缝。

（5）后张预应力混凝土结构的侧模宜在施加预应力前拆除，底模应在施加预应力后拆除。当设计有规定时，应按规定执行。

（6）拆模前应检查确定所使用的工具有效、可靠，扳手等工具必须装入工具袋或系挂在身上，并应检查拆模场所范围内的安全措施。

（7）模板的拆除工作应设专人指挥。作业区应设围栏，其内不得有其他工种作业，并应设专人负责监护。拆下的模板、零配件严禁抛掷。

（8）拆模的顺序和方法应按模板的设计规定进行。当设计无规定时，可按照先支的后拆、后支的先拆，先拆非承重模板、后拆承重模板的顺序，从上而下进行拆除。拆下的模板不得抛扔，应按指定地点堆放。

（9）多人同时操作时，应明确分工、统一信号或者行动，应具有足够的操作面，人员应站在安全处。

（10）高处拆除模板时，应符合有关高处作业的规定。严禁使用大锤和撬棍，操作层上临时拆下的模板堆放不能超过 3 层。

（11）在提前拆除互相搭连并涉及其他后拆模板的点撑时，应补设临时支撑。拆模时应逐块拆卸，不得成片撬落或者拉倒。

（12）拆模如遇中途停歇，应将已拆松动、悬空、浮吊的模板或支架进行牢固临时支撑或稳固相互连接。对活动部件必须一次拆除。

（13）已拆除模板的结构，在混凝土强度达到设计强度值后方可承受全部设计荷载。在未达到设计强度、需在结构上加置施工荷载时，应另行核算；强度不足时，应加设临时支撑。

（14）遇 6 级或 6 级以上大风时，应暂停室外的高处作业。雨、雪、霜后应先清扫施工现场，然后方可进行工作。

（15）拆除有洞口模板时，应采取防止操作人员坠落的措施。洞口模板拆除后，应按现行行业标准《建筑施工高处作业安全技术规范》的有关规定并及时进行防护。

三、钢筋工程

（1）钢筋调直、切断、弯曲、除锈、冷拉等各道工序的加工机械必须遵守现行行业标准《建筑机械使用安全技术规程》的规定，保证安全装置齐全有效，动力线路用钢管从地坪下引入，机壳要有保护零线。

（2）施工现场用电必须符合现行行业标准《施工现场临时用电安全技术规范》的规定。

（3）制作成型钢筋时，场地要平整，工作台要稳固，照明灯具必须加网罩。

（4）钢筋加工场地必须设专人看管，非钢筋加工制作人员不得擅自进入钢筋加工场地。

（5）各种加工机械在作业人员下班后一定要拉闸断电。

（6）加工好的钢筋现场堆放应平稳、分散、防止倾倒和塌落伤人。

（7）搬运钢筋时，应防止钢筋碰撞障碍物，防止在搬运中碰撞电线，发生触电事故。

（8）多人运送钢筋时，起、落、转、停动作要一致，人工上下传递时不得在同一垂直线上。

（9）对从事钢筋挤压连接和钢筋直螺纹连接施工的有关人员应经培训、考核后持证上岗，并经常进行安全教育，防止发生人身和设备安全事故。

（10）在高处进行挤压操作，必须遵守现行行业标准《建筑施工高处作业安全技术规范》的规定。

（11）在建筑物内的钢筋要分散堆放，高空绑扎、安装钢筋时，不得将钢筋集中堆放在模板或脚手架上。

（12）在高空、深坑绑扎钢筋和安装骨架，必须搭设脚手架和马道。

（13）绑扎 3 m 以上的柱钢筋必须搭设操作平台，不得站在钢箍上绑扎。已绑扎的柱骨架应用临时支撑拉牢，以防倾倒。

（14）绑扎圈梁、挑檐、外墙、边柱钢筋时，应搭设外脚手架或悬挑架，并按规定挂好安全网。脚手架的搭设必须由专业架子工搭设并且应符合安全技术操作规程。

（15）绑扎筒式结构（如烟囱、水池等），不得站在钢筋骨架上操作或上下。

（16）雨、雪、风力 6 级以上（含 6 级）天气不得露天作业。清除积水、积雪后方可作业。

四、混凝土工程

（1）采用手推车运输混凝土时，不得争先抢道，装车不应过满；卸车时应有挡车措施，不得用力过猛或撒把，以防车把伤人。

（2）使用井架提升混凝土时，应设制动装置，升降应有明确信号，操作人员未离开提升台时，不得发升降信号。提升台内停放手推车要平衡，车把不得伸出台外，车轮前后应挡牢。

（3）混凝土浇筑前，应对振动器进行试运转，振动器操作人员应穿绝缘靴、戴绝缘手套；振动器不能挂在钢筋上，湿手不能接触电源开关。

（4）混凝土运输、浇筑部位应有安全防护栏杆、操作平台。

（5）现场施工负责人应为机械作业提供道路、水电、机棚和停机场地等必备的条件，并消除对机械作业有妨碍或不安全的因素，夜间作业应设置充足的照明设备。

（6）机械进入作业地点后，施工技术人员应向操作人员进行施工任务和安全技术措施交底。操作人员应熟悉作业环境和施工条件，听从指挥，遵守现场安全规则。

（7）操作人员在作业过程中应集中精力正确操作，注意机械工况，不得擅自离开工作岗位或将机械交给其他无证人员操作。严禁无关人员进入作业区或操作室内。

（8）当使用机械和安全生产要求发生矛盾时，必须首先服从安全生产要求。

第四节 主要施工机械设备安全技术

一、塔式起重机

（一）塔式起重机的安装

（1）安装前应根据专项施工方案，对塔式起重机基础的下列项目进行检查，确认合格后方可实施：

①基础的位置、标高、尺寸。

②基础的隐蔽工程验收记录和混凝土强度报告等相关资料。

③安装辅助设备的基础、地基承载力以及预埋件等。

④基础的排水措施。

（2）安装作业，应根据专项施工方案要求实施。安装作业人员应分工明确、职责清楚。安装前应对安装作业人员进行安全技术交底，交底人和被交底人双方应在交底书上签字，专职安全员应监督整个交底过程。

（3）安装辅助设备就位后，应对其机械和安全性能进行检验，合格后方可作业。实际应用中，经常发现因安装辅助设备的安全性能出现故障而发生塔式起重机安全事故，所以要对安装辅助设备的机械性能进行检查，合格后方可使用。

（4）安装所使用的钢丝绳、卡环、吊钩与辅助支架等起重机具均应符合规定，并应经检查合格后方可使用。

（5）安装作业中应统一指挥，明确指挥信号。当视线受阻、距离过远时，应采用对讲机或多级指挥。

（6）自升式塔式起重机的顶升加节，应符合下列要求：

①顶升系统必须完好。

②结构件必须完好。

③顶升前，塔式起重机下支座和顶升套架应可靠连接。

④顶升前，应确保顶升横梁搁置正确。

⑤顶升前，应将塔式起重机调平；顶升过程中，应确保塔式起重机的平衡。

⑥顶升加节的顺序，应符合产品说明书的规定。

⑦顶升过程中，不应进行起升、回转、变幅等操作。

⑧顶升结束后，应将标准节与回转下支座可靠连接。

⑨塔式起重机加节后需进行附着的，应按照先装附着装置、后顶升加节的顺序进行，附着装置的位置和支撑点的强度应符合要求。

（7）塔式起重机的独立高度、悬臂高度应符合产品说明书的要求。

（8）雨、雪、浓雾等天气严禁进行安装作业。安装塔式起重机时最大高度处的风速应符合产品说明书的要求，并且风速不得超过 12 m/s。

（9）塔式起重机不宜在夜间进行安装作业；特殊情况下，必须在夜间进行塔式起重机安装和拆卸作业时，应保证提供足够的照明。

（10）特殊情况，当安装作业不能连续进行时，必须将已安装的部位固定牢靠并达到安全状态，经检查确认无隐患后，方可停止作业。

（11）电气设备应按产品说明书的要求进行安装，安装所用的电源线路应符合现行行业标准《施工现场临时用电安全技术规范》的要求。

（12）塔式起重机的安全装置必须齐全，并应按程序调试合格。

（13）连接件及其防松防脱件应符合规定要求，严禁用其他代用品代用。连接件及其防松防脱件应使用力矩扳手或专用工具紧固连接螺栓，使预紧力矩达到规定要求。

（14）安装完毕后，应及时清理施工现场的辅助用具和杂物。

（二）塔式起重机的使用

（1）塔式起重机的起重司机、起重信号工、司索工等操作人员应取得特种作业人员资格证书，严禁无证上岗。

（2）塔式起重机使用前，应对起重司机、起重信号工以及司索工等作业人员进行安全技术交底。

（3）塔式起重机的力矩限制器、重量限制器、变幅限位器、行走限位器、高度限位器等安全保护装置不得随意调整和拆除，严禁用限位装置代替操纵机构。

（4）塔式起重机回转、变幅、行走、起吊动作前应示意警示。起吊时应统一指挥，明确指挥信号；当指挥信号不清楚时，不得起吊。

（5）塔式起重机起吊前，当吊物与地面或其他物件之间存在吸附力或摩擦力而未采取处理措施时，不得起吊。

（6）塔式起重机起吊前，应对安全装置进行检查，确认合格后方可起吊；安全装置失灵时，不得起吊。

（7）塔式起重机起吊前，应按要求对吊具与索具进行检查，确认合格后方可起吊；吊具与索具不符合相关规定的，不得进行起吊作业。

（8）作业中遇突发故障，应采取措施将吊物降落到安全地点，严禁吊物长时间悬挂在空中。

（9）遇有风速在 12 m/s 及以上的大风或大雨、大雪、大雾等恶劣天气时，应停止作业。雨雪过后，应先经过试吊，确认制动器灵敏可靠后方可进行作业。夜间施工应有足够的照明，照明的安装应符合现行行业标准《施工现场临时用电安全技术规范》的要求。

（10）塔式起重机不得起吊重量超过额定荷载的吊物，并不得起吊重量不明的吊物。

（11）在吊物荷载达到额定荷载的90%时，应先将吊物吊离地面200～500 mm后，检查机械状况、制动性能、物件绑扎情况等，确认无误后方可起吊。对晃动的物件，必须拴拉溜绳使之稳固。

（12）物件起吊时应绑扎牢固，不得在吊物上堆放或悬挂其他物件；零星材料起吊时，必须用吊笼或钢丝绳绑扎牢固。当吊物上站有人时不得起吊。

（13）标有绑扎位置或记号的物件，应按标明位置绑扎。钢丝绳与物件的夹角宜为45°～60°。吊索与吊物棱角之间应有防护措施；未采取防护措施的，不得起吊。

（14）作业完毕后，应松开回转制动器，各部件置于非工作状态，控制开关置于零位，并应切断总电源。

（15）行走式塔式起重机停止作业时，应锁紧夹轨器。

（16）塔式起重机使用高度超过30 m时应配置障碍灯，起重臂根部铰点高度超过50 m时应配备风速仪。

（17）严禁在塔式起重机塔身上附加广告牌或其他标语牌。

（18）每班作业应做好例行保养，并应做好记录。记录的主要内容应包括结构件外观、安全装置、传动机构、连接件、制动器、索具、夹具、吊钩、滑轮、钢丝绳、液位、油位、油压、电源以及电压等。

（19）实行多班作业的设备，应执行交接班制度，认真填写交接班记录，接班司机经检查确认无误后，方可开机作业。

（20）塔式起重机应实施各级保养。转场时，应做转场保养，并有记录。

（21）塔式起重机的主要部件和安全装置等应进行经常性检查，每月不得少于一次，并应留有记录，发现有安全隐患时应及时了进行整改。

（22）当塔式起重机使用周期超过一年时，应按要求进行一次全面检查，确认合格后方可继续使用。

（23）使用过程中塔式起重机发生故障时，应及时维修，维修期间应停止作业。

（三）塔式起重机的拆卸

（1）塔式起重机拆卸作业宜连续进行；当遇特殊情况，拆卸作业不能继续时，应采取措施保证塔式起重机处于安全状态。

（2）当用于拆卸作业的辅助起重设备设置在建筑物上时，应明确设置位置、锚固方法，并应对辅助起重设备的安全性及建筑物的承载能力等进行验算。

（3）拆卸前应检查下列项目：主要结构件、连接件、电气系统、起升机构、回转机构、变幅机构以及顶升机构等。发现隐患应采取措施，解决后方可进行拆卸作业。

（4）附着式塔式起重机应明确附着装置的拆卸顺序和方法。

（5）自升式塔式起重机每次降节前，应检查顶升系统和附着装置的连接等，确认完好后方可进行作业。

（6）拆卸时应先降节、后拆除附着装置。塔式起重机的自由端高度应符合规定要求。

（7）拆卸完毕后，为塔式起重机拆卸作业而设置的所有设施应拆除，并且清理场地上作业时所用的吊索具、工具等各种零配件和杂物。

二、施工升降机

（一）施工升降机的安装

（1）安装作业人员应按施工安全技术交底内容进行作业。

（2）安装单位的专业技术人员、专职安全生产管理人员应进行现场监督。

（3）施工升降机的安装作业范围应设置警戒线及明显的警示标志。非作业人员不得进入警戒范围。任何人不得在悬吊物下方行走或停留。

（4）进入现场的安装作业人员应佩戴安全防护用品，高处作业人员应系安全带，穿防滑鞋。作业人员严禁酒后作业。

（5）安装作业中应统一指挥，明确分工。危险部位安装时应采取可靠的防护措施。当指挥信号传递困难时，应使用对讲机等通信工具进行指挥。

（6）当遇大雨、大雪、大雾或风速大于 13 m/s 等恶劣天气时，应停止安装作业。

（7）电气设备安装应按施工升降机使用说明书的规定进行，安装用电应符合现行行业标准《施工现场临时用电安全技术规范》的规定。

（8）施工升降机金属结构和电气设备金属外壳均应接地，接地电阻不应大于4Ω。

（9）安装时应确保施工升降机运行通道内无障碍物。

（10）安装作业时必须将按钮盒或操作盒移至吊笼顶部操作。当导轨架或者附墙架上有人员作业时，严禁开动施工升降机。

（11）传递工具或器材不得采用投掷的方式。

（12）在吊笼顶部作业前应确保吊笼顶部护栏齐全完好。

（13）吊笼顶上所有的零件和工具应放置平稳，不得超出安全护栏。

（14）安装作业过程中，安装作业人员和工具等总荷载不得超过施工升降机的额定安装载重量。

（15）当安装吊杆上有悬挂物时，严禁开动施工升降机。严禁超载使用安装吊杆。

（16）层站应为独立受力体系，不得搭设在施工升降机附墙架的立杆上。

（17）当需安装导轨架加厚标准节时，应确保普通标准节和加厚标准节的安装部位正确，不得用普通标准节替代加厚标准节。

（18）导轨架安装时，应对施工升降机导轨架的垂直度进行测量校准。

（19）接高导轨架标准节时，应按使用说明书的规定进行附墙的连接。

（20）每次加节完毕后，应对施工升降机导轨架的垂直度进行校正，且应按规定及时重新设置行程限位和极限限位，经验收合格后方能运行。

（21）连接件和连接件之间的防松防脱件应符合使用说明书的规定，不得用其他物件代替。对有预紧力要求的连接螺栓，应使用扭力扳手或专用工具，按规定的拧紧次序将螺栓准确地紧固到规定的扭矩值。安装标准节连接螺栓时，宜螺杆在下，螺母在上。

（22）施工升降机最外侧边缘和外面架空输电线路的边线之间，应保持安全操作距离。

（23）当发现故障或危及安全的情况时，应立刻停止安装作业，采取必要的安全防护措施，应设置警示标志并报告技术负责人。在故障或危险情况未排除之前，不得继续安装作业。

（24）当遇意外情况不能继续安装作业时，应使已安装的部件达到稳定状态并固定牢靠，经确认合格后方能停止作业。作业人员下班离岗时，应采取必要的防护措施，并应设置明显的警示标志。

（25）安装完毕后应拆除为施工升降机安装作业而设置的所有临时设施，清理施工场地上作业时所用的索具、工具、辅助用具、各种零配件和杂物等。

（26）钢丝绳式施工升降机的安装还应符合下列规定：

①卷扬机应安装在平整、坚实的地点，并且应符合使用说明书的要求。

②卷扬机、曳引机应按使用说明书的要求固定牢靠。

③应按规定配备防坠安全装置。

④卷扬机卷筒、滑轮、曳引轮等应有防脱绳装置。

⑤每天使用前应检查卷扬机制动器，动作应正常。

⑥卷扬机卷筒与导向滑轮中心线应垂直对正，钢丝绳出绳偏角大于2°时应设置排绳器。

⑦卷扬机的传动部位应安装牢固的防护罩；卷扬机卷筒旋转方向应与操纵开关上指示方向一致，卷扬机钢丝绳在地面上运行区域内应有相应的安全保护措施。

（二）施工升降机的使用

（1）不得使用有故障的施工升降机。

（2）严禁施工升降机使用超过有效标定期的防坠安全器。

（3）施工升降机额定载重量、额定乘员数标牌应置于吊笼醒目位置。严禁在超过额定载重量或额定乘员数的情况下使用施工升降机。

（4）当电源电压值与施工升降机额定电压值的偏差超过 ±5%，或者供电总功率小于施工升降机的规定值时，不得使用施工升降机。

（5）应在施工升降机作业范围内设置明显的安全警示标志，并在集中作业区做好安全防护。

（6）当建筑物超过2层时，施工升降机地面通道上方应搭设防护棚。当建筑物高度超过24 m时，应设置双层防护棚。

（7）使用单位应根据不同的施工阶段、周围环境、季节和气候，对施工升降机采取相应的安全防护措施。

（8）使用单位应在现场设置相应的设备管理机构或配备专职的设备管理人员，并指定专职设备管理人员、专职安全生产管理人员进行监督检查。

（9）当遇大雨、大雪、大雾等恶劣天气，或施工升降机顶部风速大于 20 m/s，或导轨架、电缆表面结有冰层时，不得使用施工升降机。

（10）严禁用行程限位开关作为停止运行的控制开关。

（11）使用期间，使用单位应按使用说明书的要求对施工升降机定期进行保养。

（12）在施工升降机基础周边水平距离 5 m 以内，不得开挖井沟，不得堆放易燃易爆物品及其他杂物。

（13）施工升降机运行通道内不得有障碍物。不得利用施工升降机的导轨架、横竖支撑、层站等牵拉或悬挂脚手架、施工管道、绳缆标语、旗帜等。

（14）施工升降机安装在建筑物内部井道中时，应在运行通道四周搭设封闭屏障。

（15）安装在阴暗处或夜班作业的施工升降机，应在全行程装设明亮的楼层编号标志灯。夜间施工时作业区应有足够的照明，照明应满足现行行业标准《施工现场临时用电安全技术规范》的要求。

（16）施工升降机不得使用脱皮、裸露的电线、电缆。

（17）施工升降机吊笼底板应保持干燥整洁。各层站通道区域不得有物品长期堆放。

（18）施工升降机司机严禁酒后作业。工作时间内司机不应与其他人员闲谈，不应有妨碍施工升降机运行的行为。

（19）施工升降机司机应遵守安全操作规程与安全管理制度。

（20）实行多班作业的施工升降机，应执行交接班制度。接班司机应进行班前检查，确认无误后，方能开机作业。

（21）施工升降机每天第一次使用前，司机应将吊笼升离地面 1 ～ 2 m，停车检验制动器的可靠性。当发现问题，应经修复合格后方能运行。

（22）施工升降机每 3 个月应进行 1 次 1.25 倍额定重量的超载试验，确保制动器性能安全可靠。

（23）工作时间内司机不得擅自离开施工升降机。当有特殊情况需离开时，应将施工升降机停到最底层，关闭电源并锁好吊笼门。

（24）操作手动开关的施工升降机时，不得利用机电联锁开动或停止施工升降机。

（25）层门门闩宜设置在靠施工升降机一侧，且层门应处于常闭状态。未经施工升降机司机许可，不得启闭层门。

（26）施工升降机专用开关箱应设置在导轨架附近便于操作的位置，配电容量应满足施工升降机直接启动的要求。

（27）施工升降机使用过程中，运载物料的尺寸不应超过吊笼的界限。

（28）散状物料运载时应装入容器进行捆绑或者使用织物袋包装，堆放时应使荷载分布均匀。

（29）运载融化沥青、强酸、强碱、溶液、易燃物品或其他特殊物料时，应由相关技术部门做好风险评估和采取安全措施，且应向施工升降机司机、相关作业人员书面交底后方能载运。

（30）当使用搬运机械向施工升降机吊笼内搬运物料时，搬运机械不得碰撞施工升降机。卸料时，物料放置速度应缓慢。

（31）当运料小车进入吊笼时，车轮处的集中荷载不应大于吊笼底板底和层站底板的允许承载力。

（32）吊笼上的各类安全装置应保持完好有效。经过大雨、大雪、台风等恶劣天气后应对各安全装置进行全面检查，确认安全有效后方能使用。

（33）当在施工升降机运行中发现异常情况时，应立即停机，直到排除故障后方能继续运行。

（34）当在施工升降机运行中由于断电或其他原因中途停止时，可进行手动下降。吊笼手动下降速度不得超过额定运行速度。

（35）作业结束后应将施工升降机返回最底层停放，将各控制开关拨到零位，切断电源，锁好开关箱、吊笼门和地面防护围栏门。

（36）钢丝绳式施工升降机的使用还应符合下列规定：

①钢丝绳应符合现行国家标准《起重机钢丝绳保养、维护、检验和报废》的规定。

②施工升降机吊笼运行时钢丝绳不得和遮掩物或其他物件发生触碰或摩擦。

③当吊笼位于地面时，最后缠绕在卷扬机卷筒上的钢丝绳不应少于3圈，且卷扬机卷筒上钢丝绳应无乱绳现象。

④卷扬机工作时，卷扬机上部不得放置任何物件。

⑤不得在卷扬机、曳引机运转时进行清理或者加油。

（三）施工升降机的拆卸

（1）拆卸前应对施工升降机的关键部件进行检查，当发现问题时，需在问题解决后进行拆卸作业。

（2）施工升降机拆卸作业应符合拆卸工程专项施工方案的要求。

（3）应有足够的工作面作为拆卸场地，应在拆卸场地周围设置警戒线和醒目的安全警示标志，并应派专人监护。拆卸施工升降机时，不得在拆卸作业区域内进行与拆卸无关的其他作业。

（4）夜间不得进行施工升降机的拆卸作业。

（5）拆卸附墙架时施工升降机导轨架的自由端高度应始终满足使用说明书的要求。

（6）应确保与基础相连的导轨架在最后一个附墙架拆除后，仍然能保持各方向的稳定性。

（7）施工升降机拆卸应连续作业。当拆卸作业不能连续完成时，应根据拆卸状态采取相应的安全措施。

（8）吊笼未拆除之前，非拆卸作业人员不得在地面防护围栏内、施工升降机运行通道内、导轨架内以及附墙架上等区域活动。

三、物料提升机

（一）物料提升机的安装与拆除

（1）安装、拆除物产提升机的单位应具备以下条件：

①安装、拆除单位应具有起重机械安拆资质及安全生产许可证。

②安装、拆除作业人员必须经专门培训，取得特种作业资格证。

（2）物料提升机安装、拆除前，应根据工程实际情况编制专项安装、拆除方案，且应经安装、拆除了单位技术负责人审批后实施。

（3）安装作业前的准备应符合下列规定：

①物料提升机安装前，安装负责人应依据专项安装方案对安装作业人员进行安全技术交底。

②应确认物料提升机的结构、零部件和安全装置经出厂检验，并符合要求。

③应确认物料提升机的基础已验收，并符合要求。

④应确认辅助安装起重设备及工具经检验检测，并符合要求。

⑤应明确作业警戒区，并设专人监护。

（4）基础的位置应保证视线良好，物料提升机任意部位与建筑物或其他施工设备间的安全距离不应小于 0.6 m；和外电线路的安全距离应符合《施工现场临时用电安全技术规范》的规定。

（5）卷扬机的安装应符合下列规定：

①卷扬机安装位置宜远离危险作业区，且视线良好。

②卷扬机卷筒的轴线应与导轨架底部导向轮的中线垂直，垂直度偏差不宜大于2°，其垂直距离不宜小于 20 倍卷筒宽度；当不能满足条件时，应设排绳器。

③卷扬机宜采用地脚螺栓与基础固定牢固；当采用了地锚固定时，卷扬机前端应设置固定止挡。

（6）导轨架的安装程序应按专项方案要求执行。紧固件的紧固力矩应符合使用说明书要求。安装精度应符合下列规定：

①导轨架的轴心线对水平基准面的垂直度偏差不应大于导轨架高度的 0.15%。

②标准节安装时导轨结合面对接应平直，错位形成的阶差应符合下列规定：

第一，吊笼导轨不应大于 1.5 mm；

第二，对重导轨、防坠器导轨不应大于 0.5 mm。

③标准节截面内，两对角线长度偏差不应大于最大连长的 0.3%。

（7）钢丝绳宜设防护槽，槽内应设滚动托架，且应采用钢板网将槽口封盖。钢丝绳不得拖地或浸泡在水中。

（8）拆除作业前，应对物料提升机的导轨架及附墙架等部位进行检查，确认无误后方能进行拆除作业。

（9）拆除作业应先挂吊具、后拆除附墙架或缆风绳及地脚螺栓。拆除作业中，不得抛掷构件。

（10）拆除作业宜在白天进行，夜间作业应有良好的照明。

（二）物料提升机的使用

（1）物料提升机必须由取得特种作业操作证的人员操作。

（2）物料提升机严禁载人。

（3）物料应在吊笼内均匀分布，不应当过度偏载。

（4）不得装载超出吊笼空间的超长物料，不得超载运行。

（5）在任何情况下，不得使用限位开关代替控制开关运行。

（6）物料提升机每班作业前司机应进行作业前检查，确认无误后方可作业。应检查确认下列内容：

①制动器可靠有效。

②限位器灵敏完好。

③停层装置动作可靠。

④钢丝绳磨损在允许范围内。

⑤吊笼及对重导向装置无异常。

⑥滑轮、卷筒防钢丝绳脱槽装置可靠有效。

⑦吊笼运行通道内无障碍物。

（7）当发生防坠安全器制停吊笼的情况时，应查明制停原因，排除故障。并应检查吊笼、导轨架及钢丝绳，应确认无误并重新调整防坠安全器后运行。

（8）物料提升机夜间施工应有足够照明，照明用电应符合《施工现场临时用电安全技术规范》的规定。

（9）遭遇大雨、大雾、风速 13 m/s 及以上大风等恶劣天气时，物料提升机必须停止运行。

（10）作业结束后，应将吊笼放回最底层停放，控制的开关应扳至零位，并应切断电源，锁好开关箱。

第五节　高处作业安全防护技术

一、一般规定

按照现行国家标准《高处作业分级》的规定，"在距坠落高度基准面 2 m 及以上有可能坠落的高处进行的作业"，均称为高处作业。在建筑施工中，常常出现高于 2 m 的临边、洞口、攀登与悬空等作业，高处坠落的事故也屡见不鲜。因此，应严格按照安全技术规范要求施工。

（1）高处作业的安全技术措施及其所需料具，必须列入工程的施工组织设计。

（2）施工前应逐级进行安全技术教育及交底，落实所有安全技术措施和人身防护用品，未经落实不得进行施工。

（3）高处作业中的安全标志、工具、仪表、电气设施与各种设备，必须在施工前加以检查，确认完好后，方能投入使用。

（4）攀登和悬空高处作业人员以及搭设高处作业安全设施的人员，必须经过专业技术培训及专业考试合格，持证上岗，并必须定期进行体格检查。

（5）遇恶劣天气不得进行露天攀登与悬空高处作业。

（6）用于高处作业的防护设施，不得擅自拆除，确因作业需要临时拆除必须经项目经理部施工负责人同意，并采取相应的可靠措施，作业后应立即恢复。

（7）高处作业的防护门设施在搭拆过程中应相应设置警戒区并派人监护，严禁上、下同时拆除。

（8）高处作业安全设施的主要受力杆件，力学计算按一般结构力学公式，强度及刚度计算不考虑塑性影响，构造上应当符合现行相应规范的要求。

二、洞口作业

（1）楼板、屋面和平台等面上短边尺寸小于25 cm但大于2.5 cm的洞口，必须设有坚实盖板并能防止挪动移位。

（2）楼板面等处边长为25～50 cm的洞口，必须设置固定盖板，保持四周搁置均衡，并有固定其位置的措施。

（3）边长为50～150 cm的洞口，必须预埋通长钢筋网片，纵横钢筋间距不得大于20 cm；或满铺脚手板，脚手板应绑扎固定，任何人未经许可不得随意移动。

（4）边长在150 cm以上的洞口，四周必须搭设围护架，并且设双道防护栏杆，洞口中间支挂水平安全网，网的四周要拴挂牢固、严密。

（5）位于车辆行驶道路旁的洞口、深沟、管道、坑、槽等，所加盖板应能承受不小于当地额定卡车后轮有效承载力两倍的荷载。

（6）墙面等处的竖向洞口，凡落地的洞口应设置防护门或者绑防护栏杆，下设挡脚板。低于80 cm的竖向洞口，应加设1.2 m高的临时护栏。

（7）电梯井必须设不低于1.2 m的金属防护门，井内首层和首层以上每隔10 m设一道水平安全网，安全网应封闭。未经上级主管技术部门批准，电梯井内不得做垂直运输通道和垃圾通道。

（8）洞口必须按规定设置照明装置和安全标志。

三、临边作业

（1）尚未安装栏杆或挡脚板的阳台周边、无外架防护的屋面周边、框架结构楼层周边、雨篷与挑檐边、水箱与水塔周边、斜道两侧边、卸料平台外侧边，必须设置 1.2 m 高的两道护身栏杆并设置固定高度不低于 18 cm 的挡脚板或搭设固定的立网防护。

（2）护栏除经设计计算外，横杆长度大于 2 m 时，必须加设栏杆柱。栏杆柱的固定及其与横杆的连接，其整体构造在任何一处应能经受来自任何方向的 1 000 N 的外力。

（3）当临边的外侧面临街道时，除了防护栏杆外，敞口立面必须采取满挂小眼安全网或其他可靠措施作全封闭处理。

（4）分层施工的楼梯口、梯段边及休息平台处必须安装临时护栏，顶层楼梯口应随工程结构进度安装正式防护栏杆。回转式楼梯间应支设首层水平安全网，每隔 4 层设一道水平安全网。

（5）阳台栏板应随工程结构进度及时进行安装。

四、高险作业

（一）攀登作业

（1）攀登用具，结构构造上必须牢固可靠；移动式梯子均应当按现行的国家标准验收，以保证其质量。

（2）梯脚底部应坚实，不得垫高使用，梯子的上端应有固定措施。

（3）立梯工作角度以 75° ±5° 为宜，踏板上下间距以 30 cm 为宜，并不得有缺档。折梯使用时上部夹角以 35° ~ 45° 为宜，铰链必须牢固，并且有可靠的拉撑措施。

（4）使用直爬梯进行攀登作业时，攀登高度以 5 m 为宜，超出 2 m 宜加设护笼，超过 8 m 必须设置梯间平台。

（5）作业人员应从规定的通道上下，不得在阳台之间等非规定通道进行攀登，上、下梯子时，必须面向梯子，且不得手持器物。

（6）供人上下的踏板的使用荷载不应大于 1100N/m^2。当梯面上有特殊作业，重量超过上述荷载时，应按实际情况加以验算。

（二）悬空作业

（1）悬空作业处应有牢靠的立足处，并必须视具体情况配置防护栏网、栏杆或其他安全设施。

（2）悬空作业所用的索具、脚手板、吊篮、吊笼、平台等设备，均需经过技术鉴定或验证后方可使用。

（3）高空吊装预应力钢筋混凝土屋架、桁架等大型构件前，应搭设悬空作业中所需的安全设施。

（4）吊装中的大模板、预制构件及石棉水泥板等屋面板上，严禁站人和行走。

（5）支设模板应按规定的工艺进行，严禁在连接件和支撑件上攀登，并严禁在同一垂直面上装、拆模板。支设高度在 3 m 以上的柱模板四周应设斜撑，并应设立操作平台。

（6）绑扎钢筋和安装钢筋骨架时，必须搭设脚手架和马凳。绑扎立柱和墙体钢筋时，不得站在钢筋骨架上或攀登骨架上下，绑扎 3 m 以上的柱钢筋，必须搭设操作平台。

（7）浇筑离地 2 m 以上框架、过梁、雨篷和小平台时，应有操作平台，不得直接站在模板或支撑件上操作。

（8）悬空进行门窗作业时，严禁操作人员站在橖子、阳台栏板上操作，操作人员的重心应位于室内，不得在窗台上站立。

（9）特殊情况下若无可靠的安全设施，必须系好安全带并且扣好保险钩。

（10）预应力张拉区域应标示明显的安全标志，禁止非操作人员进入。张拉钢筋的两端必须设置挡板。挡板应距所张拉钢筋的端部 1.5 ~ 2 m，且应高出最上一组张拉钢筋 0.5 m，其宽度应距张拉钢筋两外侧各不小于 1 m。

五、交叉作业

（1）支模、粉刷、砌墙等各工种进行上下立体交叉作业时，不能在同一垂直方向上操作。下层操作必须在上层高度确定的可能坠落半径范围以外，不能满足要求时，应设置硬隔离防护层。

（2）钢模板、脚手架等拆除时，下方不得有其他人员操作，并应设专人监护。

（3）钢模板拆除后，其临时堆放处离楼层边沿不应小于 1m，并且堆放高度不得超过 1m。楼层边口、通道口、脚手架边缘处，严禁堆放任何拆下的物件。

（4）结构施工自二层起，凡人员进出的通道口（包括井架、施工用电梯的进出通道口），均应搭设安全防护棚。高度超过 24 m 的层次上的交叉作业，应设双层防护。

安全生产管理不但要监督检查安全计划和制度的贯彻实施，还应了解建筑施工中主要安全技术和安全控制的基本知识。本章应重点掌握土石方工程，脚手架工程，砌体、混凝土工程等常用建筑工程的安全施工技术及主要施工机械设备安全技术及高处（临边）作业安全技术。

第六章 施工现场用电、防火与文明施工

第一节 施工现场临时用电安全技术

一、临时用电安全管理基本要求

（一）临时用电施工组织设计

1. 临时用电组织设计的范围

按照《施工现场临时用电安全技术规范》的规定，临时用电设备在 5 台及以上或设备总容量在 50 kW 及以上者，应编制临时用电施工组织设计；临时用电设备在 5 台以下或设备总容量在 50 kW 以下者，应制定安全用电技术措施以及电气防火措施。这是施工现场临时用电管理应遵循的第一项技术原则。

2. 临时用电组织设计的程序

（1）临时用电工程图纸应单独绘制，临时用电工程应按图施工。

（2）临时用电组织设计编制以及变更时，必须履行"编制、审核、批准"程序，由电气工程技术人员组织编制，经相关部门审核以及具有法人资格企业的技术负责人批准后实施，变更用电组织设计时应补充有关图纸资料。

（3）临时用电工程必须经编制、审核、批准部门和使用单位共同验收，合格后方

可投入使用。

3. 临时用电组织设计的主要内容

（1）现场勘测。

（2）确定电源进线、变电所或配电室、配电装置、用电设备位置及线路走向。

（3）进行负荷计算。

（4）选择变压器。

（5）设计配电系统。

①设计配电线路，选择导线或电缆。

②设计配电装置，选择电器。

③设计接地装置。

④绘制临时用电工程图纸，主要包括用电工程总平面图、配电装置布置图、配电系统接线图以及接地装置设计图。

⑤设计防雷装置。

⑥确定防护措施。

⑦制定安全用电措施和电气防火措施。

4. 临时用电施工组织设计审批

（1）施工现场临时用电施工组织设计必须由施工单位的电气工程技术人员编制，技术负责人审核。封面上要注明工程名称、施工单位、编制人并且加盖单位公章。

（2）施工单位所编制的施工组织设计，必须符合《施工现场临时用电安全技术规范》中的有关规定。

（3）临时用电施工组织设计必须在开工前 15 d 内报上级主管部门审核，经批准后方可进行临时用电施工。施工时要严格执行审核后的施工组织设计，按图施工。当需要变更施工组织设计时，应补充有关图纸资料，同样需上报主管部门批准，待批准后，按照修改前后的临时用电施工组织设计对照施工。

（二）电工及用电人员的要求

（1）电工必须经过国家现行标准考核，合格后才能持证上岗工作；其他用电人员必须通过相关职业健康安全教育培训和技术交底，考核合格后方可上岗工作。

（2）安装、巡检、维修或拆除临时用电设备和线路，必须由电工完成，并应有人监护。

（3）电工等级应同工程的难易程度与技术复杂性相适应。

（4）各类用电人员应掌握安全用电基本知识和所用设备的性能。

（5）使用电气设备前必须按规定穿戴和配备好相应的劳动防护用品，并应检查电气装置和保护设施，严禁设备带"缺陷"运转。

（6）用电人员应保管和维护所用设备，发现问题及时报告解决。

（7）现场暂时停用设备的开关箱必须分断电源隔离开关，并应关门上锁。

（8）用电人员移动电气设备时，必须经电工切断电源并做好妥善处理后再进行。

（三）临时用电安全技术交底

对于现场中一些固定机械设备的防护和操作应进行如下交底：

（1）开机前，认真检查开关箱内的控制开关设备是否齐全有效，漏电保护器是否可靠，发现问题及时向工长汇报，由工长派电工处理。

（2）开机前，应仔细检查电气设备的接零保护线端子有无松动，严禁赤手触摸一切带电绝缘导线。

（3）严格执行安全用电规范，凡一切属于电气维修及安装的工作，必须由电工来操作，严禁非电工进行电工作业。

（4）施工现场临时用电施工必须执行施工组织设计和职业健康安全操作规程。

二、外电防护

（1）在建工程不得在外电架空线路正下方施工、搭设作业棚、建造生活设施或堆放构件、架具、材料及其他杂物等。

（2）施工现场开挖沟槽边缘与外电埋地电缆沟槽边缘之间的距离不得小于 0.5 m。

（3）防护设施宜采用木、竹或其他绝缘材料搭设，不宜采用钢管等金属材料搭设。防护设施应坚固、稳定，且对外电线路的隔离防护应达到了 IP30 级。

（4）架设防护设施时，必须经有关部门批准，采取线路暂时停电或其他可靠的职业健康安全技术措施，并应有电气工程技术人员和专职安全人员监护。

（5）在外电架空线路附近开挖沟槽时，必须会同有关部门采取加固措施，以防止外电架空线路电杆倾斜、悬倒。

（6）电气设备现场周围不得存放易燃易爆物、污染源和腐蚀介质，否则应予以清除或做防护处理，其防护等级必须和环境条件相适应。

（7）电气设备设置场所应能避免物体打击和机械损伤，否则应做防护处理。

三、配电室

（1）配电室应靠近电源，并应设在灰尘少、潮气少、振动小、无腐蚀介质、无易燃易爆物及道路畅通的地方。

（2）成列的配电柜和控制柜两端应与重复接地线及保护零线做电气连接。

（3）配电室和控制室应能自然通风，并应采取防止雨雪侵入和动物进入的措施。

（4）配电室内的布置要符合以下要求：

①配电柜正面的操作通道宽度，单列布置或者双列背对背布置不小于 1.5 m，双列面对面布置不小于 2 m。

②配电柜后面的维护通道宽度，单列布置或双列面对面布置不小于 0.8 m，双列背对背布置不小于 1.5 m，个别建筑物有结构凸出的地方，则此点通道宽度可减少 0.2 m。

③配电柜侧面的维护通道宽度应不小于 1 m。

④配电室的顶棚与地面的距离应不低于 3 m。

⑤配电室内设置值班室或检修室时，该室边缘距配电柜的水平距离应大于 1m，并采取屏障隔离。

⑥配电室内的裸母线与地面垂直距离小于 2.5 m 时，应采用了遮拦隔离，遮拦下面通道的高度不小于 1.9 m。

⑦配电装置的上端距顶棚应不小于 0.5 m。

⑧配电室内的母线涂刷有色油漆，以标志相序。以配电柜正面方向为基准，其涂色应符合表 6-1 的规定。

表 6-1 母线涂色

相别	颜色	垂直排列	水平排列	引下排列
L_1（A）	黄	上	后	左
L_2（B）	绿	中	中	中
L_3（C）	红	下	前	右
N	淡蓝	—	—	—

⑨配电室建筑物和构筑物的耐火等级应不低于 3 级，室内配置砂箱和可用于扑灭电气火灾的灭火器。

⑩配电室的门应向外开，并配锁。

⑪配电室的照明应分别设置正常照明和事故照明。

（5）配电柜应装设电度表，并应装设电流表、电压表。电流表与计费电度表不得共用一组电流互感器。

（6）配电柜应装设电源隔离开关以及短路、过载、漏电保护电器。电源隔离开关分断时应有明显可见分断点。

（7）配电柜应编号，并应有用途标记。

（8）配电柜或配电线路停电维修时，应挂接地线，并应悬挂"禁止合闸，有人工作"停电标志牌。停送电必须由专人负责。

（9）配电室应保持整洁，不得堆放任何妨碍操作及维修的杂物。

四、电缆线路

（1）电缆中必须包含全部工作芯线和用作保护零线或保护线的芯线。需要三相四线制配电的电缆线路必须采用五芯电缆。五芯电缆必须包含淡蓝、绿/黄两种颜色绝缘芯线。淡蓝色芯线必须用作 N 线；绿/黄双色芯线必须用作 PE 线，严禁混用。

（2）电缆线路应采用埋地或架空敷设，严禁沿地面明设，并且应避免机械损伤和介质腐蚀。埋地电缆路径应设方位标志。

（3）电缆埋地敷设宜选用铠装电缆，当选用无铠装电缆时，应能防水、防腐。架空敷设宜选用无铠装电缆。

（4）埋地电缆在穿越建筑物、构筑物、道路、易受机械损伤和介质腐蚀场所及引出地面从 2.0 m 高到地下 0.2 m 处，必须加设防护套管，防护套管内径不应小于电缆外径的 1.5 倍。

（5）在建工程内的电缆线路必须采用电缆埋地引入，严禁穿越脚手架引入。电缆垂直敷设应充分利用在建工程的竖井、垂直孔洞等，并宜靠近用电负荷中心，固定点每楼层不得少于一处。电缆水平敷设宜沿墙或者门口刚性固定，最大弧垂距地不得小于 2.0 m。

（6）装饰装修工程或其他特殊阶段应补充编制单项施工用电方案。电源线可沿墙角、地面敷设，但应采取防机械损伤和电火措施，可采用穿阻燃绝缘管或线槽等遮护的办法。

（7）电缆直接埋地敷设的深度不应小于 0.7 m，并应在电缆紧邻上、下、左、右侧均匀敷设不小于 50 mm 厚的细砂，然后覆盖砖或混凝土板等硬质保护层。

（8）埋地电缆与其附近外电电缆和管沟的平行间距不得小于 2 m，交叉间距不得小于 1 m。

（9）埋地电缆的接头应设在地面上的接线盒内，接线盒应能防水、防尘、防机械损伤，并应远离易燃、易爆、易腐蚀场所。

（10）架空电缆应沿电杆、支架或墙壁敷设，并采用绝缘子固定，绑扎线必须采用绝缘线，固定点间距应保证电缆能承受自重所带来的荷载，敷设高度应符合《施工现场临时用电安全技术规范》关于架空线路敷设高度的要求，但是沿墙壁敷设时最大弧垂距地不得小于 2.0 m。

（11）架空电缆严禁沿脚手架、树木或其他设施敷设。

五、室内配线

（1）室内配线应根据配线类型，采用瓷瓶、瓷（塑料）夹、嵌绝缘槽、穿管或钢索敷设。

（2）室内非埋地明敷主干线距地面高度不得小于 2.5 m。

（3）架空进户线的室外端应采用绝缘子固定，过墙处应穿管保护，距地面高度不得小于 2.5 m，并且应采取防雨措施。

（4）室内配线所用导线或电缆的截面应根据用电设备或线路的计算负荷确定，但铜线截面面积不应小于 1.5 mm^2，铝线截面面积不应小于 2.5 mm^2。

（5）钢索配线的吊架间距不应大于 12 m。采用瓷夹固定导线时，导线间距不应小于 35 mm，瓷夹间距不应大于 800 mm；采用瓷瓶固定导线时，导线间距不应小于 100 mm，瓷瓶间距不应大于 1.5 m；采用护套绝缘导线或电缆时，可直接敷设于钢索上。

六、施工照明

（一）一般场所

（1）现场照明宜选用额定电压为 220 V 的照明器，并采用高光效、长寿命的照明光源。对需要大面积照明的场所，应采用高压汞灯、高压钠灯或混光用的卤钨灯等。

（2）照明变压器必须使用双绕组型安全隔离变压器，严禁使用自耦变压器。

（3）照明系统宜使三相负荷平衡，其中每一单相回路上，灯具与插座数量不应超过 25 个，负荷电流不宜超过 15 A。

（4）室外 220 V 灯具距地面不得低于 3 m，室内 220 V 灯具距地面不得低于 2.5 m。

（5）普通灯具与易燃物距离不应小于 300 mm；聚光灯、碘钨灯等高热灯具与易燃物距离不应小于 500 mm，且不得直接照射易燃物。达不到规定距离时，应采取隔热措施。

（6）碘钙灯及钠、铊、铟等金属卤化物灯具的安装高度应在 3 m 以上，灯线应固定在接线柱上，不得靠近灯具表面。

（7）螺口灯头及其接线应符合下列要求：

①灯头的绝缘外壳无损伤、无漏电。

②相线接在与中心触头相连的一端，零线接在与螺纹口相连的一端。

（8）暂设工程的照明灯具宜采用拉线开关控制，开关安装位置宜符合下列要求：

①拉线开关距地面高度为 2 ~ 3 m，和出入口的水平距离为 0.15 ~ 0.2 m，拉线的出口向下。

②其他开关距地面高度为 1.3 m，与出入口的水平距离为 0.15 ~ 0.2 m。

（9）携带式变压器的一次侧电源线应采用了橡皮护套或塑料护套铜芯软电缆，中间不得有接头，长度不宜超过 3 m，其中，绿/黄双色芯线只可做 PE 线使用，电源插销应有保护触头。

（二）特殊场所

（1）下列特殊场所应使用安全电压照明器：

①隧道，人防工程，高温、有导电灰尘、比较潮湿或灯具离地面高度低于 2.5 m 的场所等的照明，电源电压不应大于 36 V。

②潮湿和易触及带电体场所的照明，电源电压不得大于 24 V。

③特别潮湿的场所、导电良好的地面、锅炉或者金属容器内的照明，电源电压不得大于 12 V。

（2）使用行灯应符合下列要求：

①电源电压不大于 36 V。

②灯体与手柄应坚固、绝缘良好并耐热耐潮湿。

③灯头与灯体结合牢固，灯头无开关。

④灯泡外部有金属保护网。

⑤金属网、反光罩、悬吊挂钩固定在灯具的绝缘部位上。

（3）路灯的每个灯具应单独装设熔断器保护，灯头线应做防水弯。

（4）荧光灯管应采用管座固定或者用吊链悬挂，荧光灯的镇流器不得安装在易燃的结构物上。

（5）投光灯的底座应安装牢固，按需要的光轴方向将枢轴拧紧固定。

（6）灯具内的接线必须牢固，灯具外的接线必须做可靠的防水绝缘包扎。

（7）灯具的相线必须经开关控制，不得将相线直接引入灯具。

（8）对夜间影响飞机飞行或车辆通行的在建工程及机械设备，必须设置醒目的红色信号灯，其电源应设在施工现场总电源开关的前侧，并应设置外电线路停止供电时的应急自备电源。

（9）无自然采光的地下大空间施工场所，应编制单项照明用电方案。

第二节　施工现场防火

一、施工现场平面布置

（一）防火间距要求

施工现场临时办公、生活、生产以及物料存贮等功能区宜相对独立布置，防火间距应符合下列规定。

（1）易燃易爆危险品库房与在建工程的防火间距不应小于 15 m，可燃材料堆场及其加工场、固定动火作业场和在建工程的防火间距不应小于 10 m，其他临时用房、临时设施与在建工程的防火间距不应小于 6 m。

（2）施工现场主要临时用房、临时设施的防火间距不应小于表 6-2 的规定，当办公用房、宿舍成组布置时，其防火间距可适当减小，但应符合下列规定。

①每组临时用房的栋数不应超过 10 栋，组和组之间的防火间距不应小于 8 m。

②组内临时用房之间的防火间距不应小于 3.5 m，当建筑构件燃烧性能等级为 A 级时，其防火间距可减少至 3 m。

表6-2　施工现场主要临时用房、临时设施的防火间距

单位：m

名称	防火间距						
	办公用房、宿舍	发电机房、变配电房	可燃材料库房	厨房操作间、锅炉房	可燃材料堆场及其加工场	固定动火作业场	易燃易爆危险总库房
办公用房、宿舍	4	4	5	5	7	7	10
发电机房、变配电房	4	4	5	5	7	7	10
可燃材料库房	5	5	5	5	7	7	10
厨房操作间、锅炉房	5	5	5	5	7	7	10
可燃材料堆场及其加工场	7	7	7	7	10	10	12
固定动火作业场	7	7	7	7	10	10	12
易燃易爆危险品库房	10	10	10	10	10	12	12

（二）现场的道理及消防要求

（1）施工现场内应设置临时消防车道，临时消防车道与在建工程、临时用房、可燃材料堆场及其加工场的距离不宜小于5 m，且不宜大于40 m；当施工现场周边道路满足消防车通行以及灭火救援要求时，施工现场内可不设置临时消防车道。

（2）临时消防车道的设置应符合下列规定：

①临时消防车道宜为环形，设置环形车道确有困难时，应在消防车道尽端设置尺寸不小于12 m×12 m的回场。

②临时消防车道的净宽度和净空高度均不应小于4 m。

③临时消防车道的右侧应设置消防车行进路线指示标识。

④临时消防车道路基、路面及其下部设施应能承受消防车通行压力与工作荷载。

（3）下列建筑应设置环形临时消防车道，设置环形临时消防车道确有困难时，除应设置回车场外，还应当设置临时消防救援场地：

①建筑高度大于24 m的在建工程。

②建筑工程单体占地面积大于3000 m²的在建工程。

③超过10栋，且成组布置的临时用房。

（4）临时消防救援场地的设置应符合下列规定：

①临时消防救援场地应在在建工程装饰装修阶段设置。

②临时消防救援场地应设置在成组布置的临时用房场地的长边一侧及在建工程的长边一侧。

③临时救援场地宽度应满足消防车正常操作要求，并且不应小于6 m，与在建工程外脚手架的净距不宜小于2 m，且不宜超过6 m。

（三）临时消防设施要求

1. 一般规定

（1）施工现场应设置灭火器、临时消防给水系统和应急照明等临时消防设施。

（2）临时消防设施应与在建工程的施工同步设置。房屋建筑工程中，临时消防设施的设置与在建工程主体结构施工进度的差距不应超过3层。

（3）在建工程可利用已具备使用条件的永久性消防设施作为临时消防设施。当永久性消防设施无法满足使用要求时，应增设临时消防设施，并且应满足相应设施的设置要求。

（4）施工现场的消火栓泵应采用专用消防配电线路。专用消防配电线路应自施工现场总配电箱的总断路器上端接入，且应保持不间断供电。

（5）地下工程的施工作业场所宜配备防毒面具。

（6）临时消防给水系统的贮水池、消火栓泵、室内消防竖管及水泵接合器等应设置醒目标志。

2. 灭火器

（1）在建工程及临时用房的下列场所应配置灭火器：

①易燃易爆危险品存放及使用场所；

②动火作业场所；

③可燃材料存放、加工及使用场所；

④厨房操作间、锅炉房、发电机房、变配电房、设备用房、办公用房以及宿舍等临时用房；

⑤其他具有火灾危险的场所。

（2）施工现场灭火器配置应符合下列规定：

①灭火器的类型应与配备场所可能发生的火灾类型相匹配；

②灭火器的最低配置标准和灭火器的配置数量应按现行国家标准《建筑灭火器配置设计规范》的有关规定经计算确定，并且每个场所的灭火器数量应不少于2具。

3. 临时消防给水系统

（1）施工现场或其附近应设置稳定、可靠的水源，并应能满足施工现场临时消防用水的需要。消防水源可采用市政给水管网或天然水源。当采用天然水源时，应采取确保冰冻季节、枯水期最低水位时顺利取水的措施，并应满足临时消防用水量的要求。

（2）临时消防用水量应为临时室外消防用水量和临时室内消防用水量之和。

（3）临时室外消防用水量应按临时用房和在建工程的临时室外消防用水量的较大者确定，施工现场火灾大小可按同时发生1次确定。

（4）临时用房建筑面积之和大于1000 m^2 或在建工程单体体积大于10000^3 时，应设置临时室外消防给水系统。当施工现场处于市政消火栓150 m保护范围内，且市政消火栓的数量满足室外消防用水量要求时，可不设置临时室外消防给水系统。

（5）施工现场临时室外消防给水系统的设置应符合下列规定。

①给水管网宜布置成环状。

②临时室外消防给水干管的管径，应根据施工现场临时消防用水量和干管内水流计算速度计算确定，且不应小于 DN100。

③室外消火栓应沿在建工程、临时用房和可燃材料堆场及其加工场均匀布置，与在建工程、临时用房和可燃材料堆场以及其加工场的外边线的距离不应小于 5 m。

④消火栓的间距不应大于 120 m。

⑤消火栓的最大保护半径不应大于 150 m。

（6）建筑高度大于 24 m 或单体体积超过 30 000 m³ 的在建工程，应设置临时室内消防给水系统。

4. 应急照明

（1）施工现场的下列场所应配备临时应急照明：

①自备发电机房以及变配电房；

②水泵房；

③无天然采光的作业场所及疏散通道；

④高度超过 100 m 的在建工程的室内疏散通道；

⑤发生火灾时仍需坚持工作的其他场所。

（2）作业场所应急照明的照度不应当低于正常工作所需照度的 90%，疏散通道的照度值不应小于 0.4 lx。

（3）临时消防应急照明灯具宜选用自备电源的应急照明灯具，自备电源的连续供电时间不应小于 60 min。

二、建筑防火要求

（一）临时用房防火

（1）宿舍、办公用房的防火设计应符合下列规定：

①建筑构件的燃烧性能等级应为 A 级，当采用金属夹芯板材时，其芯材的燃烧性能等级应为 A 级。

②建筑层数不应超过 3 层，每层建筑面积不应大于 300 m²。

③层数为 3 层或每层建筑面积大于 200 m² 时，应设置至少 2 部疏散楼梯，房间疏散门至疏散楼梯的最大距离不应大于 25 m。

④单面布置用房时，疏散走道的净宽度不应小于 1.0 m；双面布置用房时，疏散走道的净宽度不应小于 1.5 m。

⑤疏散楼梯的净宽度不应小于疏散走道的净宽度。

⑥宿舍房间的建筑面积不应大于 30 m²，其他房间的建筑面积不宜大于 100 m²。

⑦房间内任意一点至最近疏散门的距离不应大于 15 m，房门的净宽度不应小于

0.8 m，房间建筑面积超过 50 m² 时，房门的净宽度不应小于 1.2 m。

⑧隔墙应从楼地面基层隔断至顶板基层底面。

（2）发电机房、变配电房、厨房操作间、锅炉房、可燃材料库房以及易燃易爆危险品库房的防火设计应符合下列规定：

①建筑构件的燃烧性能等级应为 A 级。

②层数应为 1 层，建筑面积不应大于 200 m²。

③可燃材料库房单个房间的建筑面积不应超过 30 m²，易燃易爆危险品库房单个房间的建筑面积不应超过 20 m²。

④房间内任意一点至最近疏散门的距离不应大于 10 m，房门的净宽度不应小于 0.8 m。

（3）其他防火设计应符合下列规定：

①宿舍、办公用房不应与厨房操作间、锅炉房、变配电房等组合建造。

②会议室、文化娱乐室等人员密集的房间应设置在临时用房的第一层，其疏散门应向疏散方向开启。

（二）在建工程防火

（1）在建工程作业场所的临时疏散通道应采用不燃、难燃材料建造，并与在建工程结构施工同步设置，也可利用在建工程施工完毕的水平结构及楼梯。

（2）在建工程作业场所临时疏散通道的设置应符合下列规定：

①耐火极限不应低于 0.5 h。

②设置在地面上的临时疏散通道，其净宽度不应小于 1.5 m；利用在建工程施工完毕的水平结构、楼梯作临时疏散通道时，其净宽度不应小于 1.0 m；用于疏散的爬梯及设置在脚手架上的临时疏散通道，其净宽度不应小于 0.6 m。

③临时疏散通道为坡道，且坡度大于 25° 时，应修建楼梯或台阶踏步或设置防滑条。

④临时疏散通道不宜采用爬梯，确需采用时，应采取可靠固定措施。

⑤临时疏散通道的侧面为临空面时，应沿临空面设置高度不小于 1.2 m 的防护栏杆。

⑥临时疏散通道设置在脚手架上时，脚手架应采用不燃材料搭设。

⑦临时疏散通道应设置明显的疏散指示标识。

⑧临时疏散通道应设置照明设施。

（3）既有建筑进行扩建、改建施工时，必须明确划分施工区和非施工区，施工区不得营业、使用和居住。非施工区继续营业、使用和居住时，应符合下列规定：

①施工区和非施工区之间应采用不开设门、窗、洞口的耐火极限不低于 3.0 h 的不燃烧体隔墙进行防火分隔。

②非施工区内的消防设施应完好有效，疏散通道应保持畅通，并且落实日常值班和消防安全管理制度。

③施工区的消防安全应配有专人值守，若发生火情能立即处置。

④施工单位应向居住和使用者进行消防宣传教育，告知建筑消防设施、疏散通道的

位置和使用方法，同时应组织疏散演练。

⑤外脚手架搭设不应影响安全疏散、消防车正常通行和灭火救援操作，外脚手架搭设长度不应超过该建筑物外立面周长的1/2。

（4）外脚手架、支模架的架体宜采用不燃或者难燃材料搭设，下列工程的外脚手架、支模架的架体应采用不燃材料搭设：

①高层建筑。

②既有建筑改造工程。

（5）下列安全防护网应采用阻燃型安全防护网：

①高层建筑外脚手架的安全防护网。

②既有建筑外墙改造时，其外脚手架的安全防护网。

③临时疏散通道的安全防护网。

（6）作业场所应设置明显的疏散指示标志，其指示方向应指向最近的临时疏散通道入口。

（7）作业层的醒目位置应设置安全疏散示意图。

三、季节防火要求

（一）冬期施工

冬期施工，主要应制定防火、防滑、防冻、防煤气中毒、防亚硝酸钠中毒以及防风的安全措施。

1. 防火要求

（1）加强冬季防火安全教育，提高全体人员的防火意识。普遍教育与特殊防火工种的教育相结合，根据冬期施工防火工作的特点，入冬前对电气焊工、司炉工、木工、油漆工、电工、炉火安装和管理人员、警卫巡逻人员进行有针对性的教育和考试。

（2）冬期施工中，国家级重点工程、地区级重点工程、高层建筑工程及起火后不易扑救的工程，禁止使用可燃材料作为保温材料，应采用不燃或难燃材料进行保温。

（3）一般工程可采用可燃材料进行保温，但是必须进行严格管理。使用可燃材料进行保温的工程，必须设专人进行监护、巡逻检查。人员的数量应根据使用可燃材料的数量、保温的面积而定。

（4）冬期施工中，保温材料定位后，禁止一切用火、用电作业，且照明线路、照明灯具应远离可燃的保温材料。

（5）冬期施工中，保温材料使用完毕后，要随时进行清理，集中存放和保管。

（6）冬季现场供暖锅炉房，宜建造在施工现场的下风方向，远离在建工程，易燃和可燃建筑，露天可燃材料堆场、料库等；锅炉房应不低于二级耐火等级。

（7）烧蒸汽锅炉的人员必须要经过专门培训取得司炉证后才能独立作业。烧热水锅炉的人员也要经过培训合格后方能上岗。

（8）冬期施工的加热采暖方法，应尽量使用暖气，如果用火炉，必须事先提出方案和防火措施，经消防保卫部门同意后方能开火。但在油漆、喷漆、油漆调料间、木工房、料库、使用高分子装修材料的装修阶段，禁止用火炉采暖。

（9）各种金属与砖砌火炉，必须完整良好，不得有裂缝，各种金属火炉和模板支柱、斜撑、拉杆等可燃物和易燃保温材料的距离不得小于1m，已做保护层的火炉与可燃物的距离不得小于70 cm。各种砖砌火炉壁厚不得小于30 cm。在没有烟囱的火炉上方不得有拉杆、斜撑等可燃物，必要时须架设铁板等非燃材料隔热，其隔热板应比炉顶外围的每一边都多出15 cm以上。

（10）在木地板上安装火炉，必须设置炉盘，有脚的火炉炉盘厚度不得小于12 cm，无脚的火炉炉盘厚度不得小于18 cm。炉盘应伸出炉门前50 cm，伸出炉后左右各15 cm。

（11）各种火炉应根据需要设置高出炉身的火档。各种火炉的炉身、烟囱和烟囱出口等部分与电源线和电气设备应保持50 cm以上的距离。

（12）炉火必须由受过安全消防常识教育的专人看守，每人看管火炉的数量不宜过多。

（13）火炉看火人严格执行检查值班制度和操作程序。火炉着火后，不准离开工作岗位，值班时间不允许睡觉或做和工作无关的事情。

（14）移动各种加热火炉时，必须先将火熄灭后方准移动。掏出的炉灰必须随时用水浇灭后倒在指定地点。禁止用易燃、可燃液体点火。填的煤不应过多，以不超出炉口上沿为宜，防止热煤掉出引起可燃物起火。不准在火炉上熬炼油料及烘烤易燃物品。

（15）工程的每层都应配备灭火器材。

（16）用热电法施工，要加强检查和维修，防止触电和火灾。

2. 防滑要求

（1）冬期施工中，在施工作业前，对斜道、通行道、爬梯等作业面上的霜冻、冰块、积雪要及时清除。

（2）冬期施工中，现场脚手架搭设接高前必须将钢管上的积雪清除，等到霜冻、冰块融化后再施工。

（3）冬期施工中，若通道防滑条有损坏要及时补修。

3. 防冻要求

（1）入冬前，按照冬期施工方案材料要求提前备好保温材料，对施工现场怕受冻材料和施工作业面（如现浇混凝土）按技术要求采用了保温措施。

（2）冬期施工工地（指北方的），应尽量安装地下消火栓，在入冬前应进行一次试水，加少量润滑油。

（3）消火栓用草帘、锯末等覆盖，做好保温工作，以防冻结。

（4）冬天下雪时，应及时扫除消火栓上的积雪，以免雪化后将消火栓井盖冻住。

（5）高层临时消防竖管应进行保温或将水放空，消防水泵内应考虑采暖措施，以免冻结。

（6）入冬前，应做好消防水池的保温工作，并随时进行检查，发现冻结时应进行破冻处理。一般方法是在水池上盖上木板，木板上再盖上 40 ~ 50 cm 厚的稻草、锯末等。

（7）入冬前，应将泡沫灭火器、清水灭火器等放入有采暖的地方，并且套上保温套。

4. 防中毒要求

（1）冬季取暖炉的防煤气中毒设施，必须齐全、有效，建立验收合格证制度，经验收合格发证后，方准使用。

（2）冬期施工现场，加热采暖和宿舍取暖用火炉时，要注意经常通风换气。

（3）对亚硝酸钠要加强管理，严格发放制度，要按定量改革小包装，并加上水泥、细砂、粉煤灰等，将其改变颜色，以防止误食中毒。

（二）雨期施工

雨期施工，主要制定防触电、防雷、防坍塌、防火、防台风的安全措施。

1. 防触电要求

（1）雨季到来之前，应对现场每个配电箱、用电设备、外敷电线、电缆进行一次彻底的检查，采取相应的防雨、防潮保护。

（2）配电箱必须防雨、防水，电器布置符合规定，电器元件不应破损，严禁带电明露。机电设备的金属外壳，必须采取可靠的接地或接零保护。

（3）外敷电线、电缆不得有破损，电源线不得使用裸导线和塑料线，也不得沿地面敷设，防止因短路造成起火事故。

（4）雨季到来前，应检查手持电动工具的漏电保护装置是否灵敏。工地临时照明灯、标志灯，其电压不超过 36 V；特别潮湿的场所以及金属管道和容器内的照明灯不超过 12 V。

（5）阴雨天气，电气作业人员应尽量避免露天作业。

2. 防雷要求

（1）雨季到来前，塔机、外用电梯、钢管脚手架、井架、龙门架等高大设施，以及在施工的高层建筑工程等应安装可靠的避雷设施。

（2）塔式起重机的轨道，一般应设两组接地装置；对较长的轨道应每隔 20 m 补做一组接地装置。

（3）高度在 20 m 及以上的井字架、门式架等垂直运输的机具金属构架上，应将一侧的中间立杆接高，高出顶端 2 m 作为接闪器，在该立杆的下部设置接地线与接地极相连，同时应将卷扬机的金属外壳可靠接地。

（4）在施高大建筑工程的脚手架，沿建筑物四角及四边利用钢脚手架本身加高 2 ~ 3 m 做接闪器，下端与接地极相连，接闪器间距不应超过 24 m。比如施工的建筑物中都有凸出高点，也应做类似的避雷针。随着脚手架的升高，接闪器也应及时加高。防雷引下线不应少于 2 处。

（5）雷雨季节拆除烟囱、水塔等高大建（构）筑物脚手架时，应待正式工程防雷装置安装完毕并已接地后，再拆除脚手架。

（6）塔式起重机等施工机具的接地电阻应不大于 4 Ω，其他防雷接地电阻一般不大于 10 Ω。

3. 防坍塌要求

（1）暴雨、台风前后，应检查工地临时设施、脚手架、机电设施有无倾斜，基土有无变形、下沉等现象，发现问题及时修理加固，有严重危险的应立即排除。

（2）雨季中，应尽量避免挖土方、管沟等作业，已挖好的基坑和沟边应采取挡水措施和排水措施。

（3）雨后施工前，应检查沟槽边有无积水，坑槽有无裂纹或者土质松动现象，防止积水渗漏，造成塌方。

4. 防火要求

（1）雨季中，生石灰、石灰粉的堆放应远离可燃材料，防止因受潮或雨淋产生高热而引起周围可燃材料起火。

（2）雨季中，稻草、草帘、草袋等堆垛不宜过大，垛中应留通气孔，顶部应防雨，防止因受潮、遇雨发生自燃。

（3）雨季中，电石、乙炔气瓶、氧气瓶、易燃液体等应在库内或者棚内存放，禁止露天存放，防止因受雷雨、日晒发生起火事故。

（三）暑期施工

夏季气候炎热，高温时间持续较长，主要制定防火防暑降温的安全措施。

（1）合理调整作息时间，避开中午高温时间工作，严格控制工人加班、加点，工人的工作时间要适当缩短，保证工人有充足的休息和睡眠时间。

（2）对容器内和高温条件下的作业场所，要采取的措施，搞好通风和降温。

（3）对露天作业集中和固定场所，应搭设歇凉棚，防止热辐射，并要经常洒水降温。高温、高处作业的工人，需经常进行健康检查，发现有作业禁忌证者应及时调离高温和高处作业岗位。

（4）要及时供应符合卫生要求的茶水、清凉含盐饮料、绿豆汤等。

（5）要经常组织医护人员深入工地进行巡回医疗和预防工作。重视年老体弱、患过中暑者和血压较高的工人身体情况的变化。

（6）及时给职工发放防暑降温的急救药品与劳动保护用品。

四、防火管理

（一）一般规定

（1）施工现场的消防安全管理应由施工单位负责。实行施工总承包时，应由总承包单位负责，分包单位应向总承包单位负责，并应服从总承包单位的管理，同时应承担国家法律、法规规定的消防责任和义务。

（2）监理单位应对施工现场的消防安全管理实施监理。

（3）施工单位应根据建设项目规模、现场消防安全管理的重点，在施工现场建立消防安全管理组织机构及义务消防组织，并且确定消防安全负责人和消防安全管理人员，同时应落实相关人员的消防安全管理责任。

（4）施工单位应针对施工现场可能导致火灾发生的施工作业及其他活动，制定消防安全管理制度，消防安全管理制度应包括下列主要内容：

①消防安全教育与培训制度。

②可燃及易燃易爆危险品管理制度。

③用火、用电、用气管理制度。

④消防安全检查制度。

⑤应急预案演练制度。

（5）施工单位应编制施工现场防火技术方案，并应根据现场情况变化及时对其修改、完善，防火技术方案应包括下列主要内容：

①施工现场重大火灾危险源辨识。

②施工现场防火技术措施。

③临时消防设施、临时疏散设施配备。

④临时消防设施和消防警示标志布置图。

（6）施工单位应编制施工现场灭火及应急疏散预案，灭火以及应急疏散预案应包括下列主要内容：

①应急灭火处置机构及各级人员应急处置职责。

②报警、接警处置的程序和通讯联络的方式。

③扑救初起火灾的程序和措施。

④应急疏散及救援的程序和措施。

（7）施工人员进场时，施工现场的消防安全管理人员应向施工人员进行消防安全教育和培训。消防安全教育和培训应包括下列内容：

①施工现场消防安全管理制度、防火技术方案、灭火以及应急疏散预案的主要内容。

②施工现场临时消防设施的性能及使用、维护方法。

③扑灭初起火灾及自救逃生的知识和技能。

④报警、接警的程序和方法。

（8）施工作业前，施工现场的施工管理人员应向作业人员进行消防安全技术交底，消防安全技术交底应包括了下列主要内容：

①施工过程中可能发生火灾的部位或环节。

②施工过程应采取的防火措施及应配备的临时消防设施。

③初起火灾的扑救方法和注意事项。

④逃生方法和路线。

（9）施工过程中，施工现场的消防安全负责人应定期组织消防安全管理人员对施工现场的消防安全进行检查，消防安全检查应包括下列主要内容：

①可燃物和易燃易爆危险品的管理是否落实。

②动火作业的防火措施是否落实。

③用火、用电、用气是否存在违章操作，电、气焊和保温、防水施工是否执行操作规程。

④临时消防设施是否完好有效。

⑤临时消防车道和临时疏散设施是否畅通。

（10）施工单位应依据灭火和应急疏散预案，定期开展灭火与应急疏散的演练。

（11）施工单位应做好并保存施工现场消防安全管理的相关文件和记录，并建立现场消防安全管理档案。

（二）可燃物及易燃易爆危险品管理

（1）用于在建工程的保温、防水、装饰及防腐等材料的燃烧性能等级应符合设计要求。

（2）可燃材料及易燃易爆危险品应按计划限量进场。进场后，可燃材料宜存放于库房内，露天存放时，应分类成垛堆放，垛高不应超过 2 m，单垛体积不应超过 50 m³，垛与垛之间的最小间距不应小于 2 m，且应采用不燃或难燃材料覆盖；易燃易爆危险品应分类专库储存，库房内应通风良好，并应设置严禁明火标志。

（3）室内使用油漆及其有机溶剂、乙二胺、冷底子油等易挥发产生易燃气体的物资作业时，应保持良好通风，作业场所严禁明火，并且应避免产生静电。

（4）施工所产生的可燃、易燃建筑垃圾或余料，应及时清理。

（三）用火、用电、用气管理

1. 施工现场用火应符合下列规定

（1）动火作业应办理动火许可证，动火许可证的签发人收到动火申请后，应前往现场查验并确认动火作业的防火措施落实后，再签发动火许可证。

（2）动火操作人员应具有相应资格。

（3）焊接、切割、烘烤或者加热等动火作业前，应对作业现场的可燃物进行清理，作业现场及其附近无法移走的可燃物应采用不燃材料对其覆盖或者隔离。

（4）施工作业安排时，宜将动火作业安排在使用可燃建筑材料的施工作业前进行，确需在使用可燃建筑材料的施工作业之后进行动火作业时，应采取可靠的防火措施。

（5）裸露的可燃材料上严禁直接进行动火作业。

（6）焊接、切割、烘烤或加热等动火作业应配备灭火器材，并应设置动火监护人进行现场监护，每个动火作业点均应设置 1 个监护人。

（7）5 级（含 5 级）以上风力时，应停止焊接、切割等室外动火作业，确需动火作业时，应采取可靠的挡风措施。

（8）动火作业后，应对现场进行检查，并应在确认无火灾危险后，动火操作人员再离开。

（9）具有火灾、爆炸危险的场所严禁明火。

（10）施工现场不应采用明火取暖。

（11）厨房操作间炉灶使用完毕后，应将炉火熄灭，排油烟机以及油烟管道应定期清理油垢。

2. 施工现场用电应符合下列规定

（1）施工现场供用电设施的设计、施工、运行和维护应符合现行国家标准《建设工程施工现场供用电安全规范》的有关规定。

（2）电气线路应具有相应的绝缘强度和机械强度，严禁使用绝缘老化或失去绝缘性能的电气线路，严禁在电气线路上悬挂物品，破损、烧焦的插座、插头应及时更换。

（3）电气设备与可燃、易燃易爆危险品和腐蚀性物品应保持一定的安全距离。

（4）有爆炸和火灾危险的场所，应按危险场所等级选用相应的电气设备。

（5）配电屏上每个电气回路应设置漏电保护器、过载保护器，距配电屏2 m范围内不应堆放可燃物，5 m范围内不应设置可能产生较多易燃、易爆气体、粉尘的作业区。

（6）可燃材料库房不应使用高热灯具，易燃易爆危险品库房内应使用防爆灯具。

（7）普通灯具与易燃物的距离不宜小于300 mm，聚光灯、碘钨灯等高热灯具与易燃物的距离不宜小于500 mm。

（8）电气设备不应超负荷运行或者带故障使用。

（9）严禁私自改装现场供用电设施。

（10）应定期对电气设备和线路的运行及维护情况进行检查。

3. 施工现场用气应符合下列规定

（1）储装气体的罐瓶及其附件应合格完好、有效，严禁使用减压器及其他附件缺损的氧气瓶，严禁使用乙炔专用减压器、回火防止器及其他附件缺损的乙炔瓶。

（2）气瓶运输、存放、使用时，应符合下列规定：气瓶应保持直立状态，并采取防倾倒措施，乙炔瓶严禁横躺卧放；严禁碰撞、敲打、抛掷、滚动气瓶；气瓶应远离火源，与火源的距离不应小于10 m，并采取避免高温和防止曝晒的措施；燃气储装瓶罐应设置防静电装置。

（3）气瓶应分类储存，库房内应通风良好；空瓶和实瓶同库存放时，应分开放置，空瓶和实瓶的间距不应小于1.5 m。

（4）使用气瓶时，应符合如下规定：使用前，应检查气瓶以及气瓶附件的完好性，检查连接气路的气密性，并采取避免气体泄漏的措施，严禁使用已老化的橡皮气管；氧气瓶与乙炔瓶的工作间距不应小于5 m，气瓶与明火作业点的距离不应小于10 m；冬季使用气瓶，气瓶的瓶阀、减压器等发生冻结时，严禁用火烘烤或用铁器敲击瓶阀，严禁猛拧减压器的调节螺丝；氧气瓶内剩余气体的压力不应小于0.1 MPa；气瓶用后应及时归库。

（四）其他防火管理

（1）施工现场的重点防火部位或区域应设置防火警示标识。

（2）施工单位应做好施工现场临时消防设施的日常维护工作，对于已失效、损坏或丢失的消防设施应及时更换、修复或补充。

（3）临时消防车道、临时疏散通道、安全出口应保持畅通，不得遮挡、挪动疏散指示标识，不得挪用消防设施。

（4）施工期间，不应拆除临时消防设施及临时疏散设施。

（5）施工现场严禁吸烟。

第三节　施工现场文明施工管理

一、文明施工的概念

文明施工是指保持施工场地的整洁与卫生、施工组织科学、施工程序合理的一种施工活动。实现文明施工，不仅要着重做好现场的场容管理工作，还要相应地做好现场材料、机械、安全、技术、保卫、消防和生活卫生等方面的管理工作，一个工地的文明施工水平是该工地乃至所在企业各项管理工作水平的综合体现。

二、现场文明施工的策划

（一）工程项目文明施工管理组织体系

（1）施工现场文明施工管理组织体系根据项目情况而有所不同：以机电安装工程为主、土建为辅的工程项目，机电总承包单位作为现场文明施工管理的主要负责人；以土建施工为主、机电安装为辅的项目，土建施工总承包单位作为现场文明施工管理的主要负责人；机电安装工程各专业分包单位在总承包单位的总体部署下，负责分包工程的文明施工管理系统。

（2）施工总承包文明施工领导小组，在开工前参照项目经理部编制的"项目管理实施规划"或者"施工组织设计"，全面负责对施工现场的规划，制定各项文明施工管理制度，划分责任区，明确责任负责人，对现场文明施工管理具有落实、监督、检查、协调职责，并有处罚、奖励权。

（二）工程项目文明施工策划（管理）的主要内容

（1）现场管理。

（2）安全防护。

（3）临时用电安全。

（4）机械设备安全。

（5）消防、保卫管理。

（6）材料管理。

（7）环境保护管理。

（8）环卫卫生管理。

（9）宣传教育。

（三）组织和制度管理

（1）施工现场应成立以项目经理为第一责任人的文明施工管理组织。分包单位应服从总包单位的文明施工管理组织的统一管理，并接受监督检查。

（2）各项施工现场管理制度应有文明施工的规定，包括了个人岗位责任制、经济责任制、安全检查制度、持证上岗制度、奖惩制度、竞赛制度和各项专业管理制度等。

（3）加强和落实现场文明检查、考核及奖惩管理，以促进施工文明管理工作的提高。检查范围和内容应全面周到，包括生产区、生活区、场容场貌、环境文明及制度落实等内容。检查发现的问题应采取整改措施。

（4）施工组织设计（方案）中应明确对文明施工的管理规定，明确各阶段施工过程中现场文明施工所采取的各项措施。

（5）收集文明施工的资料，包括了上级关于文明施工的标准、规定、法律法规等资料，并建立其相应保存的措施。建立施工现场相应的文明施工管理的资料系统并整理归档。

①文明施工自检资料。

②文明施工教育、培训以及考核计划的资料。

③文明施工活动各项记录资料。

（6）加强文明施工的宣传和教育。

在坚持岗位练兵基础上，要采取派出去、请进来、短期培训、上技术课、登黑板报、广播、看录像、看电视等方法狠抓教育工作。要特别注意对临时工的岗前教育，专业管理人员应熟悉掌握文明施工的规定。

三、文明施工的基本要求

（1）工地主要入口要设置简朴、规整的大门，门旁必须设立明显的标牌，标明工程名称、施工单位和工程负责人的姓名等内容。

（2）施工现场建立文明施工责任制，划分区域，明确管理负责人，实行挂牌制，做到现场清洁整齐。

（3）施工现场场地平整，道路坚实畅通，有排水措施，基础、地下管道施工完后要及时回填平整，清除积土。

（4）现场施工临时水电要有专人管理，不得有长流水、长明灯。

（5）施工现场的临时设施，包括生产、办公和生活用房、仓库、料场、临时上下水管道以及照明、动力线路，要严格按施工组织设计确定的施工平面图布置、搭设或者埋设整齐。

（6）工人操作地点和周围必须清洁整齐，做到活完脚下清、工完场地清，丢撒在楼梯、楼板上的砂浆混凝土要及时清除，落地灰要回收过筛后使用。

（7）砂浆、混凝土在搅拌、运输、使用过程中要做到不洒、不漏、不剩，使用地点盛放砂浆、混凝土必须有容器或垫板，如有撒、漏要及时清理。

（8）要有严格的成品保护措施，严禁损坏污染成品，堵塞管道。高层建筑要设置临时便桶，严禁在建筑物内大小便。

（9）建筑物内清除的垃圾渣土，要通过临时搭设的竖井或利用电梯井或采取其他措施稳妥下卸，严禁从门、窗口向外抛掷。

（10）施工现场不准乱堆垃圾及杂物。应在适当地点设置临时堆放点，并定期外运。清运渣土垃圾及流体物品，要采取了遮盖防漏措施，运送途中不得遗撒。

（11）根据工程性质和所在地区的不同情况，采取必要的围护和遮挡措施，并保持外观整洁。

（12）针对施工现场情况设置宣传标语和黑板报，并且适时更换内容，切实起到表扬先进、激励后进的作用。

（13）施工现场严禁居住家属，严禁居民、家属、小孩在施工现场穿行、玩耍。

（14）现场使用的机械设备，要按平面布置规划固定点存放，遵守机械安全规程，经常保持机身及周围环境清洁，机械的标记、编号明显，安全装置可靠。

（15）清洗机械排出的污水要有排放措施，不得随地流淌。

（16）在用的搅拌机、砂浆机旁必须设有沉淀池，不得将浆水直接排入下水道及河流等处。

（17）塔式起重机轨道按规定铺设整齐稳固，塔边要封闭，路基内外排水畅通。

（18）施工现场应建立不扰民措施，针对施工特点设置防尘和防噪声设施，夜间施工必须经当地主管部门批准。

四、施工现场环境保护

施工现场环境保护是按照法律法规、各级主管部门和企业的要求，保护和改善作业现场的环境，控制现场的各种粉尘、废水、废气、固体废弃物、噪声、振动等对环境的污染和危害，环境保护也是文明施工的重要内容之一。

（一）环境保护措施的主要内容

1. 现场环境保护措施的制定

（1）对确定的重要环境因素制定目标、指标及管理方案。

（2）明确关键岗位人员和管理人员的职责。

（3）建立施工现场对环境保护的管理制度。

（4）对于噪声、电焊弧光、无损检测等方面可能造成的污染进行防治和控制。

（5）易燃易爆及其他化学危险品的管理。

（6）对废弃物，特别是有毒有害及危险品包装品等固体或液体的管理和控制。

（7）节能降耗管理。

（8）应急准备和响应等方面的管理制度。

（9）对工程分包方和相关方提出现场保护环境所需的控制措施和要求。

（10）对物资供应方提出保护环境行为要求，必要时在采购合同中予以明确。

2. 现场环境保护措施的落实

（1）施工作业前，应对确定的与重要环境因素有关的作业环节，进行操作安全技术交底或指导，落实到作业活动中，并实施监控。

（2）在施工和管理活动过程中，进行控制检查，并接受上级部门和当地政府或相关方的监督检查，发现问题立即整改。

（3）进行必要的环境因素监测控制，比如施工噪声、污水或废气的排放等，项目经理部自身无条件检测时，可委托当地环境管理部门进行检测。

（4）施工现场、生活区和办公区应配备的应急器材、设施应落实并完好，以备应急时使用。

（5）加强施工人员的环境保护意识教育，组织必要的培训，使制定的环境保护措施得到落实。

（二）施工现场的噪声控制

噪声是影响与危害非常广泛的环境污染问题。噪声可以干扰人的睡眠与工作、影响人的心理状态与情绪、造成人的听力损失，甚至引起许多疾病，另外，噪声对人们的对话干扰也是相当大的。噪声控制技术可从声源、传播途径、接收者防护、严格控制人为噪声、控制强噪声作业的时间等方面来考虑。

1. 声源控制

从声源上降低噪声，这是防止噪声污染的最根本的措施。尽量采用低噪声设备和工艺，代替高噪声设备与加工工艺，如低噪声振捣器、风机、电动空压机、电锯等。在声源处安装消声器消声，即在通风机、鼓风机、压缩机、燃气机、内燃机以及各类排气防空装置等进出风管的适当位置设置消声器。

2. 传播途径的控制

在传播途径上控制噪声方法主要有以下几种。

（1）吸声。利用吸声材料（大多由多孔材料制成）或由吸声结构形成的共振结构（金属或木质薄板钻孔制成的空腔体）吸收声能，降低噪声。

（2）隔声。应用隔声结构，阻碍噪声向空间传播，将接收者与噪声声源分隔。隔声结构包括隔声室、隔声罩、隔声屏障、隔声墙等。

（3）消声。利用消声器阻止传播。允许气流通过的消声降噪是防治空气动力性噪声的主要装置，比如对空气压缩机、内燃机产生的噪声进行消声等。

（4）减振降噪。对来自振动引起的噪声，通过降低机械振动减小噪声，如将阻尼材料涂在振动源上，或改变振动源与其他刚性结构的连接方式等。

3. 接收者的防护

让处于噪声环境下的人员使用耳塞、耳罩等防护用品，减少相关人员在噪声环境中的暴露时间，以减轻噪声对人体的危害。

4. 严格控制人为噪声

进入施工现场不得高声喊叫、无故甩打模板、乱吹哨，限制高音喇叭的使用，最大限度地减少噪声扰民。

5. 控制强噪声作业的时间

凡在人口稠密区进行强噪声作业时，须严格控制作业时间，一般晚22时至次日早6时期间停止强噪声作业。施工现场的强噪声设备宜设置在远离居民区的一侧。对于因生产工艺要求或其他特殊需要，确需在晚22时至次日早6时期间进行强噪声工的，施工前建设单位和施工单位应到有关部门提出申请，经批准后方可进行夜间施工，并公告附近居民。

（三）施工现场空气污染的防治措施

施工现场宜采取措施硬化，其中主要道路、料场、生活办公区域必须进行硬化处理，土方应集中堆放。裸露的场地和集中堆放的土方应采取覆盖、固化或者绿化等措施，施工现场垃圾渣土要及时清理出现场。

高大建筑物清理施工垃圾时，要使用封闭式的容器或者采取其他措施；处理高空废弃物，严禁凌空随意抛撒。施工现场道路应指定专人定期洒水清扫，形成制度，防止道路扬尘。对于细颗粒散体材料（如水泥、粉煤灰、白灰等）的运输、储存要注意遮盖、密封，防止和减少飞扬。车辆开出工地要做到不带泥沙，基本做到不撒土、不扬尘，减少对周围环境的污染。

除设有符合规定的装置外，禁止在施工现场焚烧油毡、橡胶、塑料、皮革、树叶、枯草、各种包装物等废弃物品，以及其他会产生有毒有害烟尘和恶臭气体的物质。机动车都要安装减少尾气排放的装置，确保符合国家标准。工地茶炉应尽量采用电热水器，若只能使用烧煤茶炉和锅炉时，应选用消烟除尘型茶炉和锅炉，大灶应选用消烟节能回风炉灶，使烟尘排放降至允许范围为止。

大城市市区的建设工程不允许搅拌混凝土。在容许设置搅拌站的工地，应将搅拌站封闭严密，并在进料仓上方安装除尘装置，采用可靠措施控制工地粉尘污染。拆除旧建筑物时，应适当洒水，防止扬尘。

（四）建筑工地上常见的固体废物

1. 固体废物的概念

施工工地常见的固体废物如下。

（1）建筑渣土

建筑渣土包括砖瓦、碎石、渣土、混凝土碎块、废钢铁、碎玻璃、废屑、废弃装饰材料等。废弃的散装建筑材料包括散装水泥、石灰等。

（2）生活垃圾

生活垃圾包括炊厨废物、丢弃食品、废纸、生活用具、玻璃、陶瓷碎片、废电池、废旧日用品、废塑料制品、煤灰渣、粪便、废交通工具、设备以及材料等的废弃包装材料。

2. 固体废物对环境的危害

固体废物对环境的危害是全方位的，主要表现在以下几个方面。

（1）侵占土地

由于固体废物的堆放，可直接破坏土地和植被。

（2）污染土壤

固体废物的堆放中，有害成分易污染土壤，并在土壤中发生积累，给农作物生长带来危害。部分有害物质还能杀死土壤中的微生物，使土壤丧失腐解能力。

（3）污染水体

固体废物遇水浸泡、溶解后，其有害成分随地表径流或者土壤渗流，污染地下水和地表水；此外，固体废物还会随风飘迁进入水体造成污染。

（4）污染大气

以细颗粒状存在的废渣垃圾和建筑材料在堆放和运输过程中，会随风扩散，使大气中悬浮的灰尘废弃物提高；另外，固体废物在焚烧等处理过程中，可能产生有害气体造成大气污染。

（5）影响环境卫生

固体废物的大量堆放，会招致蚊蝇滋生，臭味四溢，严重影响工地以及周围环境卫生，对员工和工地附近居民的健康造成危害。

3. 固体废物的主要处理方法

（1）回收利用

回收利用是对固体废物进行资源化、减量化的重要手段之一。对建筑渣土可视其情况加以利用。废钢可按需要用做金属原材料。对于废电池等废弃物应分散回收，集中处理。

（2）减量化处理

减量化是对已经产生的固体废物进行分选、破碎、压实浓缩、脱水等，减少其最终处置量，降低处理成本，减少对环境的污染。在减量化处理的过程中，也包括和其他处理技术相关的工艺方法，如焚烧、热解、堆肥等。

（3）焚烧技术

焚烧用于不适合再利用且不宜直接予以填埋处置的废物，尤其是对受到病菌、病毒污染的物品，可以用焚烧进行无害化处理。焚烧处理应使用符合环境要求的处理装置，注意避免对大气的二次污染。

（4）稳定和固化技术

利用水泥、沥青等胶结材料，将松散的废物包裹起来，减小废物的毒性和可迁移性，故可减少污染。

（5）填埋

填埋是固体废物处理的最终技术，经过无害化、减量化处理的废物残渣集中到填埋场进行处置。填埋场应利用天然或人工屏障，尽量使需处置的废物和周围的生态环境隔离，并注意废物的稳定性和长期安全性。

（五）防治水污染

（1）施工现场应设置排水沟以及沉淀池，现场废水不得直接排入市政污水管网和河流。

（2）现场存放的油料、化学溶剂等应设有专门的库房，地面应进行防渗漏处理。

（3）食堂应设置隔油池，并应及时清理。

（4）厕所的化粪池应进行抗渗处理。

（5）食堂、盥洗室、淋浴间的下水管线应设置隔离网，并且应与市政污水管线连接，保证排水通畅。

第七章 建筑工程质量事故的处理

第一节 建筑工程质量事故概述

"百年大计，质量第一"是建筑工程行业的一贯方针。然而，由于影响建筑产品质量的因素繁多，在施工过程中稍有不慎，就极易引起系统性因素的质量变异，从而产生质量问题、质量事故，甚至发生严重的工程质量事故。因此，必须采取有效的措施，对常见的质量问题和事故事先加以预防，并且对已经出现的质量事故及时进行分析和处理。

一、建筑工程质量事故的特点

确定建筑工程质量的优劣，可从设计和施工两方面考虑。我国《建筑结构设计统一标准》规定，建筑的结构须满足下列各项功能的要求：

（1）能承受在正常施工和正常使用时可能出现的各种作用；

（2）在正常使用时具有良好的工作性能；

（3）在正常维护下具有足够的耐久性能；

（4）在偶然事件发生时及发生后，仍然能保持必需的整体稳定性。

"缺陷"指建筑工程中经常发生的和普遍存在的一些工程质量问题，工程质量缺陷不同于质量事故，但质量事故开始时往往表现为一般质量缺陷而易被忽视。根据我国有关质量、质量管理和质量保证方面的国家标准的定义，凡工程产品质量没有满足某个规定的要求，就称之为质量不合格；而没有满足某个预期的使用要求或合理的期望（包括与安全性有关的要求），则称之为质量缺陷，在建设工程中通常所称的工程质量缺陷，一般是指房屋建筑工程的质量不符合国家工程建设强制性标准或者行业现行有关技术标准、设计文件及合同中对质量的要求。随着建筑物的使用或时间的推移，质量缺陷逐渐发展，就有可能演变为事故，待认识到问题的严重性时，则往往处理困难或无法补救。因此，对质量缺陷均应认真分析，找出原因，进行必要的处理。

工程质量事故，是指由于建设、勘察、设计、施工、监理等单位违反工程质量有关法律法规和工程建设标准，使工程产生结构安全、重要使用功能等方面的质量缺陷。这种由工程质量不合格和质量缺陷而造成或引发经济损失、工期延误或危及人的生命和社会正常秩序的事件，称为工程质量事故。

建筑工程项目的建设，具有综合性、可变性、多发性等特点，导致建筑工程质量事故更具有复杂性、严重性、可变性、多发性等特点。

1. 复杂性

建筑生产与一般工业相比具有产品固定，生产流动；产品多样，结构类型不一，露天作业多，自然条件复杂多变；材料品种、规格多，材料性能各异；多工种、多专业交叉施工，相互干扰大，工艺要求不同、施工方法各异、技术标准不一等特点。因此，影响工程质量的因素繁多，造成质量事故的原因错综复杂，即使是同一类质量事故，而原因却可能截然不同。比如，就钢筋混凝土楼板开裂质量事故而言，其产生的原因就可能是：设计计算有误；结构构造不良；地基不均匀沉陷；或温度应力、地震力、膨胀力、冻涨力的作用；也可能是施工质量低劣、偷工减料或材质不良等等。在进行事故处理时，更会由于施工场地狭窄，及与完好建筑物间的联系等而产生更大的复杂性，诸如车辆、施工机具难于接近施工点，操作不慎会影响相邻建筑物的结构等等。所以使得对质量事故进行分析，判断其性质、原因及发展，确定处理方案与措施等都增加了复杂性及困难。

2. 严重性

工程项目一旦出现质量事故，其影响较大。轻者影响工程顺利进行、拖延工期、增加工程费用，重者则会留下隐患成为危险的建筑，影响使用功能或不能使用，更严重的还会引起建筑物的失稳、倒塌，造成人民生命、财产的巨大损失。所以对于建筑工程质量事故问题不能掉以轻心，必须高度重视，加强对工程建筑质量的监督管理，防患于未然，力争将事故消灭在萌芽之中，以确保建筑物的安全。

3. 可变性

许多建筑工程的质量事故出现后，其质量状态并非稳定于发现时的初始状态，而是有可能随时间、环境、施工情况等而不断地发展、变化着。例如，地基基础或桥墩的超量沉降可能随上部荷载的不断增大而继续发展；混凝土结构出现的裂缝可能随环境温度的变化而变化，或随荷载的变化及持续时间的变化而变化等。所以，有些在初始阶段并不严重的质量问题，如不及时处理和纠正，有可能发展成一般质量事故，一般质量事故有可能发展成严重或重大质量事故。例如，开始时微细的裂缝可能发展为结构断裂或建筑物倒塌事故；土坝的涓涓渗漏有可能发展为溃坝。所以在分析、处理工程质量事故时，一定要注意质量事故的可变性，应及时采取可靠的措施，防止事故进一步恶化而发生质量事故；或加强观测与试验，取得可靠数据，预测未来发展的趋势。

4. 多发性

建筑工程质量事故多发性有两层意思，一是有些事故像"常见病""多发病"一样经常发生，而成为质量通病。比如，混凝土、砂浆强度不足，预制构件裂缝等。二是有些同类事故一再发生。例如，悬挑结构断塌事故，近几年在全国十几个省、市先后发生数十起，一再重复出现。

二、工程质量问题的分类

工程质量问题一般分为工程质量不合格、工程质量缺陷、工程质量通病和工程质量事故四种。

（1）工程质量不合格是指工程质量未满足设计、规范、标准的要求。

（2）工程质量缺陷是指各类影响工程结构、使用功能与外形观感的常见性质量损伤。

（3）工程质量通病是指建筑工程中经常发生的、普遍存在的工程质量问题。

（4）工程质量事故是指凡是工程质量不合格必须进行返修、加固或者报废处理，由此造成直接经济损失在5000元（含5000元）以上的。

三、建筑工程质量事故的分类

建设工程质量事故的分类方法有多种，既可按造成损失严重程度划分，又可按其产生的原因划分，也可按其造成的后果或事故责任区分。各部门、各专业工程，甚至各地区在不同时期界定和划分质量事故的标准尺度也不一样。

1. 按事故发生的时间分类

（1）施工过程中发生的质量事故。

（2）使用过程中发生的质量事故。

（3）改建扩建中发生的质量事故。

从国内外大量的统计资料分析，绝大多数质量事故都发生在施工阶段到交工验收前这段时间内。

2. 按事故损失的严重程度划分

（1）一般质量事故：凡具备下列条件之一者为一般质量事故。

1）直接经济损失在5000元（含5000元）以上，不满50000元的；

2）影响使用功能和工程结构安全，造成了永久质量缺陷的。

（2）严重质量事故：凡具备下列条件之一者为严重质量事故。

1）直接经济损失在5万元（含5万元）以上，不满10万元的；

2）严重影响使用功能或工程结构安全，存在重大质量隐患的；

3）事故性质恶劣或造成 2 人以下重伤的。

（3）重大质量事故：凡具备下列条件之一者为重大质量事故，属建设工程重大事故范畴。

1）工程倒塌或报废；

2）由于质量事故，造成人员死亡或重伤 3 人以上；

3）直接经济损失 10 万元以上。

按国家建设行政主管部门规定建设工程重大事故分为四个等级。工程建设过程中或由于勘察设计、监理、施工等过失造成工程质量低劣，而在交付使用后发生的重大质量事故，或因工程质量达不到合格标准，而需加固补强、返工或报废，直接经济损失 10 万元以上的重大质量事故。另外，由于施工安全问题，如施工脚手、平台倒塌、机械倾复、触电、火灾等造成建设工程重大事故。建设工程重大事故分为以下四级：

1）凡造成死亡 30 人以上或直接经济损失 300 万元以上为一级；

2）凡造成死亡 10 人以上 29 人以下，或直接经济损失 100 万元以上、不满 300 万元为二级；

3）凡造成死亡 3 人以上、9 人以下，或重伤 20 人以上，或直接经济损失 30 万元以上、不满 100 万元为三级；

4）凡造成死亡 2 人以下，或重伤 3 人以上、19 人以下，或直接经济损失 10 万元以上、不满 30 万元为四级。

（4）特别重大事故：凡具备国务院发布的《特别重大事故调查程序暂行规定》所列发生一次死亡 30 人及其以上，或直接经济损失达 500 万元及其以上，或者其他性质特别严重，上述影响三个之一均属特别重大事故。

（5）直接经济损失在 5000 元以下的列为质量问题。

3. 按事故性质分类

（1）倒塌事故：建筑物整体或局部倒塌。

（2）开裂事故：砌体或混凝土结构出现裂缝。

（3）错位偏差事故：结构构件尺寸、位置偏差过大；预埋件、预留洞等错位偏差超过规定等。

（4）地基工程事故：地基失稳或变形，斜坡失稳等。

（5）基础工程事故：基础错位、变形过大，设备基础振动过大等。

（6）结构或构件承载力不足事故：混凝土结构中漏放或少放钢筋；钢结构中构件连接达不到设计要求等。

（7）建筑功能事故：房屋漏水、渗水，隔热或隔声功能达不到设计要求，装饰工程质量达不到标准等。

（8）其他事故：塌方、滑坡以及火灾等事故。

（9）自然灾害事故：地震、风灾、水灾等事故。

4. 按事故造成的后果分类

（1）未遂事故

及时发现质量问题，经及时采取措施，未造成经济损失、延误工期或其他不良后果者，均属未遂事故。

（2）已遂事故

凡出现不符合质量标准或设计要求，造成经济损失、延误工期或者其他不良后果者，均构成已遂事故。

5. 按事故责任分类

（1）指导责任事故

由于在工程中实施指导或领导失误而造成的质量事故。例如，由于工程负责人片面追求施工进度，放松或不按质量标准进行控制和检验，降低施工质量标准等。

（2）操作责任事故

是指在施工过程中，由于实施操作者不按规程和标准实施操作而造成的质量事故。例如，浇筑混凝土时随意加水；混凝土拌合料产生了离析现象仍浇筑入模；压实土方含水量及压实遍数未按要求控制操作等。

6. 按事故发生原因分类

（1）技术原因引发的质量事故

是指在工程项目实施中由于设计、施工在技术上的失误而造成的事故。例如，结构设计计算错误；地质情况估计错误；采用不适宜的施工方法或施工工艺等。

（2）管理原因引发的质量事故

主要指管理上的不完善或失误引发的质量事故。比如，施工单位或监理方的质量体系不完善；检验制度不严密；质量控制不严格；质量管理措施落实不力；检测仪器设备管理不善而失准；进场材料检验不严等原因引起的质量事故。

（3）社会、经济原因引发的质量事故

主要指由于社会、经济因素及在社会上存在的弊端和不正之风引起建设中的错误行为，而导致出现质量事故，比如，某些施工企业盲目追求利润而置工程质量于不顾，在建筑市场上随意压价投标，中标后则依靠违法手段或修改方案追加工程款，或偷工减料，或层层转包，凡此种种，这些因素常常是导致重大工程质量事故的主要原因，应当给予充分的重视。

第二节 建筑工程质量事故成因

一、建筑工程质量事故的一般原因

由于建筑工程工期较长，所用材料品种繁杂；在施工过程中，受社会环境和自然条件方面异常因素的影响；使产生的工程质量问题表现形式千差万别，类型多种多样。这使得引起工程质量问题的成因也错综复杂，往往一项质量问题是由于多种原因引起，如经济的、社会的和技术的原因等。虽然每次发生质量问题的类型各不相同，但通过对大量质量问题调查与分析发现，其发生的原因有不少相同或相似之处，归纳其最基本的因素主要有：

1. 违背基本建设程序

基本建设程序是工程项目建设活动规律的客观反映，是我国经济建设经验的总结。《建设工程质量管理条例》明确指出：从事建设工程活动，必须严格执行基本建设程序，坚持先勘察、后设计、再施工的原则。县级以上人民政府及其有关部门不得超越权限审批建设项目或者擅自简化基本建设程序。但是，在具体的建设过程中，违反基本建设程序的现象屡禁不止，如"七无"工程：无立项、无报建、无开工许可、无招投标、无资质、无监理、无验收；"三边"工程：边勘察、边设计及边施工。

2. 违反法规行为

违反法规是指无证设计；无证施工；越级设计；越级施工；工程招、投标中的不公平竞争；超常的低价中标；非法分包、转包、挂靠；擅自修改设计等行为。

3. 工程地质勘察失误或地基处理失误

是指没有认真进行地质勘察或者地质勘察过程中钻孔间距太大，不能反映实际地质情况；勘察报告不准确、不详细，未能查明诸如孔洞、墓穴、软弱土层等地层特征，致使地基基础设计时采用不正确的方案，造成地基不均匀沉降、结构失稳、上部结构开裂甚至倒塌。

4. 设计问题

设计问题是指盲目套用图纸，结构方案不正确，计算简图与结构实际受力不符；荷载或内力分析计算有误；忽视构造要求，沉降缝、伸缩缝设置不符合要求；有些结构的抗倾覆、抗滑移未做验算；有的盲目套用图纸，这些是工程事故的直接原因。

5. 施工及使用过程中的问题

施工管理人员及技术人员的素质差是造成工程质量事故的又一个主要原因。主要表现在：

（1）缺乏基本的业务知识，不具备上岗操作的技术资质，盲目蛮干。

（2）不按照图纸施工，不遵守会审纪要、设计变更及其他技术核定制度和管理制度，主观臆断。如不按图纸施工，将铰接做成刚接，将简支梁做成连续梁，导致结构破坏；挡土墙不按图设滤水层、排水孔，导致压力增大，墙体破坏或倾覆；不按有关的施工规范和操作规程施工，浇筑混凝土时振捣不良，造成了薄弱部位；砖砌体砌筑上下通缝，灰浆不饱满等均能导致砖墙或砖柱破坏。

（3）施工管理混乱，施工组织、施工工艺技术措施不当，违章作业。不熟悉图纸，盲目施工；施工方案考虑不周，施工顺序颠倒；图纸未经会审，仓促施工；技术交底不清，违章作业；不重视质量检查及验收工作，一味赶进度，赶工期。

（4）建筑材料及制品质量低劣，使用不合格的工程材料、半成品、构件等，必然会导致质量事故的发生。

例如，钢筋物理力学性能不良会导致钢筋混凝土结构产生裂缝；骨料中活性氧化硅会导致碱骨料反应使混凝土产生裂缝；水泥安定性不合格会造成混凝土爆裂；水泥受潮、过期、结块，砂石含泥量及有害物含量超标，外加剂掺量等不符合要求时，会影响混凝土强度、和易性、密实性、抗渗性，从而导致混凝土结构强度不足、裂缝、渗漏等质量问题。此外，预制构件截面尺寸不足，支承锚固长度不足，未可靠地建立预应力值，漏放或少放钢筋，板面开裂等均可能出现断裂、坍塌。变配电设备质量缺陷导致自燃或火灾，电梯质量不合格危及人身安全，均可造成工程质量问题。

（5）施工中忽视结构理论问题，比如，不严格控制施工荷载，造成构件超载开裂；不控制砌体结构的自由高度（高厚比），造成砌体在施工过程中失稳破坏；模板与支架、脚手架设置不当发生破坏等。

6. 自然条件影响

建筑施工露天作业多，受自然因素影响大，空气温度、湿度、暴雨、大风、洪水、雷电、日晒和浪潮等均可能成为质量问题的诱因。

7. 建筑物使用不当

有些建筑物在使用过程中，需要改变其使用功能，增大使用荷载；或者需要增加使用面积，在原有建筑物上部增层改造；任意拆除承重结构部位；或者随意凿墙开洞，削弱承重结构的截面面积等，这些都超出了原设计规定，埋下了工程事故的隐患。

二、建筑工程质量事故的成因分析

由于影响工程质量的因素众多，一个工程质量问题的实际发生，既可能因设计计算和施工图纸中存在错误，也可能因施工中出现不合格或质量问题，也可能因使用不当，或者由于设计、施工甚至使用、管理以及社会体制等多种原因的复合作用。要分析究竟是哪种原因所引起，必须对质量问题的特征表现，以及其在施工中和使用中所处的实际情况和条件进行具体分析。分析方法很多，但其基本步骤和要领有：

1．基本步骤

（1）进行细致的现场调查研究，观察记录全部实况，充分了解和掌握引发质量问题的现象和特征。

（2）收集调查与质量问题有关的全部设计和施工资料，分析摸清工程在施工或使用过程中所处的环境及面临的各种条件和情况。

（3）找出可能产生质量问题的所有因素。

（4）分析、比较和判断，找出最可能造成质量问题的原因。

（5）进行必要的计算分析或模拟试验予以论证确认。

2．分析要领

（1）确定质量问题的初始点，即原点，它是一系列独立原因集合起来形成的爆发点。测其反映出质量问题的直接原因，在分析过程中具有关键性作用。

（2）围绕原点对现场各种现象和特征进行分析，区别导致同类质量问题的不同原因，逐步揭示质量问题萌生、发展和最终形成的过程。

（3）综合考虑原因复杂性，确定诱发质量问题的起源点即真正原因。工程质量问题原因分析是对一堆模糊不清的事物和现象客观属性和联系的反映，它的准确性和监理工程师的能力学识、经验和态度有极大关系，其结果不单是简单的信息描述，而是逻辑推理的产物，其推理可用工程质量的事前控制。

第三节　建筑工程质量事故处理

一、建筑工程质量事故处理的任务和特点

（一）建筑工程质量事故处理的主要任务

这里所述的质量事故处理，一般情况下包括以下两方面的内容：一是事故部分或不合格品的位置，比如，返工重做、返修、加固补强等；二是防止事故再发生而采取的纠正和预防措施。事故处理的主要任务有以下七项：

1．创造正常施工条件

国内外大量统计资料表明，工程质量事故大多数发生在施工期，而且事故往往影响施工的正常进行，只有及时、正确地处理事故，才能创造正常施工条件。

2．确保建筑物安全

对结构裂缝、变形等明显的质量缺陷，必须作出正确的分析、鉴定，估计可能出现

的发展变化及其危害性，并作适当处理，以确保结构安全。对结构构件中的隐患，如混凝土或砂浆强度不足，构件中漏放钢筋或钢筋严重错位等事故，都需要从设计、施工等方面进行周密的分析和必要的计算，并且采用适当的处理措施，排除这些隐患，保证建筑物安全使用。

3. 满足使用要求

建筑物尺寸、位置、净空、标高等方面的过大误差事故；隔热保温、隔声、防水、防火等建筑功能事故；以及损害建筑物外观的装饰工程事故等，均可能影响生产或使用要求，因此，必须进行适当的处理。

4. 保证建筑物具有一定的耐久性

有些质量事故虽然在短期内不影响使用和安全，但可能会降低耐久性。如混凝土构件中受拉区较宽的裂缝；混凝土密实性差；钢构件防锈质量不良等，均可能减少建筑物使用年限，也应做适当处理。

5. 防止事故恶化，减少损失

由于不少质量事故随时间和外界条件而变化，必须及时采取措施，避免事故不断扩大而造成不应有的损失。例如持续发展的过大的地基不均匀沉降，混凝土和砌体受压区中宽度不大的裂缝等均应及时处理，防止发展成倒塌而造成人身伤亡事故。

6. 有利于工程交工验收

施工中发生的质量事故，必须在后续工程施工前，对事故原因、危害、是否处理和怎样处理等问题作出必要的结论，并且应与有关方面达成共识，避免到工程交工验收时，发生不必要的争议而延误工程的使用。

7. 防止事故再发生

防止同类事故或类似事故的再次发生而采取必要的纠正措施和预防措施。针对实际存在的事故原因而采取相应的技术组织措施，称之为纠正措施。例如沉桩设备功率太小，导致沉桩达不到设计要求，应采用更换设备的纠正措施。利用适当的信息来源，调查分析潜在的事故原因，并采取相应的技术组织措施，被称为预防措施。例如从钢材市场情况获悉，钢筋不合格品比例不小。相应采取加强原材料采购质量控制等措施，防止不合格材料进场，同样能有效地防止事故的再发生。因此采取必要的纠正和预防措施，可以从根本上消除事故再发生。

（二）建筑工程质量事故处理的主要特点

工程质量事故处理有以下特点。

1. 复杂性

由于使用功能和建筑地区条件不同，建筑物种类繁多，加上施工中各种因素的影响，造成建筑施工中出现许多复杂的技术问题。如果事故发生在使用阶段，还涉及使用不当等问题。尤其需要注意的是同一形态的事故，往往其产生的原因、性质与危害程度截然不同。所有这些众多的因素，都造成不少质量事故本身的复杂性。在进行事故处理时，更会由于施工场地狭窄，及与完好建筑物间的联系等而产生更大的复杂性，比如车辆、施工机具难于接近施工点，操作不慎会影响相邻建筑物的结构等等。

2. 危险性

除了事故的复杂性给其处理工作带来的危险性外，还应注意以下两方面的危险因素：一是有些事故随时可能诱发建（构）筑物的突然倒塌；二是事故排除过程中，也可能造成事故恶化和人员伤亡。

3. 连锁性

建筑物局部出现质量事故，处理时不仅要修复事故部位，而且应考虑修复工程对下部结构乃至地基的影响，例如板承载能力不足的加固，往往引起从板、梁、柱到基础的连锁性加固。

4. 选择性

同一事故的处理方法和处理时间可有多种选择。在处理时间方面，一般均应选择及时进行处理，但是并非所有的事故都是处理越早越好；相反，有些事故因为匆忙处理，而不能取得预期的效果，甚至造成事故重复处理。在处理方法选择方面，要综合考虑安全、经济、可行、方便、可靠等因素，经过分析比较后，选定最优方案。

5. 技术难度大

通常修复补强工程比新建工程的技术难度大得多。因此除了正确分析事故原因，并提出有针对性的措施外，还必须严格控制处理设计、施工准备和操作检查验收，以及处理效果检验等各项工作的质量。

6. 要有高度责任性

因为事故处理不仅涉及结构安全和建筑功能等方面的技术问题，而且牵涉到单位之间的关系和人员处理，所以事故处理都必须十分慎重，对有关人员的政纪或法纪处分更应慎之又慎。

二、建筑工程质量事故处理的原则和要求

（一）建筑工程质量事故处理必须具备的条件

1. 事故情况清楚

一般包括事故发生时间、事故情况描述，并且附有必要的图纸与说明、事故观测记录和发展变化规律等。

2. 事故性质明确

主要应明确区分以下三个问题。

（1）是结构性的还是一般性的问题。如建筑物裂缝是由于承载力不足，还是由于地基不均匀沉降或温、湿度变形；又如构件产生过大的变形，是因结构刚度不足，还是

施工缺陷等等。

（2）是表面性的还是实质性的问题。比如混凝土表面出现蜂窝麻面，就需要查清内部有无孔洞；又如结构裂缝，需要查清裂缝深度；对钢筋混凝土结构，还要查明钢筋锈蚀情况等。

（3）区分事故处理的迫切程度。如事故不及时处理，建筑物会不会突然倒塌？是否需要采取防护措施，以免事故扩大恶化等。

3. 事故原因分析准确、全面

如地基承载能力不足而造成事故，应该查清是地基土质不良，还是地下水位改变；或者出现侵蚀性环境，是原地质勘察报告不准，还是发现新的地质构造，或是施工工艺或组织管理不善而造成；等等。又如结构或构件承载力不足，是设计截面太小，还是施工质量低劣，或是超载等。

4. 事故评价基本一致

对发生事故部分的建筑结构质量进行评估，主要包括建筑功能、结构安全、使用要求以及对施工的影响等评价。

5. 处理目的、要求明确

常见的处理目的要求有：恢复外观；防渗堵漏；封闭保护；复位纠偏；减少荷载；结构补强；限制使用；拆除重建等。事故处理前，有关单位对处理的要求应基本统一，避免事后无法作出一致的结论。

6. 事故处理所需资料齐全

包括有关施工图纸、施工原始资料（材料质量证明，各种施工记录，试验报告，检查验收记录等）、事故调查报告、有关单位对于事故处理的意见和要求等。

（二）一般原则与注意事项

1. 一般原则

（1）正确确定事故性质。这是事故处理的先决条件。

（2）正确确定处理范围。除了事故直接发生部位（如局部倒塌区）外，还应检查事故对相邻结构的影响，正确确定处理范围。

（3）满足处理的基本要求。事故处理应达到以下五项基本要求：安全可靠，不留隐患；满足使用或生产要求；经济合理；材料、设备和技术条件满足需要；施工方便、安全。

（4）选好处理方案和时间。根据事故原因和处理目的，正确选用处理方案和时间。

（5）制定措施。制定有效、可行的纠正措施和预防措施。

2. 注意事项

（1）注意综合治理

首先要防止原有事故的处理引发新的事故；其次注意处理方法的综合应用，以利取得最佳效果。如构件承载能力不足，不但可选择补强加固，还应考虑结构卸荷、增设支撑、改变结构方案等多种方案的综合应用。

（2）注意消除事故的根源

这不仅是一种处理方向和方法，而且是防止事故再次发生的重要措施。例如超载引起的事故，应严格控制施工或作用荷载；地基浸水引起地基下沉，应消除浸水原因等。

（3）注意事故处理期的安全

一般应注意以下五个问题。

第一，不少严重事故岌岌可危，随时可能发生倒塌，只有在得到可靠地支护后，方准许进行事故处理，以防发生人员伤亡。

第二，对需要拆除的结构部分，应在制定安全措施后，方可开始拆除工作。

第三，凡涉及结构安全的，都应对处理阶段的结构强度和稳定性进行核算，提出可靠的安全措施，并在处理中严密监视结构的稳定性。

第四，重视处理中所产生的附加内力，及由此引起的不安全因素。

第五，在不卸荷条件下进行结构加固时，要注意加固方法对结构承载力的影响。

（4）加强事故处理的检查验收工作

为确保事故处理的工程质量，必须从准备阶段开始，进行严格的质量检查验收。处理工作完成后，如有必要，还应对处理工程的质量进行全面检验，以确认处理效果。

（三）事故不需要做专门处理的条件

工程质量缺陷虽已超出标准规范的规定而构成事故，但是可以针对工程的具体情况，通过分析论证，从而作出不需要专门处理的结论。常见的有以下几种情况。

（1）不影响结构安全和正常使用：比如有的建筑物错位事故，如要纠正，困难很大或将造成重大损失，经过全面分析论证，只要不影响生产工艺和正常使用，可以不做处理。

（2）施工质量检验存在问题：例如有的混凝土结构检验强度不足，往往因为试块制作、养护、管理不善，其试验结果并不能真实地反映结构混凝土质量，在采用非破损检验等方法测定其实际强度已达到设计要求时，可不做处理。

（3）不影响后续工程施工和结构安全：比如后张法预应力屋架下弦产生少量细裂缝、小孔洞等局部缺陷，只要经过分析验算证明，施工中不会发生问题，就可继续施工。因为一般情况下，下弦混凝土截面中的施工应力大于正常的使用应力，只要通过施工的实际考验，使用时不会发生问题，因此不需要专门处理，仅需做表面修补。

（4）利用后期强度：有的混凝土强度虽未达到设计要求，但相差不多，同时短期内不会满荷载（包括施工荷载），此时可考虑利用混凝土后期强度，只要使用前达到设计强度，也可不做处理，但应严格控制施工荷载。

（5）通过对原设计进行验算可以满足使用要求：基础或结构构件截面尺寸不足，或材料力学性能达不到设计要求而影响结构承载能力，可以根据实测的数据，结合设计的要求进行验算，如仍能满足使用要求，并且经设计单位同意后，可不做处理。但应指出：这是在挖设计潜力，因此需要特别慎重。

最后要强调指出：不论哪种情况，事故虽然可以不处理，但仍然需要征得设计等有关单位的同意，并备好必要的书面文件，经有关单位签证后，供交工和使用参考。

三、建筑工程质量事故处理的依据

工程质量事故发生后，事故的处理主要应解决：查明原因，落实措施，妥善处理，消除隐患，界定责任。其中核心及关键是查明原因。

工程质量事故发生的原因是多方面的，引发事故的原因不同，事故责任的界定与承担也不同，事故处理的措施也不同。总之，对所发生的质量事故，无论是分析原因、界定责任，以及做出处理决定，都需要以切实可靠的客观依据为基础。概括起来进行工程质量事故处理的主要依据有以下四个方面。

（一）质量事故的实况资料

要查明质量事故的原因和确定处理对策，首要的是要掌握质量事故的实际情况。有关质量事故实况的资料主要来自以下几个方面。

1. 施工单位的质量事故调查报告

质量事故发生后，施工单位有责任就所发生的质量事故进行周密的调查研究以掌握情况，并在此基础上写出调查报告，提交给监理工程师和业主。在调查报告中首先应就与质量事故有关的实际情况做详尽的说明，其内容应包括：

（1）质量事故发生的时间、地点。

（2）质量事故状况的描述。例如，发生事故的类型（如混凝土裂缝、砖砌体裂缝等）；发生的部位（楼层、梁、柱等处）；分布状态及范围；缺陷程度（裂缝长度、宽度、深度等）。

（3）事故发展变化的情况。如是否扩大其范围、程度，是否已经稳定等。

（4）有关质量事故的观测记录。

2. 监理单位调查研究所获得的第一手资料

其内容与施工单位调查报告中的有关内容大致相似，可用来和施工单位所提供的情况对照、核实。

（二）有关合同及合同文件

1. 涉及的文件

所涉及的文件主要有：设计委托合同；工程承包合同；监理委托合同，设备与器材购销合同等。

2. 有关合同和合同文件在处理质量事故中的作用

有关合同文件是判断在施工过程中有关各方是否按照合同有关条款实施其活动的依据。例如，施工单位是否按规定时间要求通知监理进行隐蔽工程检验，监理人员是否按规定时间实施检查和验收；施工单位在材料进场时，是否按规定进行检验等，借以探寻产生质量事故的原因。另外，有关合同文件还是界定质量责任的重要依据。

（三）有关技术文件和档案

1. 有关的设计文件

如施工图纸和技术说明等，它是施工的重要依据。在处理质量事故中起两方面作用：一方面是可以对照设计文件，核查施工质量是否完全符合设计的规定和要求；另一方面是可以根据所发生的质量事故情况，核查设计中是否存在问题和缺陷成为质量事故的一方面原因。

2. 与施工有关的技术文件和档案、资料

这类文件、档案主要有：

（1）施工组织设计或施工方案、施工计划。

（2）施工记录、施工日志等。借助这些资料可以追溯和探寻事故的可能原因。

（3）有关建筑材料的质量证明资料。比如，材料的批次、出厂日期、出厂合格证可检测报告、施工单位抽检或试验报告等。

（4）现场制备材料的质量证明资料。例如，混凝土搅拌料的配合比、水灰比、坍落度记录；混凝土试块强度试验报告，沥青拌合料配合比、出机温度和摊铺温度记录等。

（5）对事故状况的观测记录、试验记录或者试验报告等。例如，对地基沉降的观测记录；对建筑物倾斜和变形的观测记录；对混凝土结构物钻取试样的记录与试验报告等。

（6）其他有关资料。上述各类技术资料对于分析质量事故原因，判断其发展变化趋势，推断事故影响及严重程度，决定处理措施等都是不可缺少的。

（四）有关的建设法规

1. 勘察、设计、施工、监理等单位资质管理方面的法规

《中华人民共和国建筑法》明确规定"国家对从事建筑活动的单位实行资质审查制度"。从事建筑活动的建筑施工企业、勘察单位、设计单位和工程监理单位，按照其拥有的注册资本、专业技术人员、技术装备和已完成的建筑工程业绩等资质条件，划分为不同的资质等级，经资质审查合格，取得相应等级的资质证书后，才能在其资质等级许可的范围内从事建筑活动。

《建设工程勘察设计资质管理规定》《工程设计资质标准》《建筑业企业资质标准》《建筑业企业资质管理规定》和《工程监理企业资质管理规定》等。这类法规主要内容涉及：勘察、设计、施工和监理等单位的等级划分；明确各级企业应具备的条件；确定各级企业所能承担的任务范围；及其等级评定的申请、审查、批准、升降管理等。

2. 从业者资格管理方面的法规

《中华人民共和国建筑法》规定从事建筑活动的专业技术人员，应当依法取得相应

的执业资格证书，并在执业资格证书许可的范围内从事建筑活动。如对注册建筑师、注册结构工程师和注册监理工程师等有关人员实行资格认证制度。《中华人民共和国注册建筑师条例实施细则》《注册结构工程师执业资格制度暂行规定》和《监理工程师考试和注册试行办法》等，这类法规主要涉及建筑活动的从业者应具有相应的执业资格；注册等级划分；考试和注册方法；执业范围；权利、义务及管理等。

3. 建筑市场方面的法规

这类法律、法规主要涉及工程发包、承包活动，以及国家对建筑市场的管理活动。如《中华人民共和国合同法》和《中华人民共和国招标投标法》是国家对建筑市场管理的两个基本法律。这类法律、法规、文件主要是为维护建筑市场的正常秩序和良好环境，充分发挥竞争机制，保证工程项目质量，提高建设水平。例如《招标投标法》明确规定"投标人不得以低于成本的报价竞标"，就是防止恶性杀价竞争，导致偷工减料引起工程质量事故。《合同法》明文"禁止承包人将工程分包给不具备相应资质条件的单位，禁止分包单位将其承包的工程再分包。建设工程主体结构的施工必须由承包人自行完成。"对违反者处以罚款，没收非法所得直至吊销资质证书，这均是为保证工程施工的质量，防止因操作人员素质低造成质量事故。

4. 建筑施工方面的法规

以《中华人民共和国建筑法》为基础，国务院颁布了《建筑工程勘察设计管理条例》《建设工程质量管理条例》《建设工程安全生产管理条例》《房屋建筑工程质量保修办法》《实施工程建设强制性标准监督规定》《住宅室内装饰装修管理办法》《建筑施工企业安全生产许可证管理规定》《建设工程质量检测管理办法》《建设工程质量监督机构监督工作指南》和《建设工程监理规范》等法规和文件。主要涉及施工技术管理、施工机械设备管理、建设工程监理、建筑安全生产管理和建设工程质量监督管理。它们与现场施工密切相关，因而与工程施工质量有密切联系或直接关系。这类法律、法规文件涉及的内容十分广泛，其特点是大多与现场施工有直接关系，比如《建设工程监理规范》明确了现场监理工作的内容、深度、范围、程序、行为规范和工作制度。特别是国务院颁布的《建设工程质量管理条例》，以《建筑法》为基础，全面系统地对与建设工程有关的质量责任和管理问题，做了明确的规定，可操作性强。它不但对建设工程的质量管理具有指导作用，而且是全面保证工程质量和处理工程质量事故的重要依据。

5. 关于标准化管理方面的法规

这类法规主要涉及技术标准（勘察、设计、施工、安装、验收等）、经济标准和管理标准（如建设程序、设计文件深度、企业生产组织和生产能力标准、质量管理与质量保证标准等）。如建设部发布的《实施工程建设强制性标准监督规定》《建筑材料行业标准化管理办法》是典型的标准化管理类法规，它的实施《建设工程质量管理条例》提供了技术法规支持，是参与建设活动各方执行工程建设强制性标准和政府实施监督的依据，同时也是保证建设工程质量的必要条件，是分析处理工程质量事故，判定责任方的重要依据。

四、建筑工程质量事故处理的程序

（一）事故报告

工程质量事故发生后，事故现场有关人员应当立即向工程建设单位负责人报告；工程建设单位负责人接到报告后，应于1小时内向事故发生地县级以上人民政府住房和城乡建设主管部门及有关部门报告。情况紧急时，事故现场有关人员可直接向事故发生地县级以上人民政府住房和城乡建设主管部门报告。

住房和城乡建设主管部门接到事故报告后，应当依照下列规定上报事故情况，并同时通知公安、监察机关等有关部门。

（1）较大、重大及特别重大事故逐级上报至国务院住房和城乡建设主管部门，一般事故逐级上报至省级人民政府住房和城乡建设主管部门，必要时可以越级上报事故情况。

（2）住房和城乡建设主管部门上报事故情况，应当同时报告本级人民政府；国务院住房和城乡建设主管部门接到重大和特别重大事故的报告后，应立即报告国务院。

（3）住房和城乡建设主管部门逐级上报事故情况时，每级上报时间不得超过2小时。

（4）事故报告应包括下列内容。

1）事故发生的时间、地点、工程项目名称以及工程各参建单位名称；

2）事故发生的简要经过、伤亡人数（包括下落不明的人数）和初步估计的直接经济损失；

3）事故的初步原因；

4）事故发生后采取的措施及事故控制情况；

5）事故报告单位、联系人及联系方式；

6）其他应当报告的情况。

（5）事故报告后出现新情况，及事故发生之日起30日内伤亡人数发生变化的，应当及时补报。

（二）建筑工程质量事故处理的程序

建筑工程质量事故处理的程序：事故调查→事故原因分析→事故调查报告→结构可靠性鉴定→确定处理方案→事故处理设计→事故处理施工→验收和检验→结论。

1. 事故调查

事故调查包括事故情况与性质；涉及工程勘察、设计、施工各部门；并与使用条件和周边环境等各个方面有关。一般可分为初步调查，详细调查和补充调查。

初步调查：主要针对工程事故情况、设计文件、施工内业资料以及使用情况等方面进行调查分析，根据初步调查结果，判别事故的危害程度，确定是否需要采取临时支护措施，以确保人民生命财产安全，并对事故处理提出初步处理意见。

详细调查：是在初步调查的基础上，认为有必要时，进一步对设计文件进行计算复核与审查，对施工进行检测确定是否符合设计文件要求，以及对建筑物进行专项观测与测量。如设计情况，地基及基础情况，结构实际情况，荷载情况，建筑物变形观测，裂缝观测等。

补充调查：是在已有调查资料还不能满足工程事故分析处理时，需增加的项目，一般需做某些结构试验与补充测试，比如工程地质补充勘察；结构、材料的性能补充检测；载荷试验、建筑物内部缺陷的检查；较长时期的观测等。

住房和城乡建设主管部门应当按照有关人民政府的授权或委托，组织或参与事故调查组对事故进行调查，并履行下列职责。

（1）核实事故基本情况，包括事故发生的经过、人员伤亡情况及直接经济损失；

（2）核查事故项目基本情况，包括了项目履行法定建设程序情况、工程各参建单位履行职责的情况；

（3）依据国家有关法律法规和工程建设标准分析事故的直接原因和间接原因，必要时组织对事故项目进行检测鉴定和专家技术论证；

（4）认定事故的性质和事故责任；

（5）依照国家有关法律法规提出对事故责任单位和责任人员的处理建议；

（6）总结事故教训，提出防范和整改措施；

（7）提交事故调查报告。

2. 事故原因分析

在事故调查的基础上，对事故的性质、类别、危害程度以及发生的原因进行分析，为事故处理提供必需的依据。分析原因时，往往会存在原因的多样性和综合性，要正确区别分清同类事故的不同原因，通过详细的计算与分析、鉴别找到事故发生的主要原因。在综合原因分析中，除确定事故的主要原因外，应正确评估相关原因对工程质量事故的影响，以便能采取切实有效的综合加固修复方法。

（1）确定事故原点：事故原点的状况往往反映出事故的直接原因。

（2）正确区别同类型事故的不同原因：根据调查的情况，对事故进行认真、全面的分析，找出事故的根本原因。

（3）注意事故原因的综合性要全面估计各种因素对事故的影响，以便采取综合治理措施。

常见的质量事故原因有以下几类：违反基本建设程序，无证设计，违章施工；地基承载能力不足或地基变形过大；材料性能不良，构件制品质量不合格；设计构造不当，结构计算错误；不按设计图纸施工，随意改变设计；不按规范要求施工，操作质量低劣；施工管理混乱，施工顺序错误；施工或者使用荷载超过设计规定，楼面堆载过大；温度、湿度等环境影响，酸、碱、盐等化学腐蚀；其他外因作用，如大风、爆炸、地震等。

3. 事故调查报告

事故调查报告应当包括下列内容。

（1）事故项目及各参建单位概况；

（2）事故发生经过和事故救援情况；

（3）事故造成的人员伤亡和直接经济损失；

（4）事故项目有关质量检测报告和技术分析报告；

（5）事故发生的原因和事故性质；

（6）事故责任的认定和事故责任者的处理建议；

（7）事故防范和整改措施。

事故调查报告应当附具有关证据材料。事故调查组成员应当在事故调查报告上签名。

4. 结构可靠性鉴定

根据事故调查取得的资料，对结构的安全性、适用性和耐久性进行科学的评定，为事故的处理决策确定方向，可靠性鉴定一般由专门从事建筑物鉴定的机构作出。

5. 确定处理方案

根据事故调查报告、实地勘察结果和事故性质，以及用户的要求确定优化方案。事故处理方案的制定，应以事故原因分析为基础，如果某些事故一时认识不清，而且一时不致产生严重的恶化，可以继续进行调查、观测，方便掌握更充分的资料数据，做进一步分析，找出原因，以利于制定处理方案；切忌急于求成，不能对症下药，采取的处理措施不能达到预期效果，造成重复处理的不良后果。

制定的事故处理方案，应体现安全可靠，不留隐患，满足建筑物的功能和使用要求，技术可行经济合理等原则。如果各方一致认为质量缺陷不需专门的处理，必须经过充分的分析和论证。

6. 事故处理设计

（1）按照有关设计规范的规定进行；

（2）考虑施工的可行性；

（3）重视结构环境的不良影响，防止事故再次发生。

7. 事故处理施工

发生的质量事故，不论是否是由于施工承包单位方面的责任原因造成的，质量事故的处理通常都是由施工承包单位负责实施。施工应严格按照设计要求和有关的标准、规范的规定进行，并应注意以下事项：把好材料质量关；复查事故实际状况；做好施工组织设计；加强施工检查；确保施工安全。

8. 工程验收和处理效果检验

在质量事故处理完毕后，对于处理的结果应根据规范规定和设计要求进行检查验收，评定处理结果是否符合设计要求。

9. 事故处理结论

建筑工程质量事故处理结论包括以下几种。

（1）事故已排除，可继续施工；

（2）隐患已消除，结构安全有保证；

（3）经修补、处理后，完全能满足使用要求；

（4）基本上满足使用要求，但使用时应有附加的限制条件，例如限制荷载等；

（5）对耐久性的结论；

（6）对建筑物外观影响的结论；

（7）对短期难以作出结论的，可提出进一步观测检验的意见。

五、建筑工程质量事故处理的方法与验收

（一）建筑工程质量事故处理的方法

事故处理方法，应当正确地分析和判断事故产生的原因，通常可根据质量问题的情况，确定以下几种不同性质的处理方法。

1. 返工处理

即推倒重来，重新施工或更换零部件，自检合格后重新进行检查验收。当工程质量未达到规定的标准和要求，存在着严重质量问题，对结构的使用和安全构成重大影响，且又无法通过修补处理的情况下，可对检验批、分项、分部甚至整个工程返工处理。例如，某防洪堤坝填筑压实后，其压实土的干密度未达到规定值，经核算将影响土体的稳定且不满足抗渗能力要求，可挖除不合格土，重新填筑，进行返工处理。又如某公路桥梁工程预应力按规定张力系数为1.3，实际仅为0.8，属于严重的质量缺陷，也无法修补，只有返工处理。对某些存在严重质量缺陷，并且无法采用加固补强等修补处理或修补处理费用比原工程造价还高的工程，应进行整体拆除，全面返工。

2. 修补处理

即经过适当的加固补强、修复缺陷，自检合格后重新进行检查验收。这是最常用的一类处理方案，通常当工程的某个检验批、分项或者分部的质量虽未达到规定的规范、标准或设计要求，存在一定缺陷，但通过修补或更换器具、设备后还可达到要求的标准，又不影响使用功能和外观要求，在此情况下，可以进行修补处理。属于修补处理这类具体方案很多，诸如封闭保护、复位纠偏、结构补强、表面处理等。某些事故造成的结构混凝土表面裂缝，可根据其受力情况，仅作表面封闭保护。某些混凝土结构表面的蜂窝、麻面，经调查分析，可进行剔凿、抹灰等表面处理，一般不会影响其使用和外观。对较严重的质量问题，可能影响结构的安全性和使用功能，必须按一定的技术方案进行加固补强处理，这样往往会造成一些永久性缺陷，比如改变结构外形尺寸，影响一些次要的使用功能等。

3. 让步处理

即对质量不合格的施工结果，经设计人的核验，虽没达到设计的质量标准，却尚不影响结构安全和使用功能，经业主同意后可予验收。例如，某些隐蔽部位结构混凝土表面裂缝，经检查分析，属于表面养护不够的干缩微裂，不影响使用及外观，可让步处理。

4. 降级处理

如对已完工部位，因轴线、标高引测差错而改变设计平面尺寸，且严重超过规范标准规定，若要纠正会造成重大经济损失，若经过分析、论证其偏差不影响生产工艺和正常使用，在外观上也无明显影响，经承发包双方协商验收。

5. 不做处理

有些轻微的工程质量问题，虽然超过了有关规范规定，已具有质量事故的性质，但可针对具体情况通过有关各方分析讨论，认定可不需要专门处理。如面积小、点数多、程度轻的混凝土蜂窝麻面、露筋等在施工规范允许范围内的缺陷，可以通过后续工序进行修复。

（二）建筑工程质量事故处理决策的辅助方法

对质量事故处理的决策，是一项复杂而重要的工作，它直接关系到工程的质量、工期和费用。所以，要做出对质量事故处理的决定，特别是对需要做出返工或不做处理的决定，更应当慎重对待，在对某些复杂的质量事故做出处理决定前，可采取以下辅助方法做进一步论证。

1. 实验验证

即对某些有严重质量缺陷的项目，可采取合同规定的常规试验方法进一步进行验证，以便确定缺陷的严重程度。例如混凝土构件的试件强度低于要求的标准不太大（例如10%以内）时，可进行加载试验，以证明其是否满足使用要求，又如市政道路工程的沥青层面厚度误差超过了规范允许范围，可以采用弯沉试验，检查路面的整体强度等。根据对试验验证检查的分析、论证，再研究处理决策。

2. 定期观测

有些工程在发现其质量缺陷时，其状态可能尚未达到稳定仍会继续发展，在这种情况下一般不宜过早做出决定，可以对其进行一段时间的观测，然后再根据情况做出决定。属于这类的质量缺陷，如建筑物沉降超过预计和规定的标准；建筑物墙体产生裂缝并处于发展状态等。有些有缺陷的工程，短期内其影响可能不十分明显，需要较长时间的观察检测或沉降观测才能得出结论。对此，监理工程师应与建设单位及施工单位协商，是否可以留待责任期解决或采取修改合同，延长责任期的办法。

3. 专家论证

对于某些工程缺陷，可能涉及的技术领域比较广泛，则可采取专家论证。采用这种办法时，应事先做好充分准备，尽早为专家提供尽可能详尽的情况和资料，以便使专家能够进行较充分的、全面和细致的分析、研究，提出切实的意见与建议。实践证明，采取这种方法，对于重大事故问题做出恰当处理的决定十分有益。

4. 方案比较

这是比较常用的一种方法。同类型和同一性质的事故可先设计多种处理方案，然后结合当地的资源情况、施工条件等逐项给出权重，做出对比，从而选择具有较高处理效果又便于施工的处理方案。例如，结构构件承载力达不到设计要求，可采用改变结构构造来减少结构内力、结构卸荷或结构补强等不同处理方案，可将其每一方案按经济、工期、效果等指标列项并分配相应权重值，进行对比，辅助决策。

（三）质量事故处理的资料

处理工程质量事故，必须分析原因，作出正确的处理决策，这就要以充分的、准确的有关资料作为决策的基础和依据，一般质量事故处理，必须具备以下资料。

（1）与工程质量事故有关的施工图。

（2）与工程施工有关的资料、记录。

例如，建筑材料的试验报告，各种中间产品的检验记录和试验报告（如沥青混合料温度量测记录、混凝土试块强度试验报告等），及施工记录等。

（3）事故调查分析报告。

事故调查分析报告一般应包括以下内容：

1）质量事故的情况。包括发生质量事故的时间、地点，事故情况，有关的观测记录，事故的发展变化趋势，是否已趋稳定等。

2）事故性质。应区分是结构性问题还是一般性问题；是内在的实质性的问题，还是表面性的问题；是否需要及时处理，是否需要采取保护性措施。

3）事故原因。阐明造成质量事故的主要原因，比如，对混凝土结构裂缝是由于地基不均匀沉降原因导致的，还是由于温度应力所至，或是由于施工拆模前受到冲击、振动的结果，还是由于结构本身承载力不足等。对此应附有有说服力的资料、数据说明。

4）事故评估。应阐明该质量事故对于建筑物功能、使用要求、结构承受力性能及施工安全有何影响，并且应附有实测、验算数据和试验资料。

5）事故涉及的人员与主要责任者的情况等。

（4）设计单位、施工单位、监理单位和建设单位对事故处理的意见和要求。

（5）事故处理后的资料事故处理后，应由监理工程师提出事故处理报告，其内容包括：

1）质量事故调查报告；

2）质量事故原因分析；

3）质量事故处理依据；

4）质量事故处理方案、方法以及技术措施；

5）质量事故处理施工过程的各种原始记录资料；

6）质量事故检查验收记录；

7）质量事故结论等。

（四）建筑工程质量事故处理的验收

质量事故的技术处理是否达到了预期目的，消除的工程质量不合格和工程质量问题是否仍留有隐患。监理工程师应通过组织检查和必要的鉴定，进行验收并予以最终确认。

1. 检查验收

工程质量事故处理完成后，在施工单位自检合格报验的基础上，按施工验收标准及有关规范的规定进行，结合监理人员的旁站、巡视和平行检验结果，依据质量事故技术处理方案设计要求，通过实际测量，检查各种资料数据进行验收，并且应办理交工验收文件，组织各有关单位会签。

2. 必要的鉴定

为确保工程质量事故的处理效果，凡涉及结构承载力等使用安全和其他重要性能的处理工作，通常需做必要的试验和检验鉴定工作或质量事故处理施工过程中建筑材料及构配件保证资料严重缺乏，或对检查验收结果各参与单位有争议时，常见的检验工作有：混凝土钻芯取样，用于检验密实性和裂缝修补效果，或检测实际强度；结构荷载试验，确定其实际承载力；超声波检测焊接或结构内部质量；池、罐、箱柜工程的渗漏检验等。检测鉴定必须委托政府批准的有资质的法定检测单位进行。

3. 验收结论

对所有质量事故无论经过技术处理、通过检查鉴定验收还是不需专门处理的，均应有明确的书面结论。若对后续工程施工有特定要求，或对于建筑物使用有一定限制条件，应在结论中提出。验收结论通常有以下几种：

（1）事故已排除，可以继续施工。

（2）隐患已消除，结构安全有保证。

（3）经修补处理后，完全能够满足使用要求。

（4）基本上满足使用要求，但使用时应有附加限制条件，比如限制荷载等。

（5）对耐久性的结论。

（6）对建筑物外观影响的结论。

（7）对短期内难以作出结论的，可提出进一步观测检验意见。

对于处理后符合规定的，监理工程师应确认，并应注明责任方主要承担的经济责任。对经处理仍不能满足安全使用要求的分部工程，单位（子单位）工程，应拒绝验收。

第八章　建筑工程项目环境与绿色施工管理

第一节　建筑工程文明施工管理

一、施工现场文明施工的要求

文明施工是指保持施工现场良好的作业环境、卫生环境和工作秩序。因此，文明施工也是保护环境的一项重要措施。文明施工主要包括规范施工现场的场容，保持作业环境的整洁卫生；科学组织施工，使生产有序进行；减少施工对周围居民和环境的影响；遵守施工现场文明施工的规定和要求，保证职工的安全和身体健康。

文明施工可以适应现代化施工的客观要求，有利于员工的身心健康，有利于培养和提高施工队伍的整体素质，促进企业综合管理水平，提高企业的知名度和市场竞争力。

依据我国相关标准，文明施工的要求主要包括现场围挡、封闭管理、施工场地、材料堆放、现场住宿、现场防火、治安综合治理、施工现场标牌、生活设施、保健急救以及社区服务 11 项内容。建设工程现场文明施工总体上应符合以下要求：

（1）有整套的施工组织设计或者施工方案，施工总平面布置紧凑，施工场地规划合理，符合环保、市容、卫生的要求；

（2）有健全的施工组织管理机构和指挥系统，岗位分工明确，工序交叉合理，交接责任明确；

（3）有严格的成品保护措施和制度，大小临时设施和各种材料构件、半成品按平面布置堆放整齐；

（4）施工场地平整，道路畅通，排水设施得当，水电线路整齐，机具设备状况良好，使用合理，施工作业符合消防和安全要求；

（5）搞好环境卫生管理，包括施工区、生活区环境卫生与食堂卫生管理；

（6）文明施工应落实至施工结束后的清场。

实现文明施工，不仅要抓好现场的场容管理，而且要做好现场材料、机械、安全、技术、保卫、消防和生活卫生等方面的工作。

二、建设工程现场文明施工的措施

（一）加强现场文明施工的管理

1. 建立文明施工的管理组织

应确立项目经理为现场文明施工的第一责任人，以各专业工程师、施工质量、安全、材料、保卫等现场项目经理部人员为成员的施工现场文明管理组织，共同负责本工程现场文明施工工作。

2. 健全文明施工的管理制度

包括建立各级文明施工岗位责任制、将文明施工工作考核列入经济责任制，建立定期的检查制度，实行自检、互检、交接检制度，建立奖惩制度，开展文明施工立功竞赛，加强文明施工教育培训等。

（二）落实现场文明施工的各项管理措施

针对现场文明施工的各项要求，落实相应的各项管理措施。

1. 施工平面的布置

施工总平面图是现场管理、实现文明施工的依据。施工总平面图应对施工机械设备、材料和构配件的堆场、现场加工场地，以及现场临时运输道路、临时供水供电线路和其他临时设施进行合理布置，并且随工程实施的不同阶段进行场地布置和调整。

2. 现场围挡、标牌的设置

（1）施工现场必须实行封闭管理，设置进、出口，制定门卫制度，严格执行外来人员进场登记制度。沿工地四周连续设置围挡，市区主要路段和其他涉及市容景观路段的工地设置围挡的高度不低于 2.5 m，其他工地的围挡高度不低于 1.8 m，围挡材料要求坚固、稳定、统一、整洁、美观。

（2）施工现场必须设有"五牌一图"，即工程概况牌、管理人员名单以及监督电话牌、消防保卫（防火责任）牌、安全生产牌、文明施工牌和施工现场总平面图。

（3）施工现场应合理悬挂安全生产宣传和警示牌，标牌应悬挂得牢固、可靠，特别是主要施工部位、作业点和危险区域以及主要通道口都必须有针对性地悬挂醒目的安全警示牌。

3. 施工场地管理

（1）施工现场应积极推行硬地坪施工，作业区、生活区主干道地面必须用一定厚度的混凝土硬化，对场内其他道路地面也应进行硬化处理。

（2）施工现场道路应畅通、平坦、整洁，无散落物。

（3）施工现场应设置排水系统，排水畅通，不积水。

（4）严禁泥浆、污水、废水外流或未经允许排入河道，严禁堵塞下水道和排水河道。

（5）施工现场适当地方应设置吸烟处，作业区内禁止随意吸烟。

（6）积极美化施工现场环境，根据季节的变化，适当进行绿化布置。

4. 材料堆放、周转设备管理

（1）建筑材料、构配件、料具必须按施工现场总平面布置图堆放，布置合理。

（2）建筑材料、构配件及其他料具等必须做到安全、整齐堆放（存放），不得超高。堆料应分门别类，悬挂标牌。标牌应统一制作，标明名称、品种、规格、数量等。

（3）建立材料收发管理制度，仓库、工具间材料应堆放整齐，易燃易爆物品应分类堆放，由专人负责，以确保安全。

（4）施工现场应建立清扫制度，落实到人，做到工完料尽场地清，车辆进出场应有防泥带出措施。建筑垃圾应及时清运，临时存放现场的也应集中堆放整齐，悬挂标牌。不用的施工机具和设备应及时出场。

（5）施工设施、大模板、砖夹等应集中堆放整齐，大模板应成对放稳，角度正确。钢模及零配件、脚手扣件应分类、分规格，集中存放。竹木杂料应分类堆放，规则成方，不散不乱，不作他用。

5. 现场生活设施设置

（1）施工现场作业区与办公和生活区必须明显划分，确因场地狭窄不能划分的，要有可靠的隔离栏防护措施。

（2）宿舍内应确保主体结构安全，设施完好。宿舍周围环境应保持整洁、安全。

（3）宿舍内应有保暖、消暑、防煤气中毒、防蚊虫叮咬等措施。严禁使用煤气灶、煤油炉、电饭煲、热得快、电炒锅以及电炉等器具。

（4）食堂应有良好的通风和洁卫措施，保持卫生整洁，炊事员持健康证上岗。

（5）建立现场卫生责任制，设卫生保洁员。

（6）施工现场应设固定的男、女简易淋浴室和厕所，要保证结构稳定、牢固和防风雨，并实行专人管理，及时清扫，保持整洁，要有灭蚊、蝇的措施。

6. 现场消防、防火管理。

（1）现场应建立消防管理制度，建立消防领导小组，落实消防责任制和责任人员，做到思想重视、措施跟上、管理到位。

（2）定期对有关人员进行消防教育，落实消防措施。

（3）现场必须有消防平面布置图，临时设施按消防条例的有关规定搭设，符合标准、规范的要求。

（4）易燃易爆物品堆放间、油漆间、木工间、总配电室等消防防火重点部位要按规定设置灭火器和消防沙箱，并有专人负责，对于违反消防条例的有关人员进行严肃处理。

（5）施工现场若需用明火，应做到严格按动用明火的规定执行，审批手续齐全。

7. 医疗急救管理

展开卫生防病教育，准备必要的医疗设施，配备经过培训的急救人员，有急救措施、急救器材和急救医药箱。在现场办公室的显著位置张贴急救车和有关医院的电话号码等。

8. 社区服务管理

建立施工不扰民的措施。现场不得焚烧有毒、有害物质等。

9. 治安管理

（1）建立现场治安保卫领导小组，有专人管理。

（2）对新入场的人员及时登记，做到合法用工。

（3）按照治安管理条例和施工现场的治安管理规定搞好各项管理工作。

（4）建立门卫值班管理制度，严禁无证人员与其他闲杂人员进入施工现场，避免安全事故和失盗事件的发生。

（三）建立检查考核制度

对于建设工程文明施工，国家和各地大多制定了标准或规定，也有比较成熟的经验。在实际工作中，项目应结合相关标准和规定建立文明施工考核制度，推进各项文明施工措施的落实。

（四）抓好文明施工建设工作

1. 建立宣传教育制度

现场宣传安全生产、文明施工、国家大事、社会形势、企业精神、优秀事迹等。

2. 坚持以人为本

加强管理人员和班组文明建设。教育职工遵纪守法，提高企业整体管理水平和文明素质。

3. 主动与有关单位配合

积极开展共建文明活动，树立企业良好的社会形象。

第二节 建筑工程施工现场环境管理

一、施工现场环境保护的要求

建设工程项目必须满足有关环境保护法律法规的要求，在施工过程中注意环境保护，这些都对企业发展、员工健康和社会文明有重要意义。

环境保护是按照法律法规、各级主管部门和企业的要求，保护和改善作业现场的环境，控制现场的各种粉尘、废水、废气、固体废弃物、噪声、振动等对于环境的污染和危害。环境保护也是文明施工的重要内容之一。

1. 建设工程施工现场环境保护的要求

根据《中华人民共和国环境保护法》和《中华人民共和国环境影响评价法》的有关规定，建设工程项目对环境保护的基本要求如下：

（1）涉及依法划定的自然保护区、风景名胜区、生活饮用水水源保护区及其他需要特别保护的区域时，应当符合国家有关法律法规及该区域内建设工程项目环境管理的规定，不得建设污染环境的工业生产设施；建设的工程项目设施的污染物排放不得超过规定的排放标准。已经建成的设施，其污染物排放超过排放标准的，限期整改。

（2）开发利用自然资源的项目，必须采取措施保护生态环境。

（3）建设工程项目的选址、选线、布局应当符合区域、流域规划和城市总体规划。

（4）应满足项目所在区域环境质量、相应环境功能区划和生态功能区划的标准或要求。

（5）拟采取的污染防治措施应确保污染物排放达到国家和地方规定的排放标准，满足污染物总量控制要求；涉及可能产生放射性污染的，应采取有效预防和控制放射性污染措施。

（6）对于建设工程应当采用节能、节水等有利环境与资源保护的建筑设计方案、建筑材料、装修材料、建筑构配件及设备。建筑材料和装修材料必须符合国家标准。禁止生产、销售和使用有毒、有害物质超过国家标准的建筑材料和装修材料。

（7）尽量减少建设工程施工中所产生的干扰周围生活环境的噪声。

（8）应采取生态保护措施，有效预防和控制生态破坏。

（9）对环境可能造成重大影响、应当编制环境影响报告书的建设工程项目，可能严重影响项目所在地居民生活环境质量的建设工程项目，及存在重大意见分歧的建设工程项目，环保部门可以举行听证会，听取有关单位、专家和公众的意见，并公开听证结果，说明对有关意见采纳或不采纳的理由。

（10）建设工程项目中防治污染的设施，必须与主体工程同时设计、同时施工、同时投产使用。防治污染的设施经原审批环境影响报告书的环境保护行政主管部门验收合格后，该建设工程项目方可投入生产或者使用。不得擅自拆除或者闲置防治污染的设施，确有必要拆除或者闲置的，必须征得所在地的环境保护行政主管部门的同意。

（11）新建工业企业和现有工业企业的技术改造，应当采取资源利用率高、污染物排放量少的设备和工艺，采用经济、合理的废弃物综合利用技术和污染物处理技术。

（12）排放污染物的单位，必须依照国务院环境保护行政主管部门的规定申报登记。

（13）禁止引进不符合我国环境保护规定要求的技术和设备。

（14）任何单位不得将产生严重污染的生产设备转移给没有污染防治能力的单位使用。《中华人民共和国海洋环境保护法》规定：在进行海岸工程建设和海洋石油勘探开发时，必须依照法律的规定，防止对海洋环境的污染损害。

2. 建设工程施工现场环境保护的措施

工程建设过程中的污染主要包括对施工场界内的污染和对周围环境的污染。对施工场界内的污染防治属于职业健康安全问题，而对周围环境的污染防治是环境保护的问题。

建设工程环境保护措施主要包括了大气污染的防治、水污染的防治、噪声污染的防治、固体废弃物的处理等。

（1）大气污染的防治。

1）大气污染物的分类。大气污染物的种类有数千种，已发现有危害作用的有100多种，其中大部分是有机物。大气污染物通常以气体状态与粒子状态存在于空气中。

2）施工现场空气污染的防治措施。

①施工现场的垃圾渣土要及时清理出现场。

②在高大建筑物中清理施工垃圾时，要使用封闭式的容器或者采取其他措施处理高空废弃物，严禁凌空随意抛撒。

③施工现场道路应指定专人定期洒水清扫，形成制度，防止道路扬尘。

④对于细颗粒散体材料（如水泥、粉煤灰、白灰等）的运输、储存，要注意遮盖、密封，防止和减少扬尘。

⑤车辆开出工地时要做到不带泥沙，基本做到不撒土、不扬尘，减少对周围环境的污染。

⑥除设有符合规定的装置外，禁止在施工现场焚烧油毡、橡胶、塑料、皮革、树叶、枯草、各种包装物等废弃物品以及其他会产生有毒、有害烟尘和恶臭气体的物质。

⑦机动车都要安装减少尾气排放的装置，确保符合国家的标准。

⑧工地茶炉应尽量采用电热水器。若只能使用烧煤茶炉和锅炉，应选用消烟除尘型茶炉和锅炉，大灶应选用消烟节能回风炉灶，使烟尘降至允许排放范围为止。

⑨大城市市区的建设工程已不容许搅拌混凝土。在容许设置搅拌站的工地，应将搅拌站严密封闭，并在进料仓上方安装除尘装置，采用可靠措施控制工地粉尘污染。

⑩拆除旧建筑物时，应适当洒水，防止扬尘。

（2）水污染的防治。

1）水污染物的主要来源。水污染的主要来源有以下几种：

①工业污染源：指各种工业废水向自然水体的排放。

②生活污染源：主要有食物废渣、食油、粪便、合成洗涤剂、杀虫剂、病原微生物等。

③农业污染源：主要有化肥、农药等。

施工现场废水和固体废物随水流流入水体部分，包括泥浆、水泥、油漆、各种油类、混凝土添加剂、重金属、酸碱盐、非金属无机毒物等。

2）施工过程水污染的防治措施。施工过程水污染的防治措施有：

①禁止将有毒有害废弃物作土方回填。

②施工现场搅拌站废水、现制水磨石的污水、电石（碳化钙）的污水必须经沉淀池沉淀合格后再排放，最好将沉淀水用于工地洒水降尘或采取措施回收利用。

③现场存放油料的，必须对库房地面进行防渗处理，比如采用防渗混凝土地面、铺油毡等措施。使用时，要采取防止油料跑、冒、滴、漏的措施，以免污染水体。

④施工现场 100 人以上的临时食堂，排放污水时可设置简易、有效的隔油池，定期清理，防止污染。

⑤工地临时厕所、化粪池应采取防渗漏措施。中心城市施工现场的临时厕所可采用水冲式厕所，并且有防蝇灭蛆措施，防止污染水体和环境。

⑥化学用品、外加剂等要妥善保管，于库内存放，防止污染环境。

（3）噪声污染的防治。

1）噪声的分类。噪声按来源分为交通噪声（如汽车、火车、飞机等发出的声音）、工业噪声（如鼓风机、汽轮机、冲压设备等发出的声音）、建筑施工的噪声（如打桩机、推土机、混凝土搅拌机等发出的声音）、社会生活噪声（如高音喇叭、收音机等发出的声音）。噪声妨碍人们正常休息、学习和工作。为防止噪声扰民，应控制人为强噪声。

根据《建筑施工场界环境噪声排放标准》的要求，建筑施工场界噪声排放限值见表8-1。

表 8-1　建筑施工场界噪声排放限值

昼间	夜间
70	55

2）施工现场噪声的控制措施。噪声控制技术可从声源、传播途径、接收者防护等方面来考虑。

①声源的控制。

从声源上降低噪声，这是防止噪声污染的最根本的措施。尽量采用低噪声设备和加工工艺代替高噪声设备与加工工艺，比如低噪声振捣器、风机、电动空压机、电锯等。在声源处安装消声器消声，即在通风机、鼓风机、压缩机、燃气机、内燃机及各类排气放空装置等进出风管的适当位置设置消声器。

②传播途径的控制。

吸声：利用吸声材料（大多由多孔材料制成）或由吸声结构形成的共振结构（金属或木质薄板钻孔制成的空腔体）吸收声能，降低噪声。

隔声：应用隔声结构，阻碍噪声向空间传播，将接收者和噪声声源分隔。隔声结构包括隔声室、隔声罩、隔声屏障、隔声墙等。

消声：利用消声器阻止传播。允许气流通过的消声降噪是防治空气动力性噪声的主要装置。

减振降噪：对来自振动引起的噪声，通过降低机械振动减小噪声，如将阻尼材料涂在振动源上，或改变振动源与其他刚性结构的连接方式等。

③接收者的防护。让处于噪声环境下的人员使用耳塞、耳罩等防护用品，减少相关人员在噪声环境中的暴露时间，以减轻噪声对人体的危害。

④严格控制人为噪声。

进入施工现场不得高声喊叫、无故甩打模板、乱吹哨，限制高声喇叭的使用，最大限度地减少噪声扰民。在人口稠密区进行强噪声作业时，需严格控制作业时间，一般晚22时到次日早6时之间停止强噪声作业。确系特殊情况必须昼夜施工时，尽量采取降低噪声措施，并会同建设单位找当地居委会、村委会或者当地居民协调，发出安民告示，取得群众谅解。

（4）固体废物的处理。

1）建设工程施工工地上常见的固体废物。建设工程施工工地上常见的固体废物主要有：建筑渣土，包括砖瓦、碎石、渣土、混凝土碎块、废钢铁、碎玻璃、废屑、废弃装饰材料等；废弃的散装大宗建筑材料，包括水泥、石灰等；生活垃圾，包括炊厨废物、丢弃食品、废纸、生活用具、废电池、废日用品、玻璃、陶瓷碎片、废塑料制品、煤灰渣、废交通工具等；设备、材料等的包装材料；粪便等等。

2）固体废物的处理和处置。固体废物处理的基本思想是：采取资源化、减量化和无害化的处理，对固体废物产生的全过程进行控制。固体废物的主要处理方法如下：

①回收利用。回收利用是对固体废物进行资源化的重要手段之一。粉煤灰在建设工程领域的广泛应用就是对固体废弃物进行资源化利用的典型范例。又如发达国家炼钢原料中有70%是利用回收的废钢铁，所以钢材可以看成可再生利用的建筑材料。

②减量化处理。减量化是对已经产生的固体废物进行分选、破碎、压实浓缩、脱水等减少其最终处置量，降低处理成本，减少对环境的污染。在减量化处理的过程中，也包括和其他处理技术相关的工艺方法，比如焚烧、热解、堆肥等。

③焚烧。焚烧用于不适合再利用且不宜直接予以填埋处置的废物，除有符合规定的装置外，不得在施工现场熔化沥青和焚烧油毡、油漆，也不得焚烧其他可产生有毒有害和恶臭气体的废弃物。垃圾焚烧处理应使用符合环境要求的处理装置，避免对大气的二次污染。

④稳定和固化。稳定和固化处理是利用水泥、沥青等胶结材料，将松散的废物胶结

包裹起来，减少有害物质从废物中向外迁移、扩散，使得废物对环境的污染减少。

⑤填埋。填埋是将固体废物经过无害化、减量化处理的废物残渣集中到填埋场进行处置。禁止将有毒有害废弃物现场填埋，填埋场应利用天然或人工屏障，尽量使需处置的废物与环境隔离，并且注意废物的稳定性和长期安全性。

二、施工现场职业健康安全卫生的要求

为保障作业人员的身体健康和生命安全，改善作业人员的工作环境与生活环境，防止施工过程中各类疾病的发生，建设工程施工现场应加强卫生与防疫工作。

1. 建设工程现场职业健康安全卫生的要求

根据我国相关标准，施工现场职业健康安全卫生主要包括现场宿舍、现场食堂、现场厕所、其他卫生管理等内容。基本要符合以下要求：

（1）施工现场应设置办公室、宿舍、食堂、厕所、淋浴间、开水房、文体活动室、密闭式垃圾站（或容器）及盥洗设施等临时设施。临时设施所用建筑材料应符合环保、消防的要求。

（2）办公区和生活区应设密闭式垃圾容器。

（3）办公室内布局合理，文件资料宜归类存放，并应保持室内清洁卫生。

（4）施工企业应根据法律、法规的规定，制定施工现场的公共卫生突发事件应急预案。

（5）施工现场应配备常用药品及绷带、止血带、颈托、担架等急救器材。

（6）施工现场应设专职或兼职保洁员，负责卫生清扫和保洁。

（7）办公区和生活区应采取灭鼠、蚊、蝇、螳螂等措施，并应定期投放和喷洒药物。

（8）施工企业应结合季节的特点，做好作业人员的饮食卫生和防暑降温、防寒保暖、防煤气中毒、防疫等工作。

（9）施工现场必须建立环境卫生管理和检查制度，并应做好检查记录。

2. 建设工程现场职业健康安全卫生的措施

施工现场的卫生与防疫应由专人负责，其全面管理施工现场的卫生工作，监督和执行卫生法规规章、管理办法，落实各项的卫生措施。

（1）现场宿舍的管理。

1）宿舍内应保证有必要的生活空间，室内净高不得小于2.4 m，通道宽度不得小于0.9 m，每间宿舍的居住人员不得超过16人。

2）施工现场宿舍必须设置可开启式窗户，宿舍内的床铺不得超过2层，严禁使用通铺。

3）宿舍内应设置生活用品专柜，有条件的宿舍宜设置生活用品储藏室。

4）宿舍内应设置垃圾桶，宿舍外宜设置鞋柜或鞋架，生活区内应提供作业人员晾晒衣服的场地。

（2）现场食堂的管理。

1）食堂必须有卫生许可证，炊事人员必须持身体健康证上岗。

2）炊事人员上岗时应穿戴洁净的工作服、工作帽和口罩，并应保持个人卫生。不得穿工作服出食堂，非炊事人员不得随意进入制作间。

3）食堂炊具、餐具和公用饮水器具必须清洗消毒。

4）施工现场应加强对食品、原料的进货管理，食堂严禁出售变质食品。

5）食堂应设置在远离厕所、垃圾站以及有毒有害场所等污染源的地方。

6）食堂应设置独立的制作间、储藏间，门扇下方应设置不低于 0.2 m 的防鼠挡板。制作间灶台及其周边应贴瓷砖，所贴瓷砖高度不宜小于 1.5 m，地面应作硬化和防滑处理。粮食存放台距墙和地面应大于 0.2 m。

7）食堂应配备必要的排风设施和冷藏设施。

8）食堂的燃气罐应单独设置存放间，存放间应通风良好并严禁存放其他物品。

9）食堂制作间的炊具宜存放在封闭的橱柜内，刀、盆、案板等炊具应生熟分开。食品应有遮盖，遮盖物品应用正、反面标识。各种作料和副食应存放在密闭器皿内，并应有标识。

10）食堂外应设置密闭式泔水桶，并且应及时清运。

（3）现场厕所的管理。

1）施工现场应设置水冲式或移动式厕所，厕所地面应硬化，门窗应齐全。蹲位之间宜设置隔板，隔板高度不宜低于 0.9 m。

2）厕所大小应根据作业人员的数量设置。高层建筑施工超过 8 层以后，每隔四层宜设置临时厕所。厕所应设专人负责清扫、消毒，化粪池应及时清掏。

（4）其他临时设施的管理。

1）淋浴间应设置满足需要的淋浴喷头，可以设置储衣柜或挂衣架。

2）盥洗间应设置满足作业人员使用的盥洗池，并应使用节水龙头。

3）生活区应设置开水炉、电热水器或饮用水保温桶；施工区应配备流动保温水桶。

4）文体活动室应配备电视机、书报、杂志等文体活动设施、用品。

5）施工现场作业人员发生法定传染病、食物中毒或者急性职业中毒时，必须在 2 h 内向施工现场所在地建设行政主管部门和有关部门报告，并应积极配合调查处理。

6）现场施工人员患有法定传染病时，应及时隔离，并由卫生防疫部门处置。

第三节　建筑工程绿色施工管理

一、绿色施工的概念

（一）绿色施工的基本概念

绿色施工是指工程建设中，通过施工策划、材料采购，在保证质量、安全等基本要求的前提下，通过科学管理和技术进步，最大限度地节约资源和减少对环境有负面影响的施工活动，它强调的是从施工到工程竣工验收全过程的节能、节地、节水、节材和环境保护（"四节一环保"）的绿色建筑核心理念。

实施绿色施工，应依据因地制宜的原则，贯彻执行国家、行业和地方相关的技术经济政策。绿色施工是可持续发展理念在工程施工中全面应用的体现，绿色施工并不仅仅是指在工程施工中实施封闭施工，没有尘土飞扬，没有噪声扰民，在工地四周栽花、种草，实施定时洒水等内容，它涉及可持续发展的各个方面，如生态与环境保护、资源与能源利用、社会与经济的发展等内容。

（二）绿色施工原则

绿色施工是建筑全寿命周期中的一个重要阶段。实施绿色施工，应进行总体方案优化。在规划、设计阶段，应充分考虑绿色施工的总体要求，为绿色施工提供基础条件。

实施绿色施工，应对施工策划、材料采购、现场施工、工程验收等各阶段进行控制，加强对整个施工过程的管理和监督，绿色施工的基本原则如下：

1. 减少场地干扰、尊重基地环境

绿色施工要减少场地干扰。工程施工过程会严重扰乱场地环境，这一点对未开发区域的新建项目尤为严重。场地平整、土方开挖、施工降水、永久及临时设施建造、场地废物处理等均会对场地上现存的动植物资源、地形地貌、地下水位等造成影响，还会对场地内现存的文物、地方特色资源等产生破坏，影响当地文脉的继承和发扬。因此，在施工中减少场地干扰、尊重基地环境对于保护生态环境、维持地方文脉具有重要的意义。业主、设计单位和承包商应当识别场地内现有的自然、文化和构筑物特征，并通过合理的设计、施工和管理工作将这些特征保存下来。可持续的场地设计对于减少这种干扰具有重要的作用。就工程施工而言，承包商应结合业主、设计单位对承包商使用场地的要求，制订满足这些要求的、能尽量地减少场地干扰的场地使用计划。计划中应明确：

（1）场地内哪些区域将被保护、哪些植物将被保护，并明确保护的方法。

（2）怎样在满足施工、设计和经济方面要求的前提下，尽量减少清理和扰动的区域面积，尽量减少临时设施、减少施工用管线。

（3）场地内哪些区域将被用作仓储和临时设施建设，如何合理安排承包商、分包商及各工种对施工场地的使用，减少材料和设备的搬动。

（4）各工种为了运送、安装和其他目的对场地通道的要求。

（5）废物将如何处理和消除，比如有废物回填或填埋，应分析其对场地生态、环境的影响。

（6）怎样将场地与公众隔离。

2. 施工结合气候

承包商在选择施工方法、施工机械，安排施工顺序，布置施工场地时应结合气候特征。这可以减少气候原因所带来的施工措施的增加、资源和能源用量的增加，有效地降低施工成本；可以减少因为额外措施对施工现场及环境的干扰；有利于施工现场环境质量品质的改善和工程质量的提高。

承包商要做到结合气候施工，首先要了解现场所在地区的气象资料及特征，主要包括降雨、降雪资料，如全年降雨量、降雪量、雨期起止日期、一日最大降雨量等；气温资料，如年平均气温，最高、最低气温及持续时间等；风的资料，如风速、风向和风的频率等。施工结合气候的主要体现有：

（1）承包商应尽可能合理地安排施工顺序，使会受到不利气候影响的施工工序能够在不利气候来临前完成。如在雨期来临之前，完成土方工程、基础工程的施工，以减少地下水位上升对施工的影响，减少其他需要增加的额外雨期施工保证措施。

（2）安排好全场性排水、防洪，减少对现场及周边环境的影响。

（3）施工场地布置应结合气候，符合劳动保护、安全、防火的要求。产生有害气体和污染环境的加工场（如沥青熬制、石灰熟化）及易燃的设施（如木工棚、易燃物品仓库）应布置在下风向，且不危害当地居民；起重设施的布置应考虑风、雷电的影响。

（4）在冬期、雨期、风期、炎热暑期施工中，应针对工程特点，尤其是对于混凝土工程、土方工程、深基础工程、水下工程和高空作业等，选择适合的季节性施工方法或有效措施。

3. 绿色施工要求节水节电环保

建设项目通常要使用大量的材料、能源和水资源。减少资源的消耗，节约能源，提高效益，保护水资源是可持续发展的基本观点。施工中资源（能源）的节约主要有以下几方面内容：

（1）水资源的节约利用。通过监测水资源的使用，安装小流量的设备和器具，在可能的场所通过重新利用雨水或施工废水等措施来减少施工期间的用水量，降低用水费用。

（2）节约电能。通过监测利用率，安装节能灯具和设备、利用声光传感器控制照明灯具，采用节电型施工机械，合理安排施工时间等降低用电量，节约电能。

（3）减少材料的损耗。通过更仔细的采购、合理的现场保管，减少材料的搬运次数，减少包装，完善操作工艺，增加摊销材料的周转次数等降低材料在使用中的消耗，提高材料的使用效率。

（4）可回收资源的利用。可回收资源的利用是节约资源的主要手段，也是当前应加强的方向。其主要体现在两个方面：一是使用可再生的或含有可再生成分的产品和材料，这有助于将可回收部分从废弃物中分离出来，同时减少原始材料的使用，即减少自然资源的消耗；二是加大资源和材料的回收利用、循环利用，比如在施工现场建立废物回收系统，再回收或重复利用在拆除时得到的材料，这可以减少施工中材料的消耗量或通过销售来增加企业的收入，也可以降低企业运输或填埋垃圾的费用。

4. 减少环境污染，提高环境品质

绿色施工要求减少环境污染。工程施工中产生的大量灰尘、噪声、有毒有害气体、废物等会对环境品质产生严重的影响，也将有损于现场工作人员、使用者以及公众的健康。因此，减少环境污染、提高环境品质，也是绿色施工的基本原则。提高与施工有关的室内外空气品质是该原则的最主要内容。施工过程中，扰动建筑材料和系统所产生的灰尘，从材料、产品、施工设备或施工过程中散发出来的挥发性有机化合物或微粒均会引发室内外空气品质问题。许多这些挥发性有机化合物或微粒会对健康构成潜在的威胁和损害，需要特殊的安全防护。这些威胁和损伤有些是长期的，甚至是致命的。同时，在建造过程中，这些空气污染物也可能渗入邻近的建筑物，并且在施工结束后继续留在建筑物内。那些需要在房屋使用者在场的情况下进行施工的改建项目，在这方面的影响更需引起人们的重视。常用的提高施工场地空气品质的绿色施工技术措施有：

（1）制订有关室内外空气品质的施工管理计划。

（2）使用低挥发性的材料或产品。

（3）安装局部临时排风或局部净化和过滤设备。

（4）进行必要的绿化，经常洒水清扫，防止建筑垃圾堆积在建筑物内，储存好可能造成污染的材料。

（5）采用更安全、更健康的建筑机械或生产方式。比如用商品混凝土代替现场混凝土搅拌，可大幅度地消除粉尘污染。

（6）合理安排施工顺序，尽量减少一些建筑材料如地毯、顶棚饰面等对污染物的吸收。

（7）对于施工时仍在使用的建筑物而言，应将有毒的工作安排在非工作时间进行，并与通风措施相结合，在进行有毒工作时以及工作完成以后，用室外新鲜空气对现场通风。

（8）对于施工时仍在使用的建筑物而言，将施工区域保持负压或者升高使用区域的气压有助于防止空气污染物污染使用区域。

对于噪声的控制也是防止环境污染，提高环境品质的一个方面。当前我国已经出台了一些相应的规定对施工噪声进行限制。绿色施工也强调对施工噪声的控制，以防止施工扰民。合理安排施工时间，实施封闭式施工，采用现代化的隔离防护设备，采用低噪

声、低振动的建筑机械如无声振捣设备等是控制施工噪声的有效手段。

5. 实施科学管理、保证施工质量

实施绿色施工，必须实施科学管理，提高企业管理水平，使企业从被动适应转变为主动响应，使企业实施绿色施工制度化、规范化。这将充分发挥绿色施工对可持续发展的促进作用，增加绿色施工的经济性效果，以及增加承包商采用绿色施工的积极性。企业通过 ISO 14001 认证是提高企业管理水平，实施科学管理的有效途径。

实施绿色施工，尽可能减少场地干扰，提高资源和材料的利用效率，增加材料的回收利用等，采用这些手段的前提是确保工程质量。好的工程质量可延长项目寿命，降低项目的日常运行费用，有利于使用者的健康和安全，可促进社会经济发展，其本身就是可持续发展的体现。

（三）绿色施工的基本要求

（1）绿色施工是指工程建设中，在保证质量、安全等基本要求的前提下，通过科学管理和技术进步，最大限度地节约资源与减少对环境负面影响的施工活动，实现"四节一环保"（节能、节地、节水、节材和环境保护）。

（2）我国尚处于经济快速发展阶段，作为大量消耗资源及影响环境的建筑业，应全面实施绿色施工，承担起可持续发展的社会责任。

（3）绿色施工导则用于指导绿色施工，在建筑工程的绿色施工中应贯彻执行。

（4）绿色施工应符合国家的法律、法规及相关的标准规范，实现经济效益、社会效益和环境效益的统一。

（5）实施绿色施工，应依据因地制宜的原则，贯彻执行国家、行业和地方相关的技术经济政策。

（6）运用 ISO 14000 和 ISO 18000 管理体系，将绿色施工有关内容分解到管理体系目标中去，使绿色施工规范化及标准化。

（7）鼓励各地区开展绿色施工的政策与技术研究，发展绿色施工的新技术、新设备、新材料与新工艺，推行应用示范工程。

二、绿色施工技术措施

1. 绿色施工管理

绿色施工管理主要包括组织管理、规划管理、实施管理、评价管理，以及人员安全与健康管理五个方面。

（1）组织管理。

①建立绿色施工管理体系，并且制定相应的管理制度与目标。

②项目经理为绿色施工第一责任人，负责绿色施工的组织实施及目标实现，并指定绿色施工管理人员和监督人员。

（2）规划管理。

编制绿色施工方案。该方案应在施工组织设计中独立成章，并按有关规定进行审批。绿色施工方案应包括以下内容：

1）环境保护措施，编制环境管理计划及应急救援预案，采取有效措施，降低环境负荷，保护地下设施和文物等资源。

2）节材措施，在保证工程安全与质量的前提下，制定节材措施。比如进行施工方案的节材优化，建筑垃圾减量化，尽量利用可循环材料等。

3）节水措施，根据工程所在地的水资源状况，制定节水措施。

4）节能措施，进行施工节能策划，确定目标，制定节能措施。

5）节地与施工用地保护措施，制定临时用地指标、施工总平面布置规划及临时用地节地措施等。

（3）实施管理。

1）绿色施工应对整个施工过程实施动态管理，加强对施工策划、施工准备、材料采购、现场施工、工程验收等各阶段的管理和监督。

2）应结合工程项目的特点，有针对性地对绿色施工做相应的宣传，通过宣传营造绿色施工的氛围。

2）合理布置施工场地，保护生活及办公区不受施工活动的有害影响。在施工现场建立卫生急救、保健防疫制度，在安全事故和疾病疫情出现时提供及时救助。

3）提供卫生、健康的工作与生活环境，加强对于施工人员的住宿、膳食、饮用水等生活与环境卫生等的管理，明显改善施工人员的生活条件。

2. 环境保护技术要点

绿色施工环境保护是个很重要的问题。工程施工对环境的破坏很大，大气环境污染的主要源之一是大气中的总悬浮颗粒，粒径小于 10 的颗粒可以被人类吸入肺部，其对健康十分有害。悬浮颗粒包括道路尘、土壤尘、建筑材料尘等。《绿色施工导则》（环境保护技术要点）对土方作业阶段、结构安装装饰阶段作业区目测扬尘高度明确提出了量化指标；对噪声与振动控制、光污染控制、水污染控制、土壤保护、建筑垃圾控制、地下设施、文物和资源保护等，也提出了定性或者定量要求。

（1）扬尘控制。

1）运送土方、垃圾、设备及建筑材料等，不污损场外道路。对运输容易散落、飞扬、流漏的物料的车辆，必须采取措施严密封闭，保证车辆清洁。施工现场出口应设置洗车槽。

2）在土方作业阶段，采取洒水、覆盖等措施，使作业区目测扬尘高度小于 1.5 m，污染物不扩散到场区外。

3）在结构施工及安装装饰装修阶段，作业区目测扬尘高度应小于 0.5 m。对易产生扬尘的堆放材料应采取覆盖措施；对粉末状材料应封闭存放；场区内可能引起扬尘的材料及建筑垃圾搬运应有降尘措施，如覆盖、洒水等；浇筑混凝土前清理灰尘和垃圾时尽量使用吸尘器，避免使用吹风器等易产生扬尘的设备；机械剔凿作业时可用局部遮挡、掩盖、水淋等防护措施；在高层或多层建筑中清理垃圾时，应搭设封闭性临时专用道或采用容器吊运。

4）施工现场非作业区达到目测无扬尘的要求。对现场易飞扬物质采取有效措施，如洒水、地面硬化、围挡、密网覆盖、封闭等，防止扬尘产生。

5）拆除构筑物机械前，应做好扬尘控制计划。可采取清理积尘、拆除体洒水、设置隔挡等措施。

6）爆破拆除构筑物前，应做好扬尘控制计划。可采用清理积尘、淋湿地面、预湿墙体、屋面敷水袋、楼面蓄水、建筑外设高压喷雾状水系统、搭设防尘排栅和直升机投水弹等综合降尘措施。选择在风力小的天气进行爆破作业。

7）在场界四周隔挡高度位置测得的大气总悬浮颗粒物（TSP）月平均浓度与城市背景值的差值不大于 $0.08 \ mg/m^3$。

（2）噪声与振动控制。

1）现场噪声排放不得超过《建筑施工场界环境噪声排放标准》的规定。

2）在施工场界对噪声进行实时监测与控制。监测方法符合《建筑施工场界环境噪声排放标准》的要求。

3）使用低噪声、低振动的机具，采取隔声和隔振措施，避免或减少施工噪声和振动。施工车辆进入现场时严禁鸣笛。

（3）光污染控制。

1）尽量避免或减少施工过程中的光污染。夜间室外照明灯加设灯罩，透光方向集中在施工范围。

2）对电焊作业采取遮挡措施，避免电焊弧光外泄。

（4）水污染控制。

1）施工现场污水排放应达到污水排放的相关的要求。

2）在施工现场应针对不同的污水，设置相应的处理设施，如沉淀池、隔油池、化粪池等。

3）排放污水时应委托有资质的单位进行废水水质检测，提供相应的污水检测报告。

4）保护地下水环境。采用隔水性能好的边坡支护技术。在缺水地区或地下水位持续下降的地区，基坑降水尽可能少地抽取地下水；当基坑开挖抽水量于 50 万 m 时，应进行地下水回灌，并避免地下水被污染。

5）对化学品等有毒材料、油料的储存地，应有严格的隔水层设计，做好渗漏液的收集和处理。

6）在使用非传统水源和现场循环再利用水的过程中，应对水质进行检测。

7）砂浆、混凝土搅拌用水应达到《混凝土用水标准》的有关要求，并制定卫生保障措施，避免对人体健康、工程质量以及周围环境产生不良影响。

8）施工现场存放的油料和化学溶剂等物品应设有专门的库房，应对地面作防渗漏处理。废弃的油料和化学溶剂应集中处理，不得随意倾倒。

9）施工机械设备检修及使用中产生的油污，应集中汇入接油盘中并定期清理。

10）食堂、盥洗室、淋浴间的下水管线应设置过滤网，并应与市政污水管线连接，保证排水畅通。食堂应设隔油池，并应及时清理。

11）施工现场宜采用移动式厕所，委托环卫单位定期清理。

（5）土壤保护。

1）保护地表环境，防止土壤侵蚀、流失。对于因施工造成的裸土，及时覆盖砂石或种植速生草种，以减少土壤侵蚀；若施工可能造成地表径流而使土壤流失，应采取设置地表排水系统、稳定斜坡、植被覆盖等措施，减少土壤流失。

2）保证沉淀池、隔油池、化粪池等不发生堵塞、渗漏、溢出等现象。及时清掏各类池内沉淀物，并委托有资质的单位清运。

3）对于有毒有害废弃物，如电池、墨盒、油漆、涂料等，应回收后交有资质的单位处理，不能作为建筑垃圾外运，从而避免污染土壤和地下水。

4）施工后应恢复被施工活动破坏的植被（一般指临时占地内）。与当地园林、环保部门或当地植物研究机构进行合作，在先前开发地区种植当地植物或其他合适的植物，以恢复剩余空地地貌，补救施工活动中人为破坏植被和地貌所造成的土壤侵蚀。

（6）建筑垃圾控制。

1）制订建筑垃圾减量化计划，如对住宅建筑，每万平方米的建筑垃圾不宜超过400 t。

2）加强建筑垃圾的回收再利用，力争建筑垃圾的再利用和回收率达到30%，拆除建筑物所产生的废弃物的再利用和回收率应大于40%。对于碎石类、土石方类建筑垃圾，可采用地基填埋、铺路等方式提高再利用率，力争再利用率大于50%。

3）施工现场应设置封闭式垃圾站（或容器），施工垃圾、生活垃圾应分类存放，并按规定及时清运消纳。对有毒、有害废弃物的分类率应达到100%；对有可能造成二次污染的废弃物必须单独储存，采取安全防范措施并设置醒目标识。

（7）地下设施、文物和资源保护。

1）施工前应调查清楚地下的各种设施，做好保护计划，保证施工场地周边的各类管道、管线、建筑物、构筑物的安全运行。

2）一旦在施工过程中发现文物，应立即停止施工，保护现场并通报文物部门，协助做好工作。

3）避让、保护施工场区及周边的古树名木。

4）逐步开展统计分析施工项目的 CO_2 排放量，及各种不同植被和树种的 CO_2 固定量的工作。

3. 节材与材料资源利用技术要点

（1）节材措施。

1）图纸会审时，应审核节材与材料资源利用的相关内容，从而使材料损耗率比定额损耗率降低30%。

2）根据施工进度、库存情况等合理安排材料的采购、进场时间和批次，减少库存。

3）现场材料堆放有序。储存环境适宜，措施得当。保管制度健全，责任落实。

4）材料运输工具适宜，装卸方法得当，防止损坏和遗洒。根据现场平面布置情况就近卸载，避免和减少二次搬运。

5）采取技术和管理措施提高模板、脚手架等的周转次数。

6）优化安装工程的预留、预埋、管线路径等方案。

7）应就地取材，施工现场300 km以内生产的建筑材料用量占建筑材料总重量的70%以上。

（2）结构材料。

1）推广使用预拌混凝土和商品砂浆。准确计算采购数量、供应频率、施工速度等，在施工过程中进行动态控制。结构工程使用散装水泥。

2）推广使用高强度钢筋和高性能混凝土，以减少资源消耗。

3）推广钢筋专业化加工和配送。

4）优化钢筋配料和钢构件下料方案。制作钢筋及钢结构前应对下料单及样品进行复核，无误后方可批量下料。

5）优化钢结构制作和安装方法。大型钢结构宜采用工厂制作，现场拼装；宜采用分段吊装、整体提升、滑移、顶升等安装方法，减少方案的措施用材量。

6）采取数字化技术，对大体积混凝土、大跨度结构等专项施工方案进行优化。

（3）围护材料。

1）门窗、屋面、外墙等围护结构选用耐候性及耐久性良好的材料，在施工时确保密封性、防水性与保温隔热性。

2）门窗采用密封性能、保温隔热性能、隔声性能良好的型材和玻璃等材料。

3）屋面材料、外墙材料具有良好的防水性能和保温隔热性能。

4）当屋面或墙体等部位采用基层加设保温隔热系统的方式施工时，应选择高效节能、耐久性好的保温隔热材料，从而减小保温隔热层的厚度及材料用量。

5）屋面或墙体等部位的保温隔热系统采用专用的配套材料，以加强各层次之间的粘结或连接强度，确保系统的安全性和耐久性。

6）根据建筑物的实际特点，优选屋面或外墙的保温隔热材料系统和施工方式，例如，保温板粘贴、保温板干挂、聚氨酯硬泡喷涂、保温浆料涂抹等，以保证保温隔热效果，并减少材料浪费。

7）加强保温隔热系统与围护结构的节点处理，尽量降低热桥效应。针对建筑物的不同部位的保温隔热特点，选用不同的保温隔热材料及系统，从而达到经济适用的目的。

（4）装饰装修材料。

1）施工前，应对贴面类材料进行总体排版策划，减少非整块材的数量。

2）采用非木质的新材料或人造板材代替木质板材。

3）防水卷材、壁纸、油漆及各类涂料基层必须符合要求，避免起皮、脱落。各类油漆及胶粘剂应随用随开启，不用时及时封闭。

4）幕墙及各类预留、预埋应与结构施工同步。

5）木制品及木装饰用料、玻璃等各类板材等宜在工厂采购或定制。

6）采用自粘类片材，减少现场液态胶粘剂的使用量。

（5）周转材料。

1）应选用耐用、维护与拆卸方便的周转材料和机具。

2）优先选用制作、安装、拆除一体化的专业队伍进行模板工程施工。

3）模板应以节约自然资源为原则，推广使用定型钢模、钢框竹模、竹胶板。

4）施工前应对模板工程的方案进行优化。多层、高层建筑使用可重复利用的模板体系，模板支撑宜采用工具式支撑。

5）优化高层建筑的外脚手架方案，采用整体提升、分段悬挑等方案。

6）推广采用外墙保温板替代混凝土施工模板的技术。

7）现场办公和生活用房采用周转式活动房。现场围挡应最大限度地利用已有围墙，或采用装配式可重复使用围挡封闭。力争使工地临房、临时围挡材料的可重复使用率达到70%。

4. 节水与水资源利用技术要点

（1）提高用水效率。

1）在施工中采用先进的节水施工工艺。

2）施工现场喷洒路面、绿化浇灌不宜使用市政自来水。现场搅拌用水、养护用水应采取有效的节水措施，严禁无措施浇水养护混凝土。

3）施工现场供水管网应根据用水量设计布置，应做到管径合理及管路简捷，采取有效措施减少管网和用水器具的漏损。

4）对现场机具、设备、车辆冲洗用水必须设立循环用水装置。施工现场办公区、生活区的生活用水采用节水系统和节水器具，提高节水器具配置比率。项目临时用水应使用节水型产品，安装计量装置，采取有针对性的节水措施。

5）在施工现场建立可再利用水的收集处理系统，使水资源得到梯级循环利用。

6）在施工现场分别对生活用水与工程用水确定用水定额指标，并分别计量管理。

7）大型工程的不同单项工程、不同标段、不同分包生活区，凡具备条件的应分别计量用水量。在签订不同标段分包或劳务合同时，将节水定额指标纳入合同条款，进行计量考核。

8）对混凝土搅拌站点等用水集中的区域和工艺点进行专项计量考核。施工现场建立雨水、中水或者可再利用水的搜集利用系统。

（2）非传统水源利用。

1）优先采用中水搅拌、中水养护，有条件的地区和工程应收集雨水养护。

2）处于基坑降水阶段的工地，宜优先采用地下水作为混凝土搅拌用水、养护用水、冲洗用水和部分生活用水。

3）现场机具、设备、车辆冲洗、喷洒路面、绿化浇灌等用水，优先采用非传统水源，尽量不使用市政自来水。

4）在大型施工现场，特别是在雨量充沛地区的大型施工现场建立雨水收集利用系统，充分收集自然降水用于施工和生活中的适宜部分。

5）力争施工中非传统水源和循环水的再利用量大于30%。

（3）用水安全。在非传统水源和现场循环再利用水的使用过程中，应制定有效的水质检测与卫生保障措施，以避免对人体健康、工程质量以及周围环境产生不良影响。

5. 节能与能源利用技术要点

（1）节能措施。

1）制定合理的施工能耗指标，提高施工能源利用率。

2）优先使用国家、行业推荐的节能、高效、环保的施工设备和机具，如选用基于变频技术的节能施工设备等。

3）施工现场分别设定生产、生活、办公和施工设备的用电控制指标，定期进行计量、核算、对比分析，并有预防与纠正措施。

4）在施工组织设计中，合理安排施工顺序、工作面，以减少作业区域的机具数量，相邻作业区充分利用共有的机具资源。安排施工工艺时，应优先考虑耗用电能或其他能耗较少的施工工艺。避免设备额定功率远大于使用功率或超负荷使用设备的现象。

5）根据当地气候和自然资源条件，充分地利用太阳能、地热等可再生能源。

（2）机械设备与机具。

1）建立施工机械设备管理制度，开展用电、用油计量，完善设备档案，及时做好维修保养工作，使机械设备保持低耗、高效的状态。

2）选择功率与负载匹配的施工机械设备，避免大功率施工机械设备低负载长时间运行。机电安装可采用节电型机械设备，如逆变式电焊机和能耗低、效率高的手持电动工具等，以利节电。机械设备宜使用节能型油料添加剂，在可能的情况下考虑回收利用，以节约油量。

3）合理安排工序，提高各种机械的使用率和满载率，降低各种设备的单位能耗。

（3）生产、生活及办公临时设施。

1）利用场地自然条件，合理设计生产、生活及办公临时设施的体形、朝向、间距和窗墙面积比，使其获得良好的日照、通风和采光。南方地区可以根据需要在其外墙窗设遮阳设施。

2）临时设施宜采用节能材料，墙体、屋面使用隔热性能好的材料，减少夏天空调、冬天取暖设备的使用时间及能量消耗。

3）合理配置采暖设备、空调、风扇数量，规定使用时间，实行分段分时使用，节约用电。

（4）施工用电及照明。

1）临时用电优先选用节能电线和节能灯具，临电线路设计、布置合理，临电设备宜采用自动控制装置。采用声控、光控等节能照明灯具。

2）照明设计以满足最低照度为原则，照度不应超过最低照度的 20%。

6. 节地与施工用地保护技术要点

（1）临时用地指标。

1）根据施工规模及现场条件等因素合理确定临时设施，如临时加工厂、现场作业棚及材料堆场、办公生活设施等的占地指标。临时设施的占地面积应按用地指标所需的最低面积设计。

2）要求平面布置合理、紧凑，在满足环境、职业健康与安全及文明施工要求的前提下尽可能减少废弃地和死角，临时设施占地面积有效利用率大于 90%。

（2）临时用地保护。

1）应对深基坑施工方案进行优化，减少土方开挖和回填量，最大限度地减少对土地的扰动，保护周边自然生态环境。

2）红线外临时占地应尽量使用荒地、废地，少占用农田和耕地。工程完工后，及时对红线外临时占地恢复原地形、地貌，使施工活动对周边环境的影响降至最低。

3）利用和保护施工用地范围内原有的绿色植被。对施工周期较长的现场，可按建筑永久绿化的要求，安排场地新建绿化。

（3）施工总平面布置。

1）施工总平面布置应做到科学、合理，充分利用原有建筑物、构筑物、道路、管线为施工服务。

2）施工现场搅拌站、仓库、加工厂、作业棚、材料堆场等布置应尽量靠近已有交通线路或即将修建的正式或临时交通线路，缩短运输距离。

3）临时办公和生活用房应采用经济、美观、占地面积小、对于周边地貌环境影响较小，且适合于施工平面布置动态调整的多层轻钢活动板房、钢骨架水泥活动板房等标准化装配式结构。生活区与生产区应分开布置，并设置标准的分隔设施。

4）施工现场围墙可采用连续封闭的轻钢结构预制装配式活动围挡，减少建筑垃圾，保护土地。

5）施工现场道路按照永久道路和临时道路相结合的原则布置。施工现场内形成环形通路，减少道路占用土地的情况。

6）临时设施布置应注意远近结合（本期工程与下期工程），努力减少和避免大量临时建筑拆迁和场地搬迁。

我国绿色施工尚处于起步阶段，应通过试点和示范工程，总结经验，引导绿色施工的健康发展。各地应根据具体情况，制定有针对性的考核指标和统计制度，制定引导施工企业实施绿色施工的激励政策，促进绿色施工的发展。

三、绿色施工组织管理

1. 建设单位

（1）向施工单位提供建设工程绿色施工的相关资料，保证资料的真实性和完整性。

（2）在编制工程概算和招标文件时，建设单位应明确建设工程绿色施工的要求，并提供场地、环境、工期、资金等方面的保障。

（3）建设单位应会同工程参建各方接受工程建设主管部门对于建设工程实施绿色施工的监督、检查工作。

（4）建设单位应组织协调工程参建各方的绿色施工管理工作。

2. 监理单位

（1）监理单位应对建设工程的绿色施工承担监理责任。

（2）监理单位应审查施工组织设计中的绿色施工技术措施或专项绿色施工方案，并在实施过程中做好监督检查工作。

3. 施工单位

（1）施工单位是建筑工程绿色施工的责任主体，全面负责绿色施工的实施。

（2）实行施工总承包管理的建设工程，总承包单位对绿色施工过程负总责，专业承包单位应服从总承包单位的管理，并对所承包工程的绿色施工负责。

（3）施工项目部应建立以项目经理为第一责任人的绿色施工管理体系，负责绿色施工的组织实施及目标实现，制定绿色施工管理责任制度，组织绿色施工教育培训。定期开展自检、考核和评比工作，并且指定绿色施工管理人员和监督人员。

（4）在施工现场的办公区和生活区应设置明显的有节水、节能、节约材料等具体内容的警示标识。

（5）施工现场的生产、生活、办公和主要耗能施工设备应有节能的控制措施和管理办法。对主要耗能施工设备应定期进行耗能计量检查和核算。

（6）施工现场应建立可回收再利用的物资清单，制定并且实施可回收废料的管理办法，提高废料利用率。

（7）应建立机械保养、限额领料、废弃物再生利用等管理与检查制度。

（8）施工单位及项目部应建立施工技术、设备、材料，工艺的推广、限制及淘汰公布的制度和管理方法。

（9）施工项目部应定期对施工现场绿色施工的实施情况进行检查，做好检查记录，并根据绿色施工情况实施改进措施。

（10）施工项目部应按照国家法律、法规的有关要求，做好职工的劳动保护工作。

四、绿色施工规范要求

1. 施工准备

（1）建筑工程施工项目应建立绿色施工管理体系和管理制度，实施目标管理。

（2）施工单位应按照建设单位提供的施工周边建设规划和设计资料，在施工前做好绿色施工的统筹规划和策划工作，充分考虑绿色施工的总体要求，为绿色施工提供基础条件，并合理组织一体化施工。

（3）建设工程施工前，应根据国家和地方法律法规的规定，制定施工现场环境保护和人员安全与健康等突发事件的应急预案。

（4）编制施工组织设计和施工方案时要明确绿色施工的内容、指标和方法。分部分项工程专项施工方案应涵盖"四节一环保"要求。

（5）施工单位应积极推广应用"建筑业十项新技术"。

（6）施工现场宜推行电子资料管理档案，减少纸质资料。

2. 土石方与地基工程

（1）一般规定。

1）通过有计划的采购、合理的现场保管，减少材料的搬运次数，减少包装，完善操作工艺，增加摊销材料的周转次数等措施，降低材料在使用中的消耗，提高材料的使用效率。

2）灰土、灰石、混凝土、砂浆宜采用预拌技术，减少现场施工扬尘，采用电子计量，节约建筑材料。

3）施工组织设计应结合桩基施工特点，有针对性地制定相应绿色施工措施，主要内容应包括组织管理措施、资源节约措施、环境保护措施、职业健康和安全措施等。

4）桩基施工现场应优先选用低噪、环保、节能、高效的机械设备和工艺。

5）土石方工程施工应加强场地保护，在施工中减少场地干扰、保护基地环境。施工时应当识别场地内现有的自然、文化和构筑物特征，并通过合理的措施将这些特征保存。

6）土石方工程在选择施工方法、施工机械、安排施工顺序以及布置施工场地时应结合气候特征，减少气候原因所带来的施工措施的改变和资源消耗的增加，同时还应满足以下要求：

①合理地安排施工顺序，易受不利气候影响的施工工序应在不利气候到来前完成。

②安排好全场性排水、防洪，减少对现场及周边环境的影响。

7）土石方工程施工应符合以下要求：

①应选用高性能、低噪声、少污染的设备，采用机械化程度高的施工方式，减少使用污染排放高的各类车辆。

②施工区域与非施工区域间设置标准的分隔设施，做到连续、稳固、整洁、美观。

③易产生泥浆的施工，应实行硬地坪施工；所有土堆、料堆应采取加盖防止粉尘污

染的遮盖物或喷洒覆盖剂等措施。

④土石方施工现场大门位置应设置限高栏杆、冲洗车装置；渣土运输车应有防止遗撒和扬尘的措施。

⑤土石方类建筑废料、渣土的综合利用，可以采用地基填埋、铺路等方式提高再利用率，再利用率应大于50%。

⑥搬迁树木应手续齐全；在绿化施工中应科学、合理地使用、处置农药，尽量减少农药对环境的污染。

8）在土石方工程开挖过程中应仔细勘察，逐层开挖，弃土应合理分类堆放、运输，遇到有腐蚀性的渣土应进行深埋处理，回填土质应满足设计要求。

9）基坑支护结构中有侵入占地红线外的预应力锚杆时，宜采用可拆式锚杆。

（2）土石方工程。

1）土石方工程在开挖前应进行挖、填方的平衡计算，综合考虑土石方最短运距和各个项目施工的工序衔接，减少重复挖填，并与城市规划和农田水利相结合，保护环境、减少资源浪费。

2）粉尘控制应符合下列规定：

①土石方挖掘施工中，表层土和砂卵石覆盖层可以用一般常用的挖掘机械直接挖装；对岩石层的开挖宜采用凿裂法施工，或采用凿裂法适当辅以钻爆法施工；凿裂和钻孔施工宜采用湿法作业。

②爆破施工前，做好扬尘控制计划。应采用清理积尘、淋湿地面、外设高压喷雾状水系统、搭设防尘排栅和直升机投水弹等综合降尘措施。同时，应选择在风力小的天气进行爆破作业。

③土石方爆破要对爆破方案进行设计，对于用药量进行准确计算，注意控制噪声和粉尘扩散。

④土石方作业采取洒水、覆盖等措施，达到作业区目测扬尘高度小于1.5 m，不扩散到场区外。

⑤四级以上大风天气，不应进行土石方工程的施工作业。

3）在土方作业中，对施工区域中的所有障碍物，包括地下文物，树木，地上高压电线、电杆、塔架和地下管线、电缆、坟墓、沟渠及原有旧房屋等，应按照以下要求采取保护措施：

①在文物保护区内进行土方作业时，应采用人工挖土，禁止机械作业。

②施工区域内有地下管线或电缆时，禁止用机械挖土，应采用人工挖土，并按施工方案对地下管线、电缆采取保护或加固措施。

③高压线塔10 m范围内，禁止机械土方作业。

④发现有土洞、地道（地窖）、废井时，要探明情况，制定专项措施方可施工。

4）喷射混凝土施工防尘应遵照以下规定：

喷射混凝土施工应采用湿喷或水泥裹砂喷射工艺。采用干法喷射混凝土施工时，宜采用下列综合防尘措施：

①在保证顺利喷射的条件下，增加集料含水率。

②在距喷头 3 ~ 4 m 处增加一个水环，用双水环加水。

③在喷射机或混合料搅拌处，设置集尘器或除尘器。

④在粉尘浓度较高地段，设置除尘水幕。

⑤加强作业区的局部通风。

⑥使用增黏剂等外加剂。

（3）桩基工程。

1）工程施工中成桩工艺应根据工程设计，结合当地的实际情况，并参照相关规定控制指标进行优选。常用桩基成桩工艺对绿色施工的控制指标见表8-2。

表 8-2　常用桩基成桩工艺对绿色施工的控制指标

桩基类型 环境保护		绿色施工控制指标				
		节材与材料 资源利用	节水与水资 源利用	节能与能源 资源利用	节土与土地 资源利用	
混凝土灌注桩	人工挖孔	√		√	√	√
	干作业成孔	√	√	√	√	√
	泥浆护壁钻孔	√	√	√	√	√
	长螺旋或旋挖钻钻孔	√	√	√	√	√
	沉管和内夯沉管	√	√	√	√	○
混凝土预制桩 与钢桩	锤击沉桩	√	○	√	√	○
	静压沉桩	○	√	√	√	○

注："√"表明该类型桩基对对应绿色施工指标有重要影响；

"○"表明该类型桩基对对应绿色施工指标有一定影响。

2）混凝土预制桩和钢桩施工时，施工方案应充分考虑施工中的噪声、振动、地层扰动、废气、废油、烟火等对周边环境的影响，制定针对性措施。

3）混凝土灌注桩施工。

①施工现场应设置专用泥浆池，用以存储沉淀施工中产生的泥浆，泥浆池应可以有效防止污水渗入土壤，污染土壤和地下水源；当泥浆池沉积泥浆厚度超过容量的1/3时，应及时清理。

②钻孔、冲孔、清孔时清出的残渣和泥浆，应当及时装车运至泥浆池内处置。

③泥浆护壁正反循环成孔工艺施工现场应设置泥浆分离净化处理循环系统。循环系统由泥浆池、沉淀池、循环槽、废浆池、泥浆泵、泥浆搅拌设备以及钻渣分离装置组成，并配有排水、清渣、排废浆设施和钻渣运转通道等。施工时泥浆应集中搅拌，集中向钻孔输送。清出的钻渣应及时使用封闭容器运出。

④桩身钢筋笼进行焊接作业时，应采取遮挡措施，避免电焊弧光外泄；同时，焊渣应随清理随装袋，待焊接完成后，及时将收集的焊渣运至指定地点处置。

⑤在市区范围内严禁敲打导管和钻杆。

4）人工挖孔灌注桩施工。人工挖孔灌注桩施工时，开挖出的土方不得长时间在桩边堆放，应及时运至现场集中堆土处集中处置，并且采取覆盖等防尘措施。

5）混凝土预制桩。

①混凝土预制桩的预制场地必须平整、坚实，并设沉淀池、排水沟渠等设施。混凝土预制桩制作完成后，作为隔离桩使用的塑料薄膜、油毡等，不得随意丢弃，应收集并集中进行处理。

②现场制作预制桩用水泥、砂、石等物料存放应满足混凝土工程中的材料储存要求。水泥应入库存放，成垛码放，砂石应表面覆盖，减少扬尘。

③沉淀池、排水沟渠应能防止污水溢出；当污水沉淀物超过容量的1/3时，应进行清掏；沉淀池中污水无悬浮物后，方可排入市政污水管道或进行绿化降尘等循环利用。

6）振动冲击沉管灌注桩施工时，控制振动箱的振动频率，防止产生较大噪声，同时应避免对桩身造成破坏，浪费资源。

7）采用射水法沉桩工艺施工时，应为射水装置配备专用供水管道，同时布置好排水沟渠、沉淀池，有组织地将射水产生的多余水或泥浆排入沉淀池沉淀后，循环利用，并减少污水排放。

8）钢桩。

①现场制作钢桩应有平整、坚实的场地以及挡风、防雨和排水设施。

②钢桩切割下来的剩余部分，应运至专门位置存放，并尽可能再利用，不得随意废弃，浪费资源。

9）地下连续墙。

①泥浆制作前应先通过试验确定施工配合比。

②施工时应随时测定泥浆性能并且及时予以调整和改善，以满足循环使用的要求。

③施工中产生的建筑垃圾应及时清理干净，使用后的旧泥浆应该在成槽之前进行回收处理和利用。

（4）地基处理工程。

1）污染土地基处理应遵照以下规定：

①进行污染土地基勘察、监测、地基处理施工和检验时，应采取必要的防护措施以防止污染土、地下水等对人体造成伤害或对勘察机具、监测仪器与施工设备造成腐蚀。

②处理方法应能够防止污染土对周边地质和地下水环境的二次污染。

③污染土地基处理后，必须防止污染土地基与地表水、周边地下水或者其他污染物的物质交换，防止污染土地基因化学物质的变化而引起工程性质及周边环境的恶化。

2）换垫法施工。

①在回填施工前，填料应采取防止扬尘的措施，避免在大风天气作业。不能及时回填土方应及时覆盖，控制回填土含水率。

②冲洗回填砂石应采用循环水，减少水资源浪费。需要混合和过筛的砂石应保持一

定的湿润度。

③机械碾压优先选择静作用压路机。

3）强夯法施工。

①强夯法施工前应平整场地，周围做好排水沟渠。同时，应挖设应力释放沟（宽1 m×深2 m）。

②施工前需进行试夯，确定有关技术参数，如夯锤重量、底面直径及落距、下沉量及相应的夯击遍数和总下沉量。在达到了夯实效果的前提下，应减少夯实次数。

③单夯击能不宜超过3 000 kN·m。

4）高压喷射注浆法施工。

①浆液拌制应在浆液搅拌机中进行，不得超过设备设计允许容量。同时，搅拌机应尽量靠近灌浆孔布置。

②在灌浆过程中，压浆泵压力数值应控制在设计范围内，不得超压，避免对设备造成损害，浪费资源。压浆泵与注浆管间各部件应密封严密，防止发生泄漏。

③灌浆完成后，应及时对设备四周遗洒的垃圾及浆液进行清理收集，并集中运至指定地点处置。

④现场应设置适用、可靠的储浆池和排浆沟渠，防止泥浆污染周边土壤及地下水源。

5）挤密桩法施工。

①采用灰土回填时，应对灰土提前进行拌和；采用砂石回填时，砂石应过筛，并冲洗干净，冲洗回填砂石时应采用循环水，减少水资源浪费；砂石应保持一定的湿润度，避免在过筛和混合过程中产生较大扬尘。

②桩位填孔完成后，应及时将桩四周撒落的灰土及砂石等收集清扫干净。

（6）地下水控制。

1）在缺水地区或地下水位持续下降的地区，基坑施工应选择抽取地下水量较少的施工方案，以达到节水的目的。宜选择止水帷幕、封闭降水等隔水性能好的边坡支护技术进行施工。

2）地下水控制、降排水系统应满足以下要求：

①降水系统的平面布置图，应根据现场条件合理地设计场地，布置应紧凑，并应尽量减少占地。

②降水系统中的排水沟管的埋设及排水地点的选择要有防止地面水、雨水流入基坑（槽）的措施。

③降水再利用的水收集处理后应就近用于施工车辆冲洗、降尘、绿化、生活用水等。

④降水系统使用的临时用电应设置合理，采用能源利用率高、节能环保型的施工机械设备。

⑤应考虑到水位降低区域内地表及建筑物可能产生的沉降和水平位移，并制定相应的预防措施。

3）井点降水。

①根据水文地质、井点设备等因素计算井点管数量、井点管理入深度，保持井点管连续工作且地下水抽排量适当，避免过度抽水对地质、周围建筑物产生影响。

②排水总管铺设时，避免直接敲击总管。总管应进行防锈处理，防止锈蚀污染地面。

③采用冲孔时应避免孔径过大产生过多泥浆，产生的泥浆排入现场泥浆池沉淀处置。

④钻井成孔时，采用泥浆护壁，成孔完成并用水冲洗干净后才准使用；钻井产生的泥浆，应排入泥浆池循环使用。

⑤抽水设备设置专用机房，并有隔声防噪功能，机房内设置接油盘防止油污染。

4）采用集水明排降水时，应符合下列规定：

①基坑降水应储存使用，并应设立循环用水装置。

②降水设备应采用能源利用效率高的施工机械设备，同时建立设备技术档案，并应定期进行设备维护、保养。

5）地下水回灌。

①施工现场基坑开挖抽水量大于 50 万 m^3 时，应采取地下水回灌，以保证地下水资源平衡。

②回灌时，水质应符合《地下水质量标准》的要求，并且按《中华人民共和国水污染防治法》和《中华人民共和国水法》的有关规定执行。

3. 基础及主体结构工程

（1）一般规定。

1）在图纸会审时，应增加高强度高效钢筋（钢材）、高性能混凝土的应用，利用大体积混凝土后期强度等绿色施工的相关内容。

2）钢、木、装配式结构等构件，应采取工厂化加工、现场安装的生产方式；构件的加工和进场顺序应与现场安装顺序一致；构件的运输和存放应采取防止变形和损坏的可靠措施。

3）钢结构、钢混组合结构、预制装配式结构等大型结构件安装所需的主要垂直运输机械，应与基础和主体结构施工阶段的其他工程垂直运输统一安排，减少大型机械的投入。

4）应选用能耗低、自动化程度高的施工机械设备，并由专人使用，避免空转。

5）施工现场应采用预拌混凝土和预拌砂浆，未经批准不得现场拌制。

6）应制订垃圾减量化计划，每万平方米的建筑垃圾不宜超过 200 t，并分类收集，集中堆放，定期处理，合理利用，回收利用率需达到 30% 以上；钢材、板材等下脚料和撒落混凝土及砂浆的回收利用率需达到 70% 以上。

7）施工中使用的乙炔、氧气、油漆、防腐剂等危险品、化学品的运输、储存、使用以及污物排放应采取隔离措施。

8）夜间焊接作业和大型照明灯具工作时，应采取挡光措施，防止强光线外泄。

9）基础与主体结构施工阶段，作业区目测扬尘高度小于 0.5 m。对易产生扬尘的堆放材料应采取覆盖措施。

（2）混凝土结构工程。

1）钢筋宜采用专用软件优化配料，根据优化配料的结果合理确定进场钢筋的定尺长度。在满足相关规范要求的前提下，合理地利用短筋。

2）积极推广钢筋加工工厂化与配送方式、应用钢筋网片或成型钢筋骨架。现场加工时，宜采取集中加工方式。

3）钢筋连接优先采用直螺纹套筒、电渣压力焊等接头方式。

4）进场钢筋原材料和加工半成品应存放有序、标识清晰、储存环境适宜，采取防潮、防污染等措施，保管制度健全。

5）钢筋除锈时应采取可靠措施，避免扬尘和土壤污染。

6）钢筋加工中使用的冷却水，应过滤后循环使用。应按照方案要求处理后排放。

7）钢筋加工产生的粉末状废料，应按建筑垃圾进行处理，不能随地掩埋或丢弃。

8）钢筋安装时，绑扎丝、焊剂等材料应妥善保管和使用，散落的应及时收集利用，防止浪费。

9）模板及其支架应优先选用周转次数多、能回收再利用的材料，减少木材的使用。

10）积极推广使用大模板、滑动模板、爬升模板和早拆模板等工业化模板体系。

11）采用木或竹制模板时，应采取工厂化定型加工、现场安装方式，不得在工作面上直接加工拼装；在现场加工时，应设封闭场所集中加工，采取有效的隔声和防粉尘污染措施。

12）提高模板加工、安装的精度，达到混凝土表面免抹灰或减少抹灰的厚度。

13）脚手架和模板支架宜优先选用碗扣式架、门式架等管件合一的脚手架材料搭设。

14）高层建筑结构施工，应采用整体提升、分段悬挑等工具式脚手架。

15）模板及脚手架施工应及时回收散落的铁钉、铁丝、扣件、螺栓等材料。

16）短木方应采用叉接接长后使用，木、竹胶合板的边角余料应拼接使用。

17）模板脱模剂应由专人保管和涂刷，剩余部分应及时回收，防止污染环境。

18）拆除模板时，应采取可靠措施防止损坏，及时检修维护、妥善保管，提高模板的周转率。

19）合理确定混凝土配合比，混凝土中宜添加粉煤灰、磨细矿渣粉等工业废料和高效减水剂。

20）现场搅拌混凝土时，应使用散装水泥；搅拌机棚应有封闭降噪和防尘措施；现场存放的砂、石料应采取有效的遮盖或洒水防尘措施。

21）混凝土应优先采用泵送、布料机布料浇筑，地下大体积混凝土可以采用溜槽或串筒浇筑。

22）混凝土振捣应采用低噪声振捣设备或围挡降噪措施。

23）混凝土应采用塑料薄膜和塑料薄膜加保温材料覆盖保湿、保温养护；当采用洒水或喷雾养护时，养护用水宜使用回收的基坑降水或雨水。

24）混凝土结构冬期施工优先采用综合蓄热法养护，减少热源消耗。

25）浇筑剩余的少量混凝土，应制成小型预制件，严禁随意倾倒或将其作为建筑垃圾处理。

26）清洗泵送设备和管道的水应经沉淀后回收利用，浆料分离后可以作为室外道路、地面、散水等垫层的回填材料。

（3）砌体结构工程。

1）砌筑砂浆使用干粉砂浆时，应采取防尘措施。

2）采取现场搅拌砂浆时，应使用散装水泥。

3）砌块运输应采用托板整体包装，以减少破损。

4）块体湿润和砌体养护宜使用经检验合格的非传统水源。

5）混合砂浆掺合料可使用电石膏、粉煤灰等工业废料。

6）砌筑施工时，落地灰应及时清理收集再利用。

7）砌块砌筑应按照排块图进行；非标准砌块应在工厂加工，按比例进场，现场切割时应集中加工，并采取防尘、降噪措施。

8）毛石砌体砌筑时产生的碎石块，应用填充毛石块间空隙，不得随意丢弃。

（4）钢结构工程。

1）钢结构深化设计时，应结合加工、安装方案和焊接工艺的要求，合理确定分段、分节数量和位置，优化节点构造，尽量减少钢材用量。

2）合理选择钢结构安装方案，大跨度钢结构优先采用整体提升、顶升和滑移（分段累积滑移）等安装方法。

3）钢结构加工应制订废料减量化计划，优化下料，综合利用下脚料，废料分类收集、集中堆放以及定期回收处理。

4）钢材、零（部）件、成品、半成品件和标准件等产品应堆放在平整、干燥场地或仓库内，防止在制作、安装和防锈处理前发生锈蚀和构件变形。

5）制作和安装大跨度复杂钢结构前，应采用建筑信息三维技术模拟施工过程，以避免或减少错误或误差。

6）钢结构现场涂装应采取适当措施，减少涂料浪费和对环境的污染。

（5）其他。

1）装配式构件应按安装顺序进场，存放应支、垫可靠或者设置专用支架，防止变形或损伤。

2）装配式混凝土结构安装所需的埋件和连接件、室内外装饰装修所需的连接件，应在工厂制作时准确预留、预埋。

3）钢混组合结构中的钢结构件，应结合配筋情况，在深化设计时确定与钢筋的连接方式，钢筋连接套筒焊接及预留孔应在工厂加工时完成，严禁安装时随意割孔或后焊接。

4）木结构件连接用钏棒、螺栓孔应在工厂加工时完成，不得在现场制禅和钻孔。

5）建筑工程在升级或改造时，可采用碳纤维等新颖结构加固材料进行加固处理。

6）索膜结构施工时，索、膜应工厂化制作和裁剪完成，现场安装。

4. 建筑装饰装修

（1）一般规定。

1）建筑装饰装修工程的施工设施和施工技术措施应与基础以及结构、机电安装等施工相结合，统一安排，综合利用。

2）应对建筑装饰装修工程的块材、卷材用料进行排板深化设计，在保证质量的前提下，应减少块材的切割量及其产生的边角余料量。

3）建筑装饰装修工程采用的块材、板材、门窗等应采用工厂化加工。

4）建筑装饰装修工程的五金件、连接件、构造性构件宜采用工厂化标准件。

5）对于建筑装饰装修工程使用的动力线路，如施工用电线路、压缩空气管线、液压管线等，应优化缩短线路长度，严禁跑、冒、滴、漏。

6）建筑装饰装修工程施工，宜选用节能、低噪声的施工机具，具备电力条件的施工工地，不宜选用燃油施工机具。

7）建筑装饰装修工程中采用的需要用水泥或白灰类拌和的材料，如砌筑砂浆、抹灰砂浆、粘贴砂浆、保温专用砂浆等，宜预拌，在条件不允许的情况下宜采用干拌砂浆，不宜现场配制。

8）建筑装饰装修工程中使用的易扬尘材料，比如水泥、砂石料、粉煤灰、聚苯颗粒、陶粒、白灰、腻子粉、石膏粉等，应封闭运输、封闭存储。

9）建筑装饰装修工程中使用的易挥发、易污染材料，如油漆涂料、胶粘剂、稀释剂、清洗剂、燃油、燃气等，必须采用密闭容器储运，使用时，应使用相应容器盛放，不得随意溢撒或者放散。

10）建筑装饰装修工程室内装修前，宜先进行外墙封闭、室外窗户安装封闭、屋面防水等工序。

11）对建筑装饰装修工程中受环境温度限制的工序、不易成品保护的工序，应合理安排工序。

12）建筑装饰装修工程应采取成品保护措施。

13）建筑装饰装修工程所用材料的包装物应全部分类回收。

14）民用建筑工程室内装修严禁采用沥青、煤焦油类防腐、防潮处理剂。

15）高处作业清理现场时，严禁将施工垃圾从窗口、洞口、阳台等处向外抛撒。

16）建筑装饰装修工程应制定材料节约措施。节材和材料资源利用应满足以下指标：

①材料损耗不应超出预算定额损耗率的70%。

②应充分利用当地材料资源。施工现场300 km以内的材料用量宜占材料总用量的70%以上，或达到材料总价值的50%以上。

③材料包装回收率应达到100%。有毒有害物资分类回收率应达到100%。可再生

利用的施工废弃物回收率应达到 70% 以上。

（2）楼、地面工程。

1）楼、地面基层处理。

①基层粉尘清理应采用吸尘器，没有防潮要求的，可采取洒水降尘等措施。

②基层需要剔凿的，应采用噪声小的剔凿方式，比如使用手钎、电铲等低噪声工具。

2）楼、地面找平层、隔声层、隔热层、防水保护层、面层等使用的砂浆、轻集料混凝土、混凝土等应采用预拌或干拌料，干拌料的现场运输、仓储应采用袋装等方式。

3）水泥砂浆、水泥混凝土、现制水磨石、铺贴板块材等楼、地面在养护期内严禁上人，地面养护用水应采用喷洒方式，以保持表面湿润为宜，严禁养护用水溢流。

4）水磨石楼、地面磨制。

①应有污水回收措施，对污水进行集中处理。

②对楼、地面的洞口、管线口进行封堵，防止泥浆等进入。

③对高出楼、地面 400 mm 范围内的成品面层应采取贴膜等防护措施，避免污染。

④现制水磨石楼、地面房间的装饰装修，宜先进行现制水磨石工序的作业。

5）板块面层楼、地面。

①应进行排板设计，在保证质量和观感的前提下，应减少板块材的切割量。

②板块不宜采用工厂化下料加工（包括非标尺寸块材），需现场切割时，对切割用水应有收集装置，室外机械切割应有隔声措施。

③采用水泥砂浆铺贴时，砂浆宜边用边拌。

④石材、水磨石等易渗透、易污染的材料，应在铺贴前作防腐处理。

⑤严禁采用电焊、火焰对板块材进行切割。

（3）抹灰工程。

1）墙体抹灰基层处理。

①基层粉尘清理应采用吸尘器，没有防潮要求的，可采用洒水降尘等措施。

②基层需要剔凿的，应采用噪声小的剔凿方式，比如使用手钎、电铲等低噪声工具。

2）对落地灰应采取回收措施，落地灰经过处理后用于抹灰利用，抹灰砂浆损耗率不应大于 5%，落地砂浆应全部回收利用。

3）对抹灰砂浆应严格按照设计要求控制抹灰厚度。

4）采用的白灰宜选用白灰膏。如采用生石灰，必须采用袋装，熟化要有容器或熟化池。

5）墙体抹灰砂浆养护用水，从而保持表面湿润为宜，严禁养护用水溢流。

6）对于混凝土面层抹灰，在选择混凝土施工工艺时，宜采用清水混凝土支模工艺，取消抹灰层。

（4）门窗工程。

1）外门窗宜采用断桥型、中空玻璃等密封、保温、隔声性能好的型材和玻璃等。

2）门窗固定件、连接件等，宜选用标准件。

3）门窗制作应采用工厂化加工。

4）应进行门窗型材的优化设计，减少型材边角余料的剩余量。

5）门窗洞口预留，应严格控制洞口尺寸。

6）门窗制作尺寸应采用现场实际测量并进行核对，避免尺寸有误。

7）门窗油漆应在工厂完成。

8）木制门窗存放应做好防雨、防潮等措施，避免门窗损坏。

9）木制门窗应用薄钢板、木板或木架进行保护，塑钢或者金属门窗口用贴膜或胶带贴严加以保护，玻璃应妥善运输，避免磕碰。

10）外门窗安装操作应与外墙装修同步进行，宜同时使用外墙操作平台。

11）门窗框与墙体之间的缝隙，不得采用含沥青的水泥砂浆、水泥麻刀灰等材料填嵌。

（5）吊顶工程。

1）在吊顶龙骨间距满足质量、安全要求的情况下，应对其进行优化。

2）对吊顶高度应充分考虑吊顶内隐蔽的各种管线、设备，进行优化设计。

3）进行隐蔽验收合格后，才能进行吊顶封闭。

4）吊顶应进行块材排板设计，在保证质量、安全的前提下，应减少板材、型材的切割量。

5）吊顶板块材（非标板材）、龙骨、连接件等宜采用工厂化材料，现场安装。

6）吊顶龙骨、配件以及金属面板以及塑料面板等下脚料应全部回收。

7）在满足使用功能的前提下，不宜进行吊顶。

（6）轻质隔墙工程。

1）预制板轻质隔墙。

①预制板轻质隔墙应对预制板尺寸进行排板设计，避免现场切割。

②预制板轻质隔墙应采取工厂加工，现场安装。

③预制板轻质隔墙固定件宜采用标准件。

④预制板运输应有可靠的保护措施。

⑤预制板的固定需要电锤打孔时，应有降噪、防尘措施。

2）龙骨隔墙。

①在满足使用和安全的前提下，宜选用轻钢龙骨隔墙。

②轻钢龙骨应采用标准化龙骨。

③龙骨隔墙面板应进行排板设计，减少板材切割量。

④在墙内管线、盒等预埋进行验收后，才能进行面板安装。

3）活动隔墙、玻璃隔墙应采用工厂制作，现场安装。

（7）饰面板（砖）工程。

1）饰面板应进行排板设计，宜采用工厂下料制作。

2）饰面板（砖）胶粘剂应采用封闭容器存放，严格计量配合比并采用容器拌制。

3）用于安装饰面块材的龙骨和连接件，宜采用标准件。

（8）幕墙工程。

1）对幕墙应进行安全计算和深化设计。

2）用于安装饰面块材的龙骨和连接件，宜采用标准件。

3）幕墙玻璃、石材、金属板材应采用工厂加工，现场安装。

4）幕墙与主体结构的连接件，宜采取预埋方式施工，幕墙构件宜采用标准件。

（9）涂饰工程。

1）基层处理找平、打磨应进行扬尘控制。

2）涂料应采用容器存放。

3）涂料施工应采取措施，防止对周围设施的污染。

4）涂料施涂宜采用涂刷或滚涂，采用喷涂工艺时，应采取有效遮挡。

5）废弃涂料必须全部回收处理，严禁随意倾倒。

（10）裱糊与软包工程。

1）裱糊、软包施工，一般应在其环境中其他易污染工序完成后进行。

2）基层处理打磨应防止扬尘。

3）裱糊胶粘剂应采用密闭容器存放。

（11）细部工程。

1）橱柜、窗帘盒、窗台板、暖气罩、门窗套、楼梯扶手等成品或半成品宜采用工厂制作，现场安装。

2）橱柜、窗帘盒、窗台板、暖气罩、门窗套、楼梯扶手等成品或者半成品固定打孔，应有防止粉尘外泄的措施。

3）现场需要木材切割设备，应有降噪、防尘及木屑回收措施。

4）木屑等下脚料应全部回收。

5. 屋面工程

（1）屋面施工应搭设可靠的安全防护设施、防雷击设施。

（2）屋面结构基层处理应洒水湿润，防止扬尘。

（3）屋面保温层施工，应根据保温材料的特点，制定防扬尘措施。

（4）屋面用砂浆、混凝土应预拌。

（5）瓦屋面应进行屋面瓦排板设计，各种屋面瓦及配件应采用工厂制作。屋面瓦应按照屋面瓦的型号、材质特征进行包装运输，减少破损。

（6）屋面焊接应有防弧光外泄的遮挡措施。

（7）有种植土的屋面，种植土应有防扬尘措施。

（8）遇5级以上大风天气，应停止屋面施工。

6. 建筑保温及防水工程

（1）一般规定。

1）建筑保温及防水工程的施工设施和施工技术措施应和基础及结构、建筑装饰装修、机电安装等工程施工相结合，统一安排，综合利用。

2）建筑保温及防水工程的块材、卷材用料等应进行排板深化设计，在保证质量的前提下，应减少块材的切割量及其产生的边角余料量。

3）对于保温材料、防水材料，应根据其性能，制定相应的防火、防潮等措施。

（2）建筑保温。

1）选用外墙保温材料时，除了应考虑材料的吸水率、燃烧性能、强度等指标外，其材料的导热系数应满足外墙保温要求。

2）现浇发泡水泥保温。

①加气混凝土原材料（水泥、砂浆）宜采用干拌，袋装的方式。

②加气混凝土设备应有消声棚。

③拌制的加气混凝土宜采用混凝土泵车、管道输送。

④搅拌设备、泵送设备、管道等冲洗水应有收集措施。

⑤养护用水应采用喷洒方式，严禁养护用水溢流。

3）陶瓷保温。

①陶瓷外墙板应进行排板设计，减少现场切割。

②陶瓷保温外墙的干挂件宜采用标准挂件。

③陶瓷切割设备应有消声棚。

④固定件打孔产生的粉末应有回收措施。

⑤固定件宜采用机械连接，如果需要焊接，应对弧光进行遮挡。

4）浆体保温。

①浆体保温材料宜采用干拌半成品，袋装，避免扬尘。

②现场拌和应随用随拌，以免浪费。

③现场拌和用搅拌机，应有消声棚。

④落地浆体应及时收集利用。

5）泡沫塑料类保温。

①当外墙为全现浇混凝土外墙时，宜采用混凝土及外保温一体化施工工艺。

②当外露混凝土构件、砌筑外墙采用聚苯板外墙保温材料时，应采取措施，防止锚固件打孔等产生扬尘。

③外墙如采用装饰性干挂板，宜采用保温板及外饰面一体化挂板。

④屋面泡沫塑料保温时，应对聚苯板进行覆盖，防止风吹，造成颗粒飞扬。

⑤聚苯板下脚料应全部回收。

6）屋面工程保温和防水宜采用防水保温一体化材料。

7）玻璃棉、岩棉保温材料，应封闭存放，剩余的材料全部回收。

（3）防水工程。

1）防水基层应验收合格后进行防水材料的作业，基层处理应防止扬尘。

2）卷材防水层。

①在符合质量要求的前提下，对防水卷材的铺贴方向和搭接位置进行优化，减少卷材剪裁量和搭接量。

②宜采用自粘型防水卷材。

③采用热熔粘贴的卷材时，使用的燃料应采用封闭容器存放，严禁倾洒或者溢出。

④采用胶黏的卷材时，胶黏剂应为环保型，封闭存放。

⑤防水卷材余料应全部回收。

3）涂膜防水层。

①液态涂抹原料应采用封闭容器存放，严禁溢出污染环境，剩余原料应全部回收。

②粉末状涂抹原料，应装袋或用封闭容器存放，严禁扬尘污染环境，剩余原料应全部回收。

③涂膜防水宜采用滚涂或涂刷方式，采用喷洒方式的，应有防止对周围环境产生污染的措施。

④涂膜固化期间内严禁上人。

4）刚性防水层。

①混凝土结构自防水施工中，严格按照混凝土抗渗等级配置混凝土，对混凝土施工缝的留置，在保证质量的前提下，应进行优化，减少施工缝的数量。

②采用防水砂浆抹灰的刚性防水，应严格控制抹灰厚度。

③采用水泥基渗透结晶型防水涂料的，对于混凝土基层进行处理时要防止扬尘。

5）金属板防水。

①采用金属板材作为防水材料的，应对金属板材进行下料设计，提高材料利用率。

②金属板焊接时，应有防弧光外泄措施。

6）防水作业宜在干燥、常温环境下进行。

7）闭水试验时，应有防止漏水的应急措施，以免漏水污染环境和损坏其他物品。

8）闭水试验前，应制定有效的回收利用闭水试验用水的措施。

7. 机电安装工程

（1）一般规定。

1）机电工程的施工设施和施工技术措施应与基础及结构、装饰装修等工程施工相结合，统一安排，综合利用。

2）机电工程施工前，应包括土建工程在内，进行图纸会审，对管线空间进行布置，对管线线路长度进行优化。

3）机电工程的预留预埋应与结构施工、装修施工同步进行，严禁重新剔凿、重新开洞。

4）机电工程材料、设备的存放以及运输应制定保护措施。

（2）建筑给水排水及采暖工程。

1）给水排水及采暖管道安装前应与通风空调、强弱电、装修等专业做好管绘图的绘制工作，专业间确认无交叉问题且标高满足装修要求后方可进行管道的制作及安装。

2）应加强给水排水及采暖管道打压、冲洗及试验用水的排放管理工作。

3）加强节点处理，严禁冷热桥产生。

4）管道预埋、预留应与土建及装修工程同步进行，严禁重新剔凿、重新开洞。

5）管道工程进行冲洗、试压时，应制订合理的冲洗、试压方案，成批冲洗、试压，合理安排冲洗、试压次数。

8. 通风与空调工程

（1）通风管道安装前应与给水排水、强弱电、装修等专业人员做好绘图工作，专业间确认无交叉问题且标高满足装修要求后方可进行通风管道的制作及安装。

（2）风管制作宜采用工厂计算机下料，集中加工，下料应对于不同规格的风管优化组合，先下大管料，后下小管料，先下长料，后下短料，能拼接的材料在允许范围内要拼接使用，边角料按规格码放，做到物尽其用，避免材料浪费。

（3）空调系统各设备间应进行联锁控制，耗电量大的主要设备应采用变频控制。

（4）设备基础的施工宜在空调设备采购订货完成后进行。

（5）加强节点处理，严禁冷热桥产生。

（6）空调水管道打压、冲洗及试验用水的排放应有排放措施。

（7）管道打压、冲洗及试验用水应优先利用施工现场收集的雨水或中水。多层建筑宜采用分层试压的方法，先进行上一楼层管道的水压试验，合格后，将水放至下一层，层层利用，以节约施工用水。

（8）风管、水管管道预埋、预留应和土建及装修工程同步进行，严禁重新剔凿、重新开洞。

（9）机房设备位置及排列形式应合理布置，宜使管线最短，弯头最少，管路便于连接并留有一定的空间，便于管理操作和维修。

9. 建筑电气工程及智能建筑工程

（1）加强与土建的施工配合，提高施工质量，缩短工期，降低施工成本。

1）施工前，电气安装人员应会同土建施工工程师共同审核土建和电气施工图纸，了解土建施工进度计划和施工方法，尤其是梁、柱、地面、屋面的做法和相互间的连接方式，并仔细校核自己准备采用的电气安装方法能否和这一项目的土建施工相适应。

2）针对交叉作业制定科学、详细的技术措施，合理安排施工工序。

3）在基础工程施工时，应及时配合土建做好强、弱电专业的进户电缆穿墙管及止水挡板的预留预埋工作。

4）在主体结构施工时，根据土建浇捣混凝土的进度要求及流水作业的顺序，逐层逐段地做好预留预埋配合工作。

5）在土建工程砌筑隔断墙之前应与土建工长和放线员将水平线以及隔墙线核实一遍，电气人员将按此线确定管路预埋的位置及各种灯具、开关插座的位置、高程。抹灰之前，电气施工人员应将所有电气工程的预留孔洞按设计和规范要求查对核实一遍，符合要求后将箱盒稳好。

（2）采用高性能、低耗材、耐久性好的新型建筑材料；选用可循环、可回收和可再生的建材；采用工业化生产的成品，减少现场作业；遵循模数协调原则，减少施工废料；减少不可再生资源的使用。

（3）电气管线的预埋、预留应与土建及装修工程同步进行，严禁重新剔凿、重新开洞。

（4）电线导管暗敷时，宜沿最近的线路敷设并应减少弯曲，注意短管的回收利用，节约材料。

（5）不间断电源柜试运行时应有噪声监测，其噪声标准应满足：正常运行时产生的 A 级噪声不应大于 45 dB；输出额定电流为 5 A 及以下的小型不间断电源噪声，不应大于 30 dB。

（6）不间断电源安装应注意防止电池液泄漏污染环境，废旧电池应注意回收。

（7）锡焊时，为减少焊剂加热时挥发出的化学物质对人体的危害，减少有害气体的吸入量，一般情况下，电烙铁到人体的距离应不小于 20 cm，通常以 30 cm 为宜。

（8）推广免焊接头，尽量减少焊锡锅的使用。

（9）电气设备的试运行时间按规定运行，但不应超过规定时间的 1.5 倍。

（10）临时用电宜选用低耗低能供电导线，合理设计、布置临电线路，临电设备宜采用自动控制装置，采用声控以及光控等节能照明灯具。

（11）放线时应由施工员计算好剩余线量，避免浪费。

（12）建筑物内大型电气设备的电缆供应应在设计单位对实际用电负荷核算后进行。

10. 电梯工程

（1）电梯井结构施工前应确定电梯的有关技术参数，以便做好预留预埋工作。

（2）电梯安装过程中，应对导轨、导靴、对重、轿厢、钢丝绳及其他附件按说明书要求进行防护，露天存放时防止受潮。

（3）井道内焊接作业应保证良好通风。

11. 拆除工程

（1）一般规定。

1）拆除工程应贯彻环保拆除的原则，应重视建筑拆除物的再生利用，积极推广拆除物分类处理技术。建筑拆除过程中产生的废弃物的再利用和回收率应大于 40%。

2）拆除工程施工应制订拆除施工方案。

3）拆除工程应对其施工时间及施工方法予以公告。

4）建筑拆除后，场地不应成为废墟，应对拆除后的场地进行生态复原。

5）在恶劣的气候条件下，严禁进行拆除工作。

6）实行"四化管理"。"四化管理"包括强化建筑拆除物"减量化"管理，加强并推进建筑拆除物的"资源化"研究和实践，实行"无害化"处理，推进建筑拆除物利用的"产业化"。

7）应按照"属地负责、合理安排、统一管理、资源利用"的原则，合理确定建筑拆除物临时消纳处置场所。

（2）施工准备。

1）拆除施工前应对周边50m以内的建筑物及环境情况进行调查，对将受影响的区域予以界定；对周边建筑现状采用裂缝素描、摄影以及摄像等方法予以记录。

2）拆除施工前应对周边进行必要的围护。围护结构应以硬质板材为主，且应在围护结构上设置警示性标示。

3）拆除施工前应制订应急救援方案。

4）在拆除工程作业中，若发现不明物体，应停止施工并采取相应的应急措施，保护现场，及时向有关部门报告。

5）根据拆除工程施工现场作业环境，制定消防安全措施。施工现场应设置消防车通道，保证充足的消防水源，配备足够的灭火器材。

（3）绿色拆除施工措施。

1）拆除工程按建筑构配件破坏与否可分为保护性拆除和破坏性拆除；按施工方法可分为人工拆除、机械拆除和爆破拆除。

2）保护性拆除。

①装配式结构、多层砖混结构和构配件直接利用价值高的建筑应采用完好性拆除。

②可采用人工拆除或机械拆除，也可以两种方法配合拆除。

③拆除时应按建造施工顺序逆向拆除。

④为防粉尘，应用水淋洒拆除部位，但是淋洒后的水不应污染环境。

3）对建筑构配件直接利用价值不高的建筑物、构筑物，可采用破坏性拆除。

①破坏性拆除可选用人工拆除、机械拆除或爆破拆除方法，也可几种方法配合使用。

②在正式爆破之前，应进行小规模范围试爆，根据试爆结果修改原设计，采取必要的防护措施，确保爆破飞石被控制在有效范围内。

③当用钻机钻成爆破孔时，可采用钻杆带水作业或减少粉尘的措施。

④爆破拆除时，可悬挂塑料水袋于待爆破拆除建构物各爆点四周或采用多孔微量爆破方法。

⑤在爆破完成后，可及时用消防高压水枪进行高空喷洒水雾消尘。

⑥防护材料可选择铁丝网、草袋子和胶皮带等。

⑦对于需要重点防护的范围，应在其附近架设防护排架，在其上挂金属网。

4）当采用爆破拆除时，尽量采用噪声小、对于环境影响小的措施，如静力破碎、线性切割等。

①采用具有腐蚀性的静力破碎剂作业时，灌浆人员必须戴防护手套和防护眼镜。孔内注入破碎剂后，作业人员应保持安全距离，严禁在注孔区域行走。

②静力破碎剂严禁与其他材料混放。

③在相邻的两孔之间，严禁钻孔与注入破碎剂同步进行施工。

④使用静力破碎发生异常情况时，必须停止作业，查清原因并采取相应措施确保安

全后，方可继续施工。

5）对于烟囱、水塔等高大建构筑物进行爆破拆除，进行爆破拆除设计时应考虑控制构筑物倒塌时的触地振动，必要时应在倒塌范围内铺设缓冲垫层和开挖减振沟。

（4）建筑拆除物的综合利用。

1）建筑拆除物处置单位应不得将建筑拆除物混入生活垃圾，不得将危险废弃物混入建筑拆除物。

2）拆除的门窗、管材、电线等完好的材料应回收重新利用。

3）拆除的砌体部分，能够直接利用的砖应回收重新利用，不能直接利用的宜运送到统一的管理场地，其可作为路基垫层的填料。

4）拆除的混凝土经破碎筛分机处理后，可作为再生集料配制低强度等级再生集料混凝土，用于地基加固、道路工程垫层、室内地坪以及地坪垫层。

5）拆除的钢筋和钢材（铝材）：经分拣、集中、再生利用，可经再加工制成各种规格的钢材（铝材）。

6）拆除的木材或竹材可作为模板和建筑用材再生利用，也可以用于制造人造木材或将木材用破碎机粉碎，作为造纸原料或作为燃料使用。

（5）拆除场地的生态复原。

1）对拆除工程的拆除场地应进行生态复原。

2）拆除工程的生态复原贯彻生态性与景观性原则和安全性与经济性原则。

3）当需要生态复原时，拆除施工单位应按拆除后的土地用途进行生态复原。

4）建筑物拆除后应恢复地表环境，避免土壤被有害物质侵蚀、流失。

5）建筑拆除场地内的沉淀池、隔油池、化粪池等不发生堵塞、渗漏以及溢出等现象，并应有应急预案，避免堵塞、渗漏、溢出等现象导致对土壤、水等环境的污染。

参考文献

[1] 程红艳.建筑工程质量与安全管理 [M].北京：人民交通出版社，2016.

[2] 陈艳.建筑工程质量检验与安全管理 [M].上海：上海交通大学出版社，2016.

[3] 郝永池.建筑工程质量与安全管理 [M].北京：北京理工大学出版社，2017.

[4] 孔祥兴，王鳌杰.建筑工程质量与安全管理 [M].北京：中国轻工业出版社，2017.

[5] 高向阳.建筑工程质量与安全事故分析 [M].北京：化学工业出版社，2017.

[6] 杨树峰.建筑工程质量与安全管理 [M].北京：北京理工大学出版社，2018.

[7] 殷为民，高永辉.建筑工程质量与安全管理 [M].哈尔滨：哈尔滨工程大学出版社，2018.

[8] 郭念.建筑工程质量与安全管理 [M].武汉：武汉大学出版社，2018.

[9] 余景良，陶登科.建筑工程质量与安全控制（第 2 版）[M].北京：北京理工大学出版社，2018.

[10] 陈翔，刘世刚，朱锋.建筑工程质量与安全管理（第 3 版）[M].北京：北京理工大学出版社，2018.

[11] 向亚卿，王琼，姚祖军.建筑工程质量与安全管理 [M].重庆：重庆大学出版社，2015.

[12] 崔德芹，彭军志，殷飞.建筑工程质量与安全管理 [M].长春：吉林大学出版社，2015.

[13] 孙丽娟，徐英主编.建筑工程质量与安全管理 [M].北京：人民邮电出版社，2015.

[14] 方崇，方锦妙，彭聪.建筑工程质量与安全管理 [M].北京：中国水利水电出版社，2015.

[15] 陈安生，赵宏旭.建筑工程质量与安全管理 [M].长沙：中南大学出版社，2015.

[16] 王作成，郭宏伟.建筑工程质量与安全管理 [M].北京：中国建材工业出版社，2015.

[17] 陈忠，廖艳.建筑工程质量与安全管理 [M].北京：高等教育出版社，2015.

[18] 陈娟浓，21 世纪高职高专立体化精品教材·建筑工程质量与安全管理 [M].广州：华南理工大学出版社，2015.

[19] 徐卫星，郑归，欧长贵.建筑工程质量与安全管理 [M].西安：西安电子科技大学出版社，2016.

[20] 徐秀娟.建筑工程质量与安全管理 [M].长春：吉林大学出版社，2016.

[21] 张彦鸽.建筑工程质量与安全管理 [M].郑州：郑州大学出版社，2018.

[22] 周瑜，王晨光，宋卫晓. 建筑工程质量与安全管理研究 [M]. 延吉：延边大学出版社，2018.

[23] 孙猛，张少坤，冯泽龙. 建筑工程质量检测与安全监督 [M]. 沈阳：辽宁大学出版社，2018.

[24] 殷勇. 建筑工程质量与安全管理 [M]. 西安：西安交通大学出版社，2019.

[25] 王胜. 建筑工程质量与安全管理 [M]. 武汉：华中科技大学出版社，2019.

[26] 徐勇戈. 建筑工程质量与安全生产管理 [M]. 北京：机械工业出版社，2019.

[27] 王炜，张力牛，陈芝芳. 建筑工程施工与质量安全控制研究 [M]. 北京：文化发展出版社，2019.

[28] 姜宇峰. 工程质量安全手册实施指南丛书建筑工程实体质量控制与管理操作指南 [M]. 北京：中国建筑工业出版社，2019.